中国地质大学(武汉)地学类系列精品教材

矿物岩石学

KUANGWU YANSHIXUE

李昌年　李净红　编著

内 容 简 介

这是一本真正意义上不用显微镜的矿物岩石学教科书，它是为从未涉足《结晶学及矿物学》《晶体光学》《光性矿物及造岩矿物学》等知识，而又不必花大量时间学习显微镜岩石学的非地质学的地学专业大学本科生学习矿物和岩石学知识而编写的，旨在指导学生使用最常规和最简便的小三件工具(小刀、放大镜和榔头)对地球上最直观表现的天然固态物质——矿物和岩石进行正确的观察、鉴定和描述。

本教材分为上篇“矿物”和下篇“岩石学”两大部分，共计6章，最后还附有野外岩矿鉴定和描述。教材除重点介绍和论述造岩矿物的鉴定特征及三大类岩石(火成岩、沉积岩和变质岩)的基本知识、基本理论、分类命名、观察描述思路与鉴定方法外，还独创性地单列了“野外岩石学”一章，此章所涉及的有关岩石露头的野外观察、岩石组合和相互关系的研究，以及它们提供的地质作用信息都是作者40余年从教岩石学和进行相关科学研究的野外工作积累与经验总结，这对于本教材使用者的现在学习和今后野外地质工作都是十分有益的。

总之，本教材体系结构科学合理、知识论述扎实准确、涉及内容充实丰富、观察思路缜密严谨、鉴定方法适用可操作，再加上其内编排有精美的彩色插图更是为全书锦上添花。本教材适用于非地质学的地学专业(地质工程、环境地质、岩土、油气、资源勘查工程、勘察工程、地球物理勘察和珠宝鉴定等)学生矿物岩石学课程的学习，还可供地质生产单位和地质研究院(所)的工程技术人员及相关研究生在野外从事地质工作时参考。

图书在版编目(CIP)数据

矿物岩石学/李昌年，李净红编著. ——武汉：中国地质大学出版社，2014.10(2025.1重印)

ISBN 978-7-5625-3330-6

Ⅰ.矿…　Ⅱ.①李…　Ⅲ.①矿物学 ②岩石学　Ⅳ.①P57 ②P58

中国版本图书馆CIP数据核字(2014)第047155号

矿物岩石学　　李昌年　李净红　**编著**

选题策划：郭金楠　　责任编辑：胡珞兰　　责任校对：戴莹

出版发行：中国地质大学出版社(武汉市洪山区鲁磨路388号)　　邮政编码：430074

电　话：(027)67883511　　传　真：67883580　　E-mail：cbb@cug.edu.cn

经　销：全国新华书店　　http://cugp.cug.edu.cn

开本：787毫米×1 092毫米 1/16　　字数：480千字　印张：18.75

版次：2014年10月第1版　　印次：2025年1月第8次印刷

印刷：武汉中远印务有限公司　　印数：18 501-21 500册

ISBN 978-7-5625-3330-6　　定价：58.00元

中国地质大学(武汉)地学类系列精品教材

策划、编辑委员会

前　言

本教材可以说是此前李昌年编著的《简明岩石学》(2012)教材的修订版。此教材的变化是:矿物知识有较大扩容;对岩石学内容进行了补充和修改。显然,这次修订版是实至名归的"矿物岩石学"了,它与全国高等院校非地质学的地学专业现广泛开设的同名课程相匹配。所以说,此教材是顺应这种大学本科非地质学的各地学专业建设快速发展而编写的。本教材具有以下特色。

1. 始建科学的课程体系

矿物岩石学尽管有古老的矿物学和岩石学课程支撑,但它自身却是一门新兴的课程。迄今,全国开设这门课程的地学院校和专业非常之多,其对应的教材使用量应极其之大。但遗憾的是,该课程仍无统一的课程体系,教学内容尚无规范。因而在编写之前首要的是着手课程体系建设,为此笔者做了以下三方面的基础工作:①研究大学非地质学各地学专业的课程设置目的和知识结构特点。笔者认为,本教材不是为培养一般地质学和找矿类专业人才编写的,而是为大学本科非地质学的地学专业学生学习其后续专业知识服务的。确切地说,它不是那种简化的矿物学与岩石学的复合读本,而应是一本专业预备知识的教科书。②调查已出版的同类教材教学内容的现状,发现存在诸多问题(或缺失矿物方面的知识,或是矿物学和岩石学的简单拼凑,或使用了偏光显微镜的相关岩石学知识等)。③结合近年来矿物岩石学课程的教学实践进行了总结。最终笔者认为矿物岩石学课程体系不是简单的矿物学加岩石学,其中的核心知识应是岩石学;矿物知识应为岩石学服务,它应是经取舍和选择的矿物学知识,且不具矿物学学科知识的系统性;核心知识岩石学仍应保存原岩石学的知识体系(三大类岩石)。最终,总结本课程的课程体系有3个支撑点:一为具非学科知识体系的矿物学;二为具学科知识体系的岩石学;三为不用显微镜工具。故现在的教材是由矿物和岩石学两大部分构成,全篇仅限于三小件工具的观察尺度。在上篇"矿物"中矿物学的传统经典内容被重组,如硅酸盐造岩矿物原是矿物学各论中极小的组成单位,但在《矿物岩石学》教材中它的权重却等同于书中涉及的其他所有矿物之和了。

2. 诠释不用显微镜岩石学

不用显微镜岩石学是相对于显微镜岩石学(简称岩石学)提出来的。根据非地质学地学专业的知识结构特点,学生不必花大量时间(长达200学时)去获取显微镜岩石学及其预备知识,而只需学习相关的岩矿基本知识,并利用三小件工具鉴定造岩矿物和岩石(学时数仅50左右)

即可。现在已出版的其他同类教材中，总是附有许多偏光显微镜下的相关内容，这是不合适的，本教材则将常规三小件工具的肉眼观察和鉴定贯穿始终。有些人常将不用显微镜岩石学列于低级岩石学范畴，认为肉眼观察鉴定不准确、不科学，这是不正确的。根据笔者多年的教学实践可知，在手标本和露头上教授学生学会认识矿物和岩石的难度或许要大于偏光显微镜下的教学，该课程教学对任课教师只会提出更高的要求。

教材中最后所附的"野外岩矿鉴定和描述"诠释了不用显微镜的岩石学，其中有许多亮点，所提出的肉眼鉴定矿物和岩石的方法具有许多独到之处，并具明显的可操作性。如利用鉴定工具（放大镜和肉眼观察）识别矿物的精细程度来确定岩石中的石英含量；利用解理的阶梯状细微差异来区分具同等级解理程度的相似矿物；制订了岩石中造岩矿物鉴定的路线图；提出了岩石中矿物含量估计的思路和方法等。

教材中肯定要涉及一些岩石学的基本理论，正确的野外露头观察和细致的手标本鉴定将会加深对岩石学理论的理解而不必通过显微镜研究来验证。显然，不用显微镜的矿物和岩石肉眼鉴定从认知上来说绝非是易事，但它有助于使学生与大自然地质实验室的实际结合更加紧密。

3. 增补野外岩石学教学内容

"野外岩石学"一词是受Maley(1994)的专著*Field Geology Illustrated*的启示提出来的。通俗地讲，它就是岩石学野外工作方法的术语性表达。该内容安排于本教材第六章，显然它是在学习了造岩矿物和三大类岩石之后增补的较综合的实际应用性教学内容，当然，它也是不用显微镜岩石学教学的自然延伸。

教材中对涉及一些岩石学基本理论的复杂野外地质现象进行了科学的分析和厘清，通过研究野外岩石地质体的空间分布、岩石的组合特点和相互关系来获取众多的地质信息。另一方面，露头观察还会有助于把孤立的矿物和岩石直接置于地质体系的时空坐标内进行思考，从而获得正确的地质认识。如对复合岩体内小侵入体的多种非侵入接触关系的识别、环状复合岩体与具环状相带的单一侵入体的区别、古老的同造山侵入体的确定标志等，它们都会在此章内找到正确的答案。显然，本章的许多认知都是笔者40余年从教岩石学和参加科学研究时野外工作的心得总结和经验积累，十分难得。

4. 推介现代岩石学的成熟研究成果

可能有人认为，不用显微镜岩石学仅是在标本上认识矿物和岩石而已。笔者则认为，该课程不仅是非地质学地学专业知识结构的重要组成部分，而且对于地质学（含找矿类）专业学生也非常重要，因为岩矿的肉眼鉴定是一切岩石学研究的基础。联系到现在地质学（含找矿类）研究生野外工作能力低下的现状，笔者更加坚定了撰写的原则：教材水平层次不能降低、编排纲目不落俗套、教学内容推陈出新、理论跟进现代前沿；必须抛弃那些无限缩小的、遥远无边际的、空洞而不实际的、可能和大概的知识内容；绝不做那种千书一面的"一大抄"和复制克隆的省力事情。

据此，笔者作了两方面的努力：一是强力推介现代岩石学的成熟研究成果，以提供正确、准确和明确的岩石学信息。例如浆混岩的论述（反向脉、同深成岩墙、岩浆机械混和的液态不混溶、微粒闪长岩包体中的捕虏晶等）；又如侵入体不按深度而按规模大小划分产状的提出（岩脉也有深成的）；再如火山灰流相的观察（低平火山口、交错层理-块状层理-水平层理的层序组合)等。二是旗帜鲜明、观点明确。地质上存在一些传统且是习惯性的错误认识和过时的理论,有些甚至根深蒂固,需要与时俱进地去修正;有些则是一些边界有限的结论而被盲目地扩大化,需用科学的依据指出来并予以纠正,例如笔者对用规范化标准强力推行的单元—超单元谱系填图方法的泛用就提出了不同的意见。

5. 应用现代出版技术

《矿物岩石学》教材也是现代出版技术的结晶。本教材中提供的矿物晶体和许多岩石现象图片多是笔者利用网络平台搜索到的,在书中插放更加添彩;本教材彩照与黑白线条图并举,而将两者对照的插图形式则是出版人员的辛劳之作。凡此种种努力的结果使本教材成为图文并茂、美轮美奂的精品,它不仅在视觉上能产生很大的冲击力并转换为吸引力,而且对学生加深有关论述的理解提供了帮助。

在此,我们要感谢中国地质大学出版社选题策划的郭金楠教授、责任编辑胡珞兰女士以及为此教材出版做出贡献的所有工作人员,是他们的辛勤工作使本教材得以顺利出版。

最后要说明的是,此教材容量很大,课程教学因授课学时数有时是有限的,故有必要适时对教学内容进行一些取舍和调整,这里特提出52学时课程的讲授安排(表0-1),剩余的篇幅(第六章)可在课余及野外工作中阅读参考。

表0-1　50学时课程表安排

章	节	小节	学时安排
第一章	第一节　结晶学基础 第二节　矿物的性质	一、二、五 三	讲课8学时
第二章	第一节　硅酸盐矿物		实验8学时
第三章	第一节　岩石和岩石学 第三节　火成岩的基本特征和分类 第四节　超镁铁质—镁铁质岩类 第五节　中性—长英质(花岗质)岩类 第六节　喷出岩(熔岩)类	 一、二 一、二	讲课4学时 实验8学时
第四章	第二节　沉积岩的基本特征和分类 第三节　陆源碎屑岩类 第四节　内源沉积岩类	 一、二	讲课4学时 实验8学时
第五章	全部		讲课4学时 实验8学时
附件	野外岩矿鉴定和描述	在实验课上逐一讲授	不占学时

目　　录

上篇　矿物

下篇　岩石学

上篇

矿物

第一章

结晶学基础及矿物的性质

第一节 结晶学基础

结晶学是一门研究晶体(天然和人造)的科学,而天然形成的晶体又是地质矿物相存在的最主要形式,因而它又是认识和研究矿物的基础。结晶学的研究内容包括晶体的形貌、结构、对称性、生长机理和条件、化学和物理性质等。

一、晶体的基本概念

晶体是物质内部质点在三度空间按一定规律周期性无限重复排列而在一定条件下形成宏观上具有规律几何外形的固体物质。符合这一定义的晶体当然包括天然产出和人工合成培育出的,我们学习的对象则是前者。例如石盐(NaCl)的晶体为立方体,在微观上其内部质点 Na 和 Cl 离子在三维空间各自以 3.978Å(1Å$=10^{-10}$m)的等间距重复连续排列,该三维方向重复排列的最小单位(晶胞)为立方体(图 1-1)。

图 1-1 石盐(NaCl)晶形(a)、晶体(b)及其内部结构(c)[①]

(c)图中,大球为 Cl 离子,小球为 Na 离子,两者为最紧密堆积,且最小堆积单元为立方体

① 本教材中第一章和第二章的晶体图片除注明外均引自 www.mindat.org。

（一）晶体的外形

构成晶体外形的要素应是晶面、晶棱和晶面间夹角。其中晶面的形状和大小、晶棱的取向和长度、两相邻晶面间的夹角决定了晶体的形状（晶形）。

在天然的岩石晶洞中常见有附着并垂直于岩壁生长的六棱柱水晶晶簇，它的矿物名称为石英（图1-2）；在一些石灰岩溶洞中常见到菱面体状冰洲石晶体聚集（矿物名为方解石）；在盐岩的洞穴中还常发现有盐的立方体晶粒（矿物名为石盐）。这些规则外形的几何体便是上述各矿物的晶体。

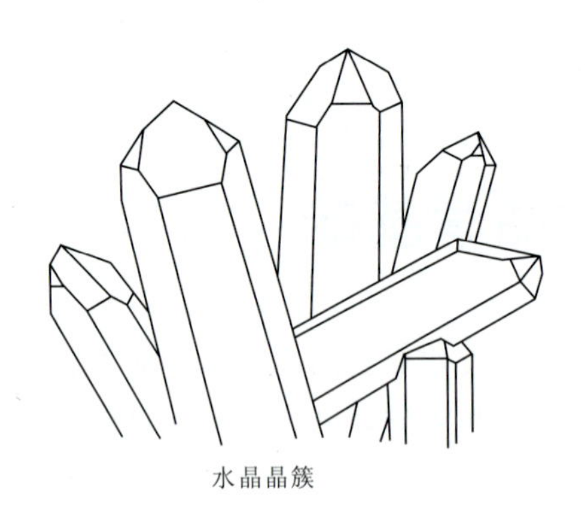
水晶晶簇

4.0cm×1.5cm

图1-2　具规则外形的石英晶体称之为水晶

一般来说，不同的矿物具有不同的晶形，如前述石英结晶为六棱柱状，而方解石结晶往往为菱面体状。但自然界矿物结晶的晶形却有些复杂，有时不同的矿物可能具有相似的晶形，如萤石和黄铁矿两种矿物均具立方体的晶形；有时同一种矿物也可具有不同的晶形，如金刚石可有四面体和八面体等晶形（图1-3）。结晶学知识就是要告知这些众多表象的根本原因以及它们彼此之间的内在联系和规律。

1.5cm×1.5cm×0.4cm

1.2cm×1.2cm×1.2cm

图1-3　具四面体和八面体状的金刚石晶体

晶体多由液相溶液或熔体物质结晶形成，也可由固态矿物相互发生反应产生，这种转变过程均称之为结晶作用。自然界形成完美的晶体需要满足晶体生长的3个条件：①晶体潜在物质的充分供给；②具有生长的空间，如晶洞；③保持缓慢结晶的稳定环境。显然，天然矿物集合的岩石难以完全具备上述这些条件，故天然岩石中的矿物晶体也无法与独立生长于晶洞中的矿物晶体相比较。首先，岩石中晶粒较细小，这是结晶作用不充分的缘故；其次，岩石中的矿物晶体形态不规则，这是因为有些矿物因结晶温度较低而仅在岩浆结晶的晚期才能生长出来，故它只能充填于先期已形成矿物占据后所剩余的有限空间内而导致发育不全，如花岗岩中的石英。

在岩石观察中，人们常使用肉眼作为工具对岩石中的矿物晶粒进行粒径大小等级的粗略划分，在岩石标本上若达到用肉眼就能分辨和鉴定其矿物的晶粒称之为显晶质(矿物晶粒粒径约大于 0.2mm)；若用肉眼不能分辨和鉴定其矿物的晶粒称之为隐晶质(矿物晶粒粒径约小于 0.2mm)。此处需注意的是，隐晶质表示矿物已结晶出来了，只不过其颗粒较小而已。

许多显晶质矿物晶体多是天然产出的，但也可以通过人工合成培育获得，如水晶、石膏和金刚石等，而陶瓷、微晶玻璃和合金则是人工制造的隐晶质晶体的集合体。

（二）晶体的结构

晶体的规则外形是晶体内部结构的外在宏观反映。晶体内部结构最早是利用 X 射线方法获得的。它的总特点是，其微观质点(原子、离子、分子团、络阴离子)在三度空间有序排列呈格子状，这种质点在三度空间按一定规律周期性重复排列形成的格子构造称之为空间格子。显然，空间格子是由无数个点、线和面构成的。在结晶学上空间格子的点称之为结点，它并非指占据具体点位的质点，而仅指具几何意义的一个点。例如石盐晶体内部空间格子的结点，无论选择 Na^{+} 或 Cl^{-} 都会获得相同的空间格子。空间格子中的线称之为行列，它是在一维方向排列的结点构成的直线。空间格子中的面称之为面网，它是二维方向内分布的结点平面。单位面积内的结点密度称为面网密度。显然，相互平行的面网密度一定是相同的，任意两相邻面网的垂直距离称之为面网间距，面网密度大的两相邻面网间距也一定较大(图 1-4)。

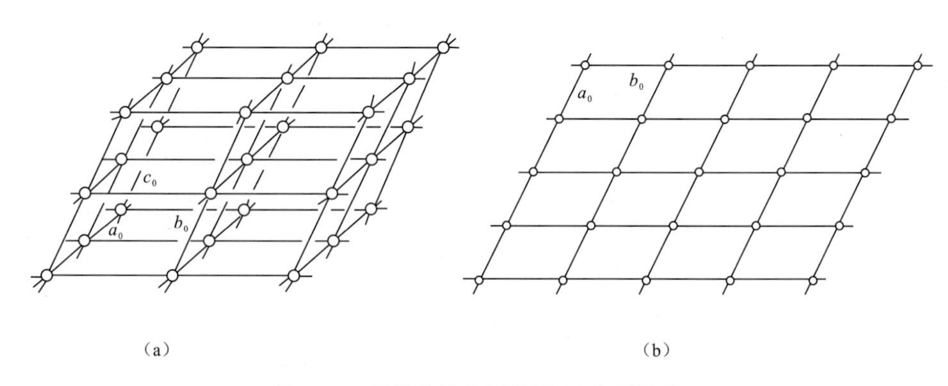

图 1-4　晶体内的空间格子(a)和面网(b)

图中空心圆为结点

晶体内微观格子构造的最小单位称之为晶胞。研究表明，晶胞多为平行六面体，它由 6 个两两平行相等的面组成。由此看来，晶体的空间格子实为晶胞在三度空间无间隙地重复堆叠且无限延伸构成。

(三)晶体的基本性质

1. 均一性

晶体的某些性质,尤其是它的化学性和密度是均匀的。这表示晶体的任何部位,或晶体被破碎的各个碎片都具有相同的化学成分和密度,也即具有“部分等于全部”的特点。这是因为晶体空间格子构造的最小单位晶胞决定了晶体的组成和质量。无论我们度量的晶体的分布是多么微小,其晶胞仍从属于晶体微小部分的一部分。有人研究获知,一个石盐晶粒就含有约 2.25×10^{19} 个 NaCl 晶胞。

2. 各向异性

晶体的许多物理性质都表现为各向异性,晶体的光学性质、电磁波在晶体内的传导和晶体的力学性质(硬度和解理等)都显示因方向而异的特征。例如平行于石英延长这一特定方向(C 轴方向)射入的光线不会产生光的双折射和偏振化,除此以外的任何方向射入石英的光线,都会发生光的双折射和偏振化;又如矿物蓝晶石,用小刀纵向(平行于延长方向)和横向(垂直延长方向)刻划,其晶面分别得到能被刻划和不能被刻划两种不同的结果,由此证明该矿物的硬度具有各向异性;又如黑云母的解理(外力作用使矿物晶体形成平行的破裂面)仅发育一个特殊的方向,这说明解理也具有各向异性。

晶体的各向异性主要与晶体空间格子构造的特征和规律有关。空间格子构造中,相互不平行(各向)的面网内结点的排列方式和密度则会有很大的差别(异性)。显然,空间格子构造本身就具有各向异性。

3. 自限性

晶体在合适的条件下会自发地长成封闭的几何多面体形状。晶体的晶面实为晶体空间格子构造最外层的面网;晶体生长其实就是空间格子三维方向的延伸和扩展,这种过程将会导致晶面持续长大和完善,最终使这些晶面逐渐封闭起来而呈规则的形体。从这个意义上说,任何矿物晶体都有长成规则形状的潜在可能。

在岩石中矿物晶体的生长过程没有晶洞中晶体生长那么理想化,而是更为复杂。这主要受晶体从岩浆结晶时间的早晚和固态条件下晶体的结晶能力的制约,也就是受晶体生长的空间限制。早结晶和结晶能力强的矿物晶体具有较好的晶形;晚结晶和结晶能力弱的矿物晶体的晶形相对较差。在岩石学研究中,晶体的自形程度分为自形晶、半自形晶和他形晶 3 种类型[图1-5(a)]。自形晶为具规则外形的晶体,其任意方向断面为直线构成的多边形;半自形晶仅部分具规则外形,其任意方向的断面具有直线和曲线共同构成的边界;他形晶任意方向的断面具有不规则曲线封闭的边

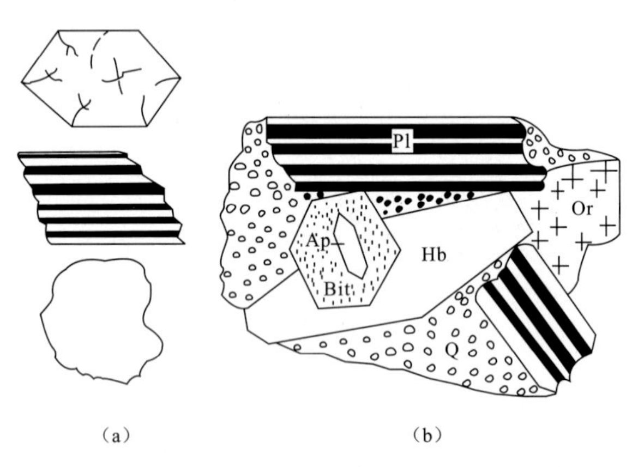

图 1-5 晶体的自形程度(a)和花岗岩中各矿物的自形性(b)

(a)图,从上至下依次为自形晶、半自形晶和他形晶。
(b)图,自形晶:Ap(磷灰石)、Hb(角闪石)和 Bit(黑云母);半自形晶:Pl(斜长石)和 Or(钾长石);他形晶:Q(石英)

界。岩石则是这些自形性不同的矿物晶粒聚集在一起构成的[图 1-5(b)]。

晶体在岩石中生长的特点取决于成岩的方式,因而不同成岩方式对晶体生长过程具有决定性影响,从而导致晶体的自形程度不同(表 1-1)。

表 1-1 不同成岩作用对晶体自形程度的影响

成岩方式	岩浆作用	变质作用
机理过程	温度下降,岩浆中逐一晶出晶体 熔体(液相)→晶体(固相)	同一温度下固相矿物的变质反应 矿物晶体(固相)→另一矿物晶体(固相)
自形程度	斑晶＞基质 早结晶晶体＞晚结晶晶体 地球较深部结晶晶体＞浅部结晶晶体 长石＞石英	密度大的晶体＞密度小的晶体 成分简单的晶体＞成分复杂的晶体 特征变质矿物＞贯通矿物 斜长石＞石英＞钾长石
一般遵循规则	鲍文反应原理 暗色矿物:橄榄石＞辉石＞角闪石＞黑云母 浅色矿物:斜长石＞钾长石＞石英	变晶系(以长英质和泥质原岩为例) 副矿物＞特征变质矿物＞斜长石＞云母＞ 绿泥石＞石英＞钾长石

注:"＞"符号表示自形程度优于之意。

4. 对称性

晶体的对称性是晶体内部格子构造的外在表现形式,更是研究晶体形貌规律和各种物理-化学性质的重要手段。晶体的对称是晶体上的相同部分(晶面、晶棱)重复出现的特征。如石英,看似柱体上下端锥部小的晶面没什么联系,但垂直于该石英晶体的柱体投影图(顶示图)表明,小晶面也显示明显的 3 次重复出现的对称性(图 1-6)。

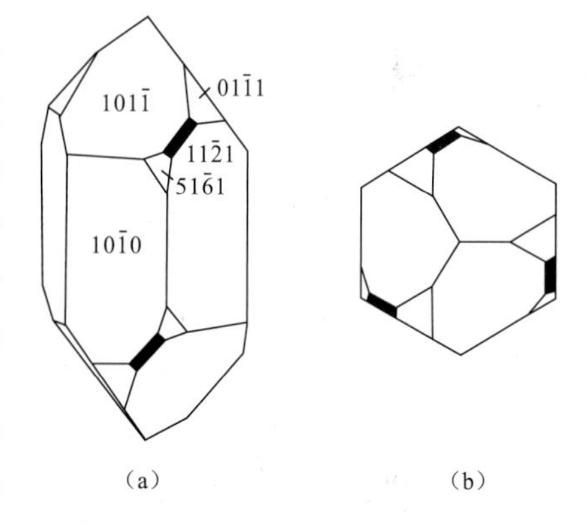

图 1-6 石英晶体的晶形(a)和其纵向投影顶示图(b)的对称性

(b)图中的暗黑小矩形面为(a)图中的$(11\bar{2}1)$小晶面

由晶体的空间格子构造可知,任何晶体的行列方向总是存在呈直线排列的无穷多个周期重复的同等结点。显然,这预示内部结构就已存在对称了。由此说明,晶体的宏观对称实为晶体内部微观对称的反映。

5. 稳定性

晶体的稳定性是指晶体为固态而较之于同成分的气态和液态物质而言,固态晶体内部质点间的吸引力和排斥力已达到完全平衡而保证晶体稳定。晶体内部空间格子构造表明,质点间的距离已趋于平衡,那么质点间的势能也最小,也就是说,晶体的内能达到最小值。这也进一步说明晶体的稳定性是由晶体空间格子构造决定的。破坏晶体稳定性有多种方式,如晶体熔化需要输入能量,也即吸热;晶体结晶会释放结晶潜热而使体系温度升高。又如非晶质物质有可能自发地向晶质体转化,而晶质体则不可能自发地转变为非晶质体。

(四)非晶质体

非晶质体与晶体具有本质的差别,它们都可以是矿物的形式。但在自然界,矿物主要还是以晶体形式存在,只有少部分矿物属于非晶质体,如蛋白石等。火山岩中的火山玻璃虽是非晶质体,但它不属于矿物范畴。人工制作的非晶质体有很多,如玻璃、塑料、沥青和干固了的树胶。

从本质上说,非晶质体不具空间格子构造,其内质点的排列呈无序和不规则状(图 1-7)。从统计角度上说,这些质点的分布又是均一的,在宏观上呈无定形状,而不像晶体那样构成规则的几何多面体。另一方面,非晶质体具有各向同性而不像晶体那样具各向异性,也就是说,非晶质体的各种物理性质和化学性质都不会因其方向不同而发生变化。可以说,非晶质体实为固化了的液体,非晶质体与晶体之间并无截然的分界。如有些纤维状高分子聚合物中,其长状分子间存在一维或二维方向的周期性重复排列的情况,显然,这种高分子聚合物是一种介于晶体和非晶质体之间的物质。

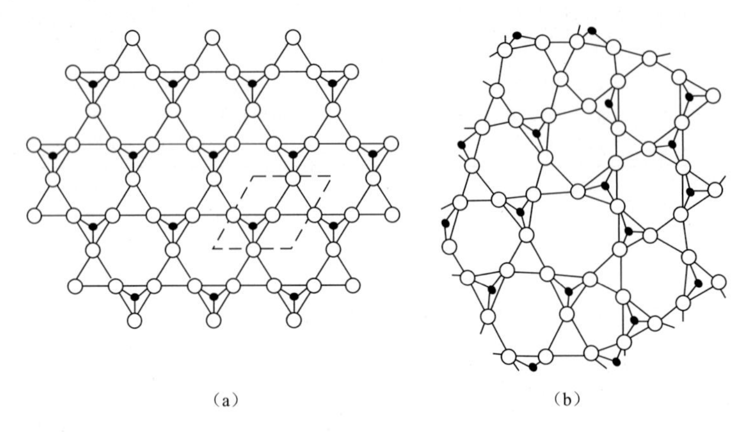

图 1-7 石英晶体(a)与 SiO_2 的非晶质玻璃(b)内部结构的平面示意图
实心圆为 Si^{4+};空心圆为 O^{2-}
(据 Best M G,1982)

非晶质体在一定条件下可能转变成晶质物质。最典型的例子就是天然火山玻璃向晶质体物质的转变,这种转变在岩石学上称之为脱(去)玻化。脱玻化的进程是火山玻璃→雏晶→显微隐晶质物质→显微显晶质颗粒或纤维状物质(图1-8)。由此可知,脱玻化的终极产物也只能达到隐晶质的粒径大小,它不可能变成显晶质的晶体。

在脱玻化进程中,火山玻璃内无序排列的质点发生缓慢扩散和调整,逐趋有序化而形成空间格子构造,当然这种空间格子构造的尺度可能较小。

除去外部环境因素(压力、温度)外,脱玻化得以进行还需要满足一定的条件:第一是火山玻璃自身的成分;第二是时间效应。火山玻璃的成分应较简单,这样才会有利于其内无序质点有序化而调整为石英、长石这类结构简单矿物的空间格子构造。在野外,我们常见流纹质火山玻璃发育脱玻化现象,而成分较复杂的玄武质火山玻璃却未见这种变化。另一方面,前述脱玻化是一个缓慢渐变的过程,故时间的积累会使量变转变为质变,从非晶质物质变成晶质物质。在自然界,早期形成的火山玻璃(如中生代

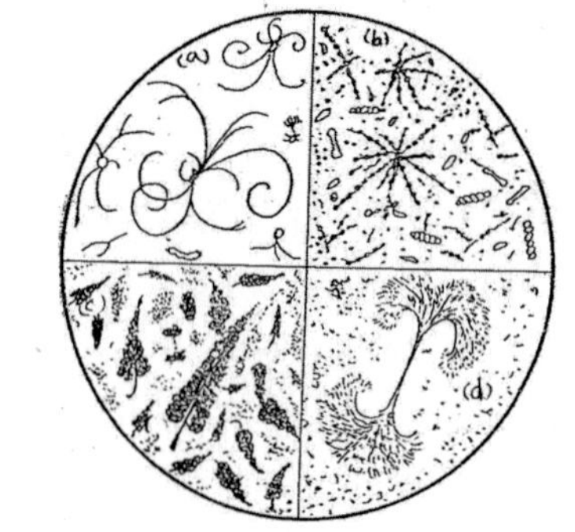

图 1-8 火山玻璃脱玻化形成的雏晶形态
(单偏光,10×10)
(a)发丝状;(b)串珠状;(c)树叶状;(d)羽状
(据邱家骧,1980)

火山岩中的火山玻璃)多见发育脱玻化，而现代火山的火山玻璃却未见这种现象。

当然，这里所说的是天然固态物质的存在形式(晶体和非晶质体)，而人工固态物质则要复杂得多。2013 年法国科学家研制出一种"Q -玻璃"的新材料，它虽无任何对称性而呈无序状态，但原子的排列并非是随机的，它表现为结点增加时，每个原子会自动占位。

非晶质体向晶质体转化的例子在生活中也常见，如显微镜镜头的"雾化"(擦不掉)就是镜头非晶质玻璃晶质化的结果；岩石薄片中的树胶出现干涉色也是非晶质树胶晶质化造成的。

二、晶体的对称

对称存在于自然界和人类活动的方方面面，小到我们的微观世界，大到人体对称、建筑物对称、人工制品的对称等。物理学家研究发现，物质的相态并非只有气、液、固三态，而有 500 余种，这些相态主要参照物质基本组成单元(通常为原子)的组合方式来确定，而这种组合方式的关键就是对称性，可见对称的研究是多么重要。

晶体是自然无机界对称性较为复杂且规律性较强的一种物质，晶体的对称性是由晶体内部格子构造的对称性决定的，而格子构造其实就是物质组成单元的一种组合方式。晶体的对称性不仅表现在形态上，而且包括前述晶体各向异性的物理性质，如晶体的硬度、解理、晶体中光的传播和导电性等，而它们的各向异性就与晶体的对称性密切相关。显然，晶体的对称性愈高，其物理意义的各向异性表现会愈不明显。

(一)对称要素

对称是指物体相同部分有规律的重复。晶体的对称需存在两个必要条件：其一，晶体上有相同的部分，以保证可以重复出现，相同的部分包括晶面、晶棱和顶端交角；其二，要通过一定的操作程序来完成晶体上相同部分的重复出现。我们把这种使晶体对称的操作称之为对称操作，如旋转和镜面反映等，这种操作的工具称之为对称要素，对称要素包括对称轴、对称面和对称中心。

1. 对称轴(L)

这是通过旋转操作完成晶体上相同部分重复的一根轴，其旋转操作使相同部分重复的次数(n)记为 L^n，这种轴的根数(N)记为 NL^n。现以绿柱石晶体(宝石中称之为祖母绿)为例说明。绿柱石晶体为一横截面呈正六边形的六棱柱，它存在两类旋转轴。1 根直立轴旋转可使柱面重复出现 6 次，记为 L^6；6 根水平轴旋转可使顶面重复 2 次，记为 $6L^2$[图 1 - 9(a)]。旋转操作使相同部分重复 2 次的对称轴称之为二次对称轴；旋转操作使晶体相同部分重复 2 次以上的对称轴称之为高次对称轴。显然，绿柱石有 1 根高次对称轴和 6 根二次对称轴。

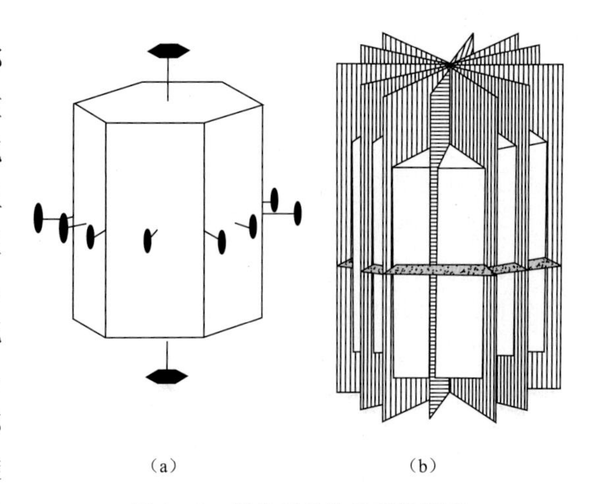

图 1 - 9 绿柱石晶体的对称要素

(a)旋转轴(压扁六边形的轴为 L^6，椭圆形的轴为 L^2)；
(b)对称面(P，6 个竖线面和 1 个中间的水平阴影面)

2. 对称面(P)

这是通过镜面反映操作来完成晶体相同部分重复的一个假想的平面。一个晶体可能有多个对称面,此时记为 NP,绿柱石晶体具有 7 个对称面[图 1-9(b)中的竖线面、横线面和中间水平的阴影面],记为 7P。

3. 对称中心(C)

这是一个假想的点,晶体对称的表现是以此点呈倒反的重复。重复的两者为上、下、左、右和前、后的颠倒关系,这犹如早期照相机的成像与人物实体的相反关系一样。晶体若有对称中心,也只能有一个。对称中心的存在表明,晶体上的任何一个晶面都会有与之成反向平行的另一个晶面存在。从图 1-9 可知,绿柱石有一个对称中心(C)。总结上述绿柱石的对称要素有 1 个 L^6、6 个 L^2、7 个 P 和 1 个 C,记为 $L^6 6L^2 7PC$。显然,晶体的对称性与高次对称轴有密切的关系,高次对称轴越多的晶体其对称性越高;只有一根高次对称轴的晶体则对称性为中等;若无高次对称轴的晶体其对称性较低。

4. 倒转轴(L_i^n)

该对称要素又称旋转反伸轴,它实际上是旋转轴(L)和对称中心(C)构成的一个复合型对称要素,其操作是旋转和倒转。两种操作的先后可以不同,但结果是一样的。下面用方解石菱面体晶体为例说明(图 1-10)。以晶面 1 起始逆时针旋转倒转轴,依次出现的晶面应为 1—5—3—4—2—6。该倒转轴每旋转 120°(0°、120°、240°)将会使相同的晶面 1、2 和 3 出现 3 次重复;若在前述位置再增加 60°(60°、180°、300°)将会出现相同晶面 4、5、6 重复。晶面 1、2、3 和晶面 4、5、6 形状完全相同(菱形),但因不在一个平面且是错开 60°才出现的,故仅用简单的旋转轴(L)操作是不能使这 6 个晶面重复的。若在操作旋转 60°后再加以对称中心(C)的倒转操作,便可完整地表现菱面体晶面的重复规律。又因为这种重复出现了 3 次,故记为L_i^3。

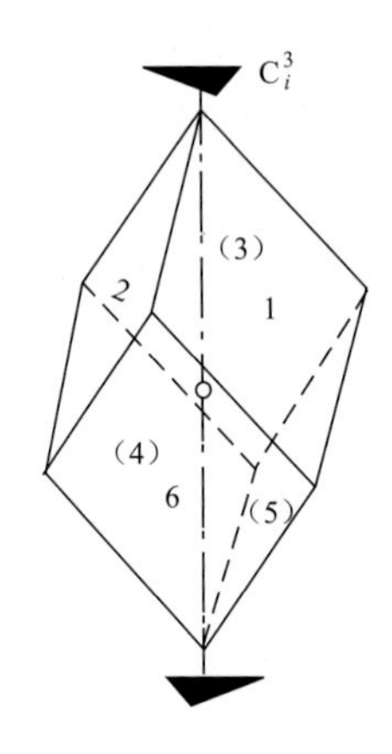

图 1-10　菱面体晶形的倒转轴对称(L_i^3)

括号内数字为菱面体背面的晶面

(二)对称型和晶系

一个晶体全部对称要素的组合称为对称型,如前述绿柱石晶体的对称型可记为 $L^6 6L^2 7PC$,属中等程度的对称。

据推导,矿物晶体的对称型共计 32 种(表 1-2)。事实证明,不同矿物晶体一般具不同的对称型,但有时不同矿物也可具相同的对称型,如石榴石和萤石的对称型均为$3L^4 4L^3 6L^2 9PC$;同种矿物晶体应具相同的对称型,但有的同种矿物也可具不同的对称型,如石墨晶体的对称型就有 $L^3 3L^2 3PC$ 和 $L^6 6L^2 7PC$ 两种。

晶系是宏观上具相似对称型的所有晶体的总括。晶体对称性的相似是指高次旋转对称轴的数目、高次旋转对称轴旋转操作时相同部分重复的次数(L^n的 n)等要件的相似。据此划分出等轴(NL^n,$N>1$,$n>2$)、六方(1 个 L^6)、四方(1 个 L^4)、三方(1 个 L^3)、斜方(L^2或 P 多于 1 个)、单斜(L^2或 P 不多于 1 个)和三斜(无 L^2,无 P)7 个晶系,归纳为高级、中级和低级 3 个晶族(表 1-2)。

其中，高级晶族具有数条高次对称轴，仅含有一个等轴晶系；中级晶族只有一条高次对称轴，包括六方、四方和三方3个晶系；低级晶族无高次对称轴，含斜方、单斜和三斜3个晶系。

表1-2　各晶系矿物晶体的对称型

晶族	晶系	对称型类型	对称型数
低级	三斜	L^1，C	2
	单斜	L^2，P，L^2PC	3
	斜方	$3L^2$，L^22P，$3L^23PC$	3
中级	三方	L^3，$L^3C(L_i^3)$，L^33L^2，L^23P，$L^33L^23PC(=L_i^33L^23P)$	5
	四方	L^4，L_i^4，L^44L^2，L^4PC，L^44P，L^44L^25PC，$L_i^42L^22P$	7
	六方	L^6，$L_i^6(L^3P)$，L^66L^2，L^6PC，L^66P，L^66L^27PC，$L_i^63L^23P(L^33L^24P)$	7
高级	等轴	$3L^44L^3$，$4L^33L^23PC$，$3L^44L^36L^2$，$3L^44L^36L^29PC$，$3L_i^44L^36P$	5

三、晶体的定向和晶面符号

1. 晶体的定向

晶体定向是晶体建立一个方位取向的坐标系统。它有助于对晶体统一标定晶面、晶棱和对称要素，并用合适的数字符号来表示。晶体的定向从本质上说是根据晶体内部空间格子构造和晶体的生长方向确定的，故它与晶体物理性质的各向异性研究密切相关。

晶体的定向分为三维和四维两种坐标系。一般晶体多用三维的X、Y和Z坐标轴表示；三方和六方晶系的晶体则用四维坐标轴定向。晶体的坐标系都是以晶体中心为原点并引出三维或四维射线构建的，晶体的定向则是将实际晶体置于该坐标系内，并将其结晶轴a、b和c与坐标轴X、Y和Z一一对应，此时晶体结晶轴的大小、取向便可准确定位和确定了。显然，结晶轴a、b和c是晶体在对应的X、Y和Z坐标轴上截取的长度单位。

在宏观上，晶体结晶轴的确定有多项选择，如三维相交的晶棱、对称轴(旋转轴、倒转轴)和对称面的法线等，因为它们与晶体内部空间格子构造的三维行列都是一致的。

晶体结晶轴的定向与坐标轴定向相同，其中a轴为水平的前后方向，b轴为水平的左右方向，c轴为上下直立。每两两结晶轴正端(a轴的前端，b轴的右端和c轴的上端)之间的交角称之为轴角，并用$\alpha(Y\wedge Z)$、$\beta(X\wedge Z)$和$\gamma(X\wedge Y)$表示。在微观上，晶体内部空间格子的晶胞大小和形状则是用其三度空间的两结点间距离及其夹角来表示。前者记为a_0、b_0和c_0；后者仍记为α、β和γ。其表示和数值同于前述晶体定位(图1-11)，该组6个数据称之为晶胞参数。各晶系空间格子的基本单位(晶胞)形状和参数列于表1-3。显然，描述空间格子基本单位的晶胞α、β和γ与描述晶体的轴角大小是完全相同的，描述空间格子结点间距离的a_0、b_0、c_0与结晶轴a、b、c以及坐标轴X、Y、Z在方向上是完全一致的，但在概念上不能相互混淆而滥用。这里需特别指出，结晶轴a、b和c

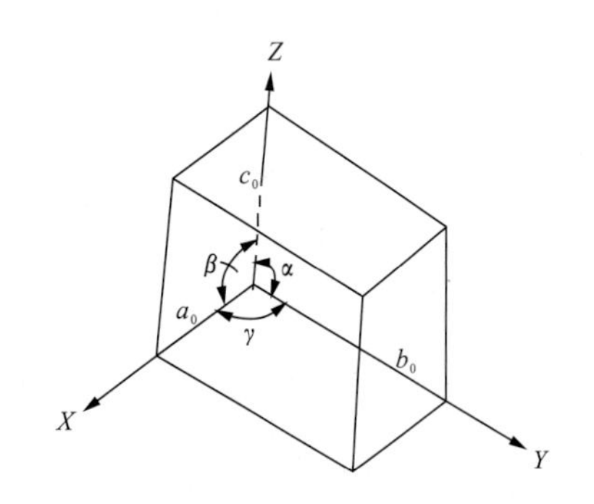

图1-11　空间格子中的晶胞定向及其描述

a_0、b_0和c_0分别为晶胞三维方向的长度；α、β和γ分别为晶胞定位三维方向$Y\wedge Z$、$X\wedge Z$和$X\wedge Y$的夹角

表 1-3　七大晶系空间格子中的晶胞

晶系	晶胞形状	空间格子中晶胞的坐标及参数关系
等轴晶系	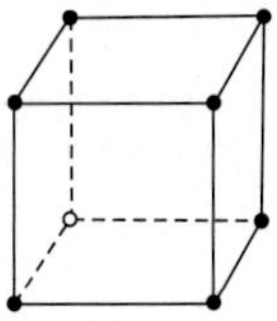 立方格子	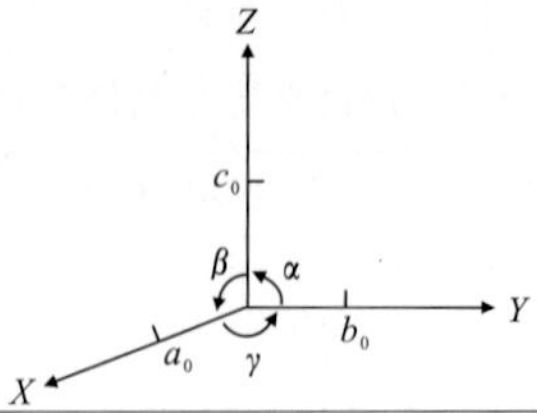 X 轴前后水平;Y 轴左右水平;Z 轴直立 $a_0=b_0=c_0$ $\alpha=\beta=\gamma=90°$
六方晶系	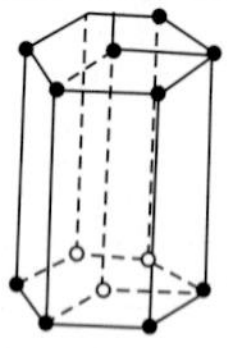 六方格子	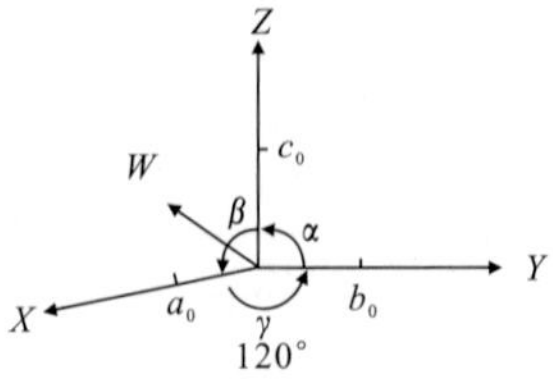 Z 轴直立;Y 轴左右水平;X 轴朝前偏左 30°;W 轴水平朝后偏左 30° $a_0=b_c\neq c_0$ $\alpha=\beta=90°$ $\gamma=120°$
四方晶系	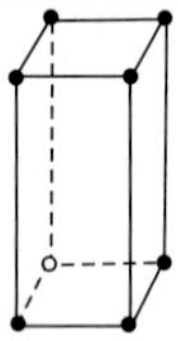 四方格子	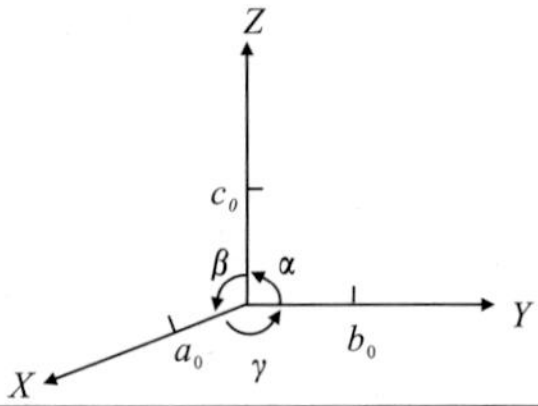 Z 轴直立;X 轴前后水平;Y 轴左右水平 $a_0=b_0\neq c_0$ $\alpha=\beta=\gamma=90°$
三方晶系	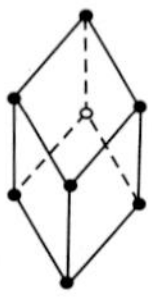 菱面体格子	同六方晶系 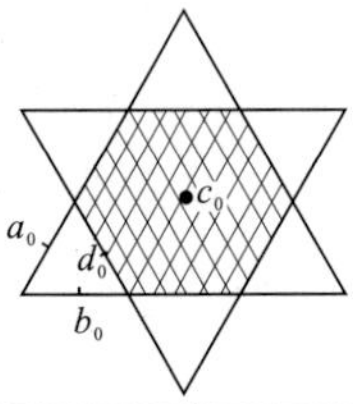
斜方晶系	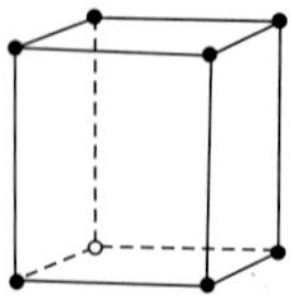 斜方格子	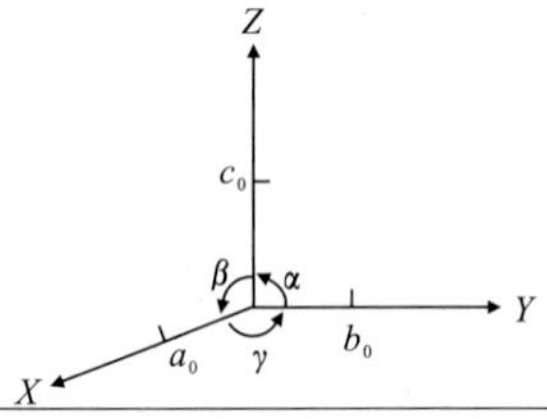 Z 轴直立;X 轴前后水平;Y 轴左右水平 $a_0=b_0\neq c_0$ $\alpha=\beta=\gamma=90°$
单斜晶系	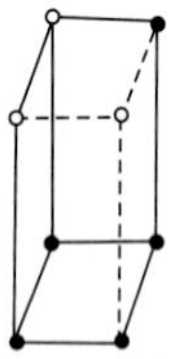 单斜格子	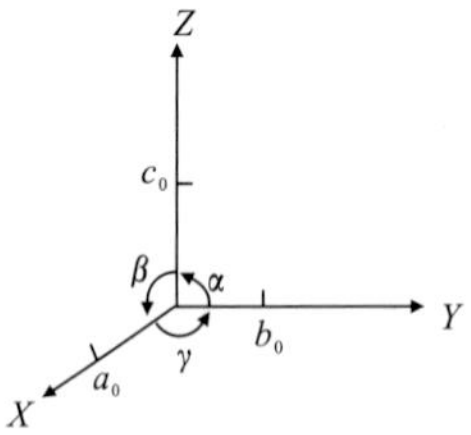 Z 轴直立;Y 轴左右水平;X 轴前后方向,且前端朝下方倾斜 $a_0=b_0\neq c_0$ $\alpha=\gamma=90°,\beta>90°$
三斜晶系	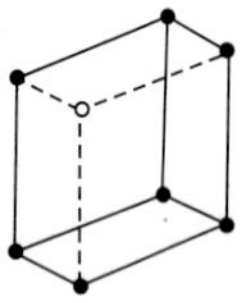 三斜格子	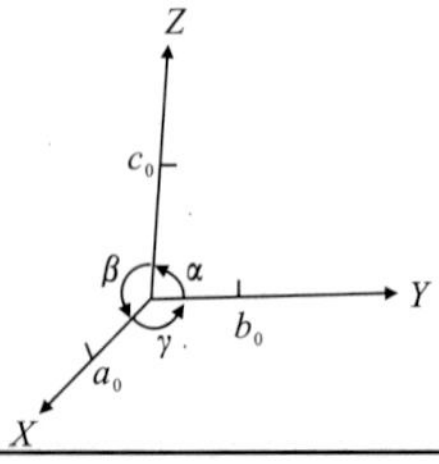 Z 轴直立;Y 轴左右,朝右下方倾;X 轴前后,朝前下方倾斜 $a_0\neq b_0\neq c_0$ $\alpha\neq\beta\neq\gamma$,皆不等于 90°,$\alpha>90°$,$\beta>90°$

并非指实际晶体晶棱(或其他要素)的绝对长度,而仅表示它们之间长度单位的相对比值。这是因为同种矿物不同晶体的大小和形状可以千变万化,故结晶轴 a、b 和 c 的长度数值是不常使用的,它更多的还是用来表示晶体定向中的某个方位及其相对大小。

有些晶体结晶轴的选择并非是唯一的,尤其是具 $3L^4$ 和 $3L^2$ 对称轴的对称型晶体,其 3 个相互垂直的 L^4(或 L^2)旋转轴与 3 个结晶轴 a、b、c 具体是哪一个两两对应就尚无定论。例如具 $3L^2 3PC$ 对称型的火柴盒形状的晶体(斜方晶系),因这种晶体有 6 种不同的定向选择,通俗地说,该火柴盒有 6 种不同的摆放样式,从而会产生 6 种不同的结晶轴 a、b 和 c 之间长度单位的大小关系(图 1-12)。

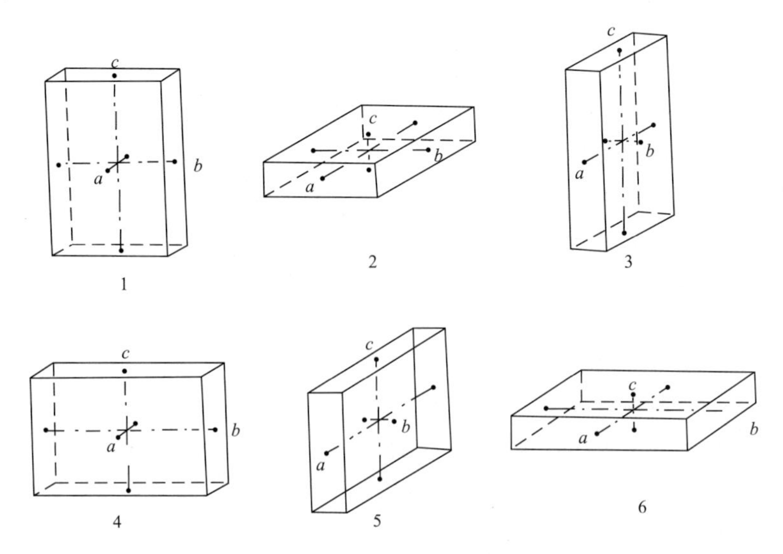

图 1-12 斜方晶系晶体定位的旋转轴(L^2)选择及其相应的结晶轴长度关系

1. $c>b>a$;2. $a>b>c$;3. $c>a>b$;4. $b>c>a$;5. $a>c>b$;6. $b>a>c$

2. 晶面符号识别

晶面符号是在晶体定向后用统一标准对晶面标定的数字、字母代号和名称。晶面符号的确定是一个较复杂的推导求解过程。对于一般初学者来说,只要求看到晶面符号后就能知晓此晶面与 3 个结晶轴的空间关系便可以了,这种关系指平行、垂直和斜交。

三轴定位晶面符号的通式是(hkl),h、k 和 l 次序固定且用小括号限定。其内的 h 为晶面与晶轴 a 轴的截距;k 为晶面与 b 轴的截距;l 为晶面与 c 轴的截距。晶面符号具体的数字标定应遵循以下原则:

(1)h、k 和 l 中任意项为 0 时,表示其晶面与 a、b 和 c 中对应结晶轴不相交而呈平行关系。如(001)表示其晶面与 a 和 b 轴不相交,且与 a 和 b 构成的平面平行。

(2)h、k 和 l 中任意项为 1 时,表示其晶面与 a、b 和 c 中的对应结晶轴呈相交截切关系,且截切为一个标准长度单位。如(100)表示此晶面与 b、c 轴平行不相交而与 a 轴相交切,且垂直于 a 轴交切为一个标准长度单位。

(3)h、k 和 l 中任意项为 2 时,表示与其 a、b 和 c 中的对应结晶轴呈相交截切关系,而且是 1 的截切长度单位的 2 倍,以此类推,当 h、k 和 l 中的任意项为 3 或 4 时,则为 1 的截切长度单位的 3 倍或 4 倍。

(4)若晶面与结晶轴的负端(a 轴的后端、b 轴的左端和 c 轴的下端)截切相交,则需在对应结晶轴截距数字的顶部加添符号“-”即可。例如$(1\bar{1}0)$晶面符号,它表示该晶面在 a、b 轴的截距相等,且与 c 轴平行而不相交,但此晶面与 a 轴是正端相交,而与 b 轴是负端相交(图1-13)。晶面符号表示的晶面与结晶轴负端相交(用数字符号顶部加“-”表示)的情况在三方、六方晶系的四轴定向系统中常见,因为与 a、b 同处一个平面而又保持120°夹角的 d 轴正端只能是右后方向,故其晶面多由负端符号表示(图1-14)。

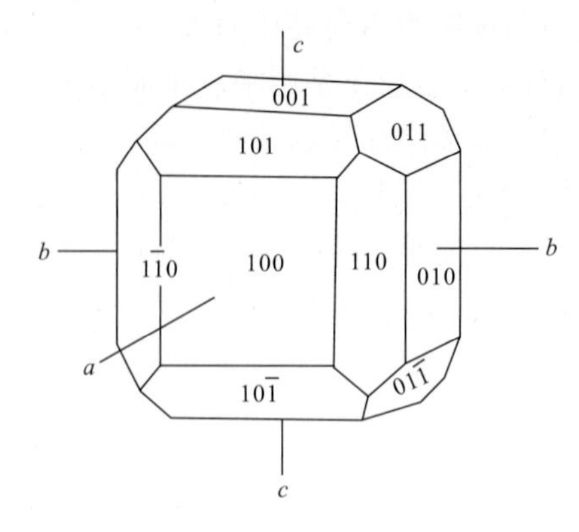

图1-13　三轴定位中负端相交的晶面及晶面符号

在结晶学中,常使用大、中、小3种不同括号来限定表达的数字,这种不同括号的使用代表了不同的结晶学含义,在这里有必要说明。

小括号:例如(010),用于表示特定晶面的晶面符号。(010)是晶体上与 a 和 c 轴平行而与 b 轴垂直交切且截切长度为1个标准单位的这个晶面的晶面符号。

中括号:例如[010],用于表示一个晶带的符号。[010]是指垂直于(010)晶面的所有晶面或平面的组合,该组合的晶面均垂直于(010)晶面,而且平行于(010)晶面的垂线呈环状排布,故称晶带,实为晶面带。换一个角度说,[010]是指平行于(010)晶面之垂线(b 轴)的所有晶面的总称,这些晶面平行于 b 轴且环绕 b 轴分布,故又可称之为平行于 b 轴的晶面带(晶带)。

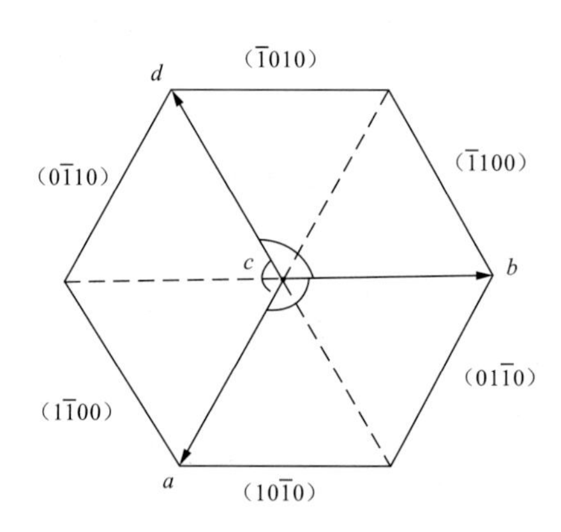

图1-14　六方柱四轴定向垂直 c 轴的各晶面(为正六边形上的直线)的晶面符号

实线为正端;虚线为负端;a、b 和 d 三轴相交于一个平面且彼此正端的夹角为120°;c 轴是上述三轴交点的垂线

大括号:例如{010},有两种结晶学意义:一是指平行于(010)晶面的这个方向;二是指包括一个“1”和两个“0”的所有晶面,也即(010)、(100)、(001)、$(0\bar{1}0)(\bar{1}00)$和$(00\bar{1})$6个晶面构成单形的总称。究竟用于何意,要视上、下文的表达意思。如“解理{111}”是指在(111)面方向的解理;又如“八面体{111}”是指构成八面体单形或八面体晶体晶形的8个晶面总称,包括(111)$(\bar{1}11)(1\bar{1}1)(11\bar{1})(\bar{1}\bar{1}1)(1\bar{1}\bar{1})(\bar{1}1\bar{1})$和$(\bar{1}\bar{1}\bar{1})$等。

四、单形和聚形

晶体的形状除了受生长的外部环境影响外,最重要的还取决于晶体的对称性。外部环境的变化会使生长的实际晶体的晶面发育不全或歪曲,而受对称法则限定的晶体形体和晶面形态必然是标准样和理想化的。当然,在晶体生长环境适合和充分的情况下,形成的实际晶体也可能长成标准样,只不过这种理想化在天然地质界是较少见的。

1. 单形

单形是由对称要素连系起来的一组晶面。一种单形应是由同一种对称要素操作获得的“同形等大”晶面的组合，且它们具有相同的物理和化学性质，甚至包括晶面上的花纹和蚀痕。例如同具 $3L^4 4L^3 6L^2 9PC$ 对称型的等轴晶系矿物尖晶石和石盐，其晶体形状分别为八面体和立方体。它们的对称要素操作也完全相同，但两者分属八面体和立方体两个单形，这是因为两单形分别有各自的“同形等大”的晶面：一为正三角形晶面组合构成的八面体；另一为正四方形晶面组合构成的立方体。为此，要从以下几个方面来加深对单形概念的理解。

(1)单形中的“同形等大”晶面组合是其中某一晶面通过一种对称要素操作导出来的。

(2)同一对称型的单形可以具有不同形体的单形和不同形状的晶面。同一对称要素操作也可以导出不同形体的单形和不同形状的晶面，这取决于操作前原始晶面的选择。

(3)一个晶体上通过一种对称要素操作获得的重复出现的晶面组合不能分属不同的单形。

单形的种类是由 32 种对称型的各种对称要素操作逐一推导出来的，共计有 146 种之多，再将相同的单形(结晶学上导出来的)进行归并而获得几何形状不同的 47 种单形(图 1－15)，并统计列于表 1－4 中。

表 1－4　47 种几何单形的分布

晶族	晶系	单形种类						单形数*
低级	三斜	单面	平行双面					2
	单斜	反映(轴)双面	斜方柱	单面	平行双面			2(2)
	斜方	斜方单锥	斜方双锥	斜方柱	斜方四面体	单面	平行双面	3(3)
中级	三方	三方单锥	复三方单锥	三方双锥	复三方双锥	三方柱	复三方柱	10(2)
		菱面体	复三方偏三角面体	六方柱	三方偏方面体	单面	平行双面	
	四方	四方单锥	复四方单锥	四方双锥	复四方双锥	四方柱	复四方柱	9(2)
		四方偏方面体	四方四面体	复四方偏三角面体	单面	平行双面		
	六方	六方单锥	复六方单锥	六方双锥	复六方双锥	六方柱	复六方柱	6(7)
		六方偏方面体	三方柱	复三方柱	三方双锥	复三方双锥	单面、平行双面	
高级	等轴	四面体	三角三四面体	四角三四面体	五角三四面体	六四面体		15
		八面体	三角三八面体	四角三八面体	五角三八面体	六八面体		
		立方体	四六面体	菱形十二面体	五角十二面体	偏方复十二面体		

注：* 单形数列中的括号内数字表示与前列晶系重复的单形数。

2. 聚形

前述单形中，有些几何外形并非是全封闭的，如三方柱、平行双面。若干非封闭单形相聚在一起才能构成封闭的形体，如矿物绿柱石的晶体就是由六方柱和平行双面两个非封闭单形构成的。实际晶体的另一种情况是，它也可能由若干非封闭和封闭的单形共同构成，如锆石晶体就是由四方柱(非封闭单形)和四方双锥(封闭单形)共同构成的(图 1－16)。据此，聚形可以定义为由若干单形聚合在一起而构成的具有一定几何外形的晶体形态。简言之，聚形为构成晶体封闭形体的若干单形的聚合体。

Ⅰ. 低级晶族的单形

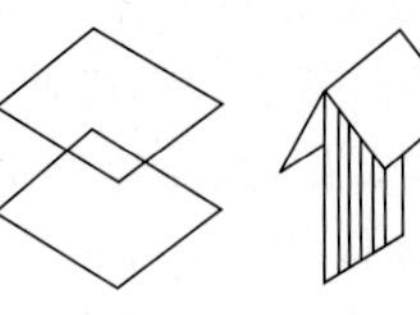
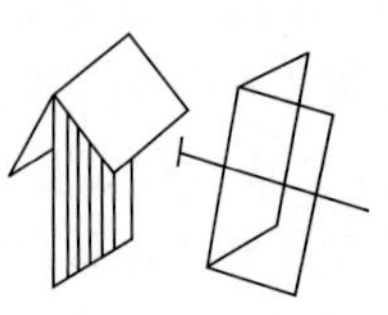
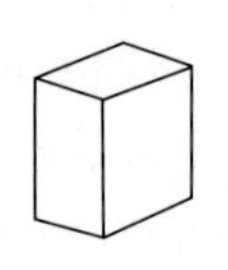
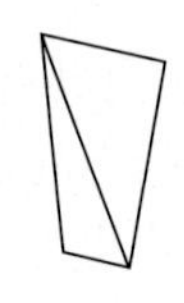
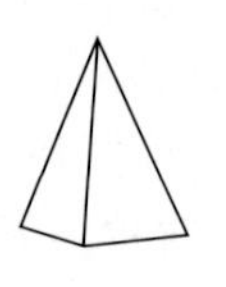
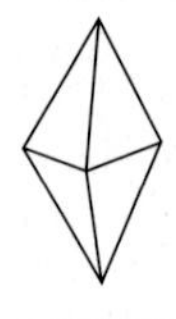

1. 单面　2. 平行双面　3. 双面（反映双面及轴双面）　4. 斜方柱　5. 斜方四面体　6. 斜方单锥　7. 斜方双锥

Ⅱ. 中级晶族的单形

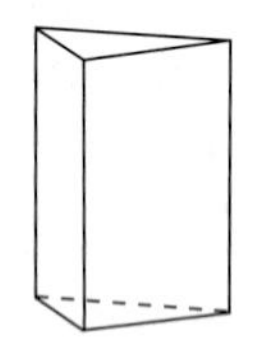
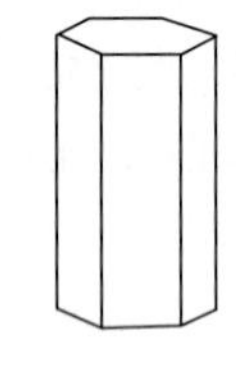
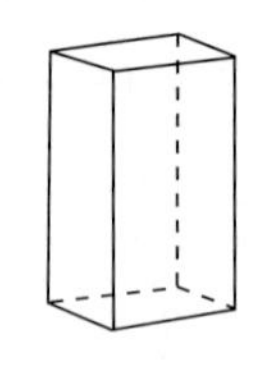
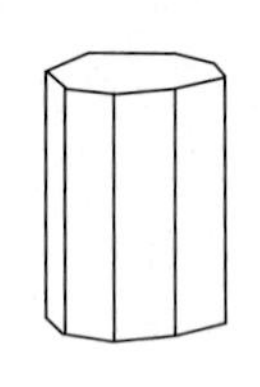
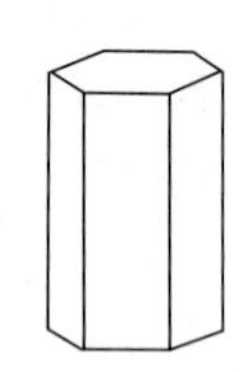
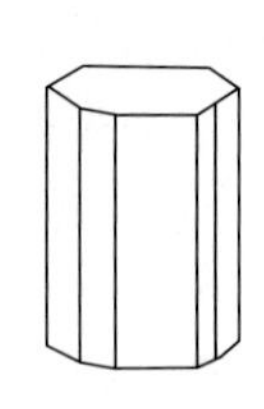

8. 三方柱　9. 复三方柱　10. 四方柱　11. 复四方柱　12. 六方柱　13. 复六方柱

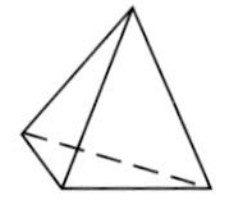

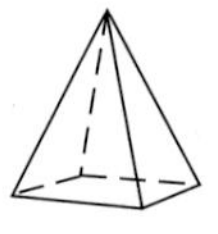

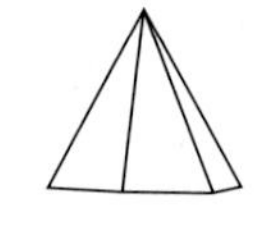
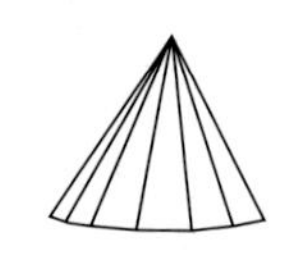

14. 三方单锥　15. 复三方单锥　16. 四方单锥　17. 复四方单锥　18. 六方单锥　19. 复六方单锥

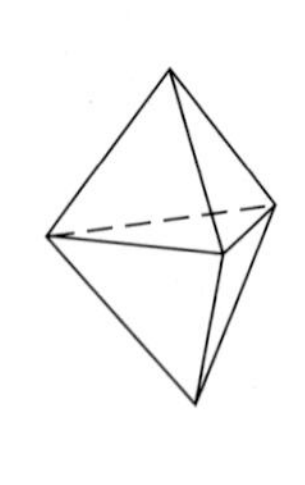
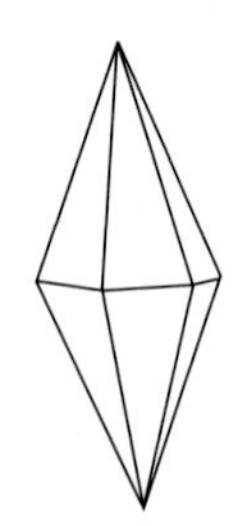
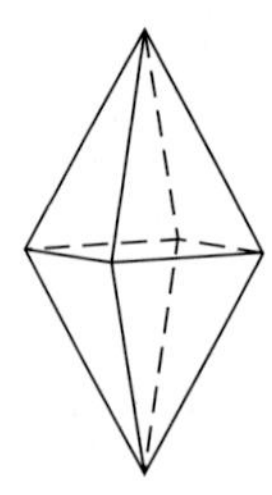
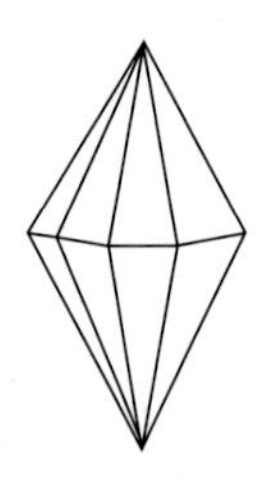
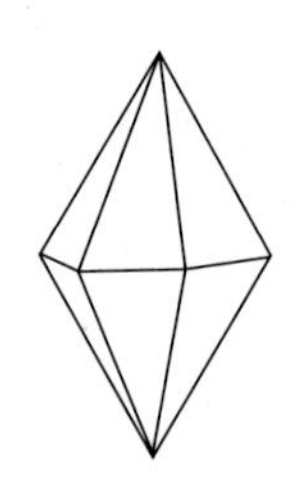
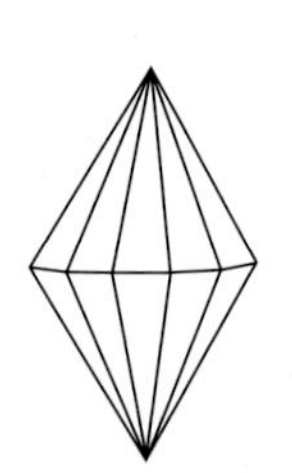

20. 三方双锥　21. 复三方双锥　22. 四方双锥　23. 复四方双锥　24. 六方双锥　25. 复六方双锥

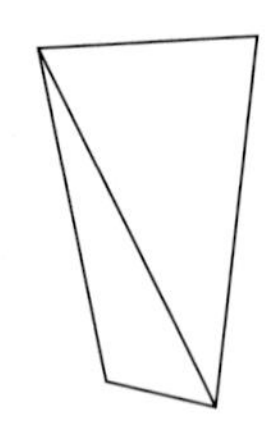
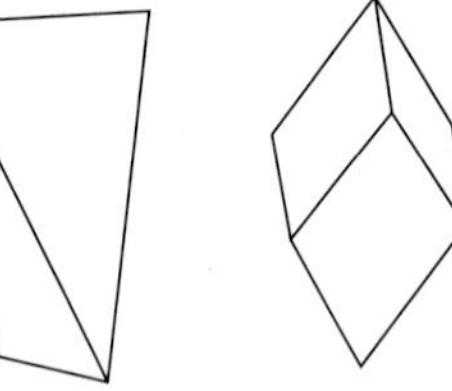
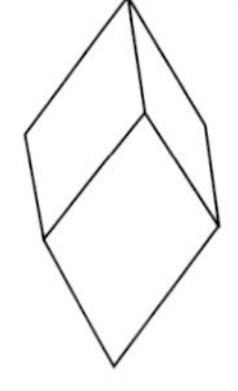
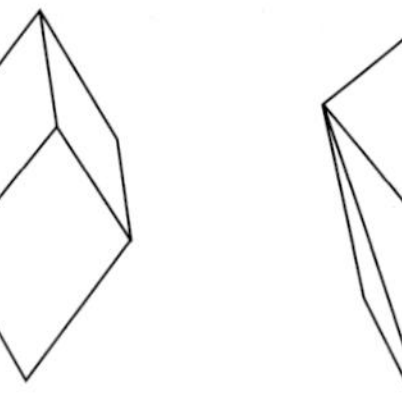
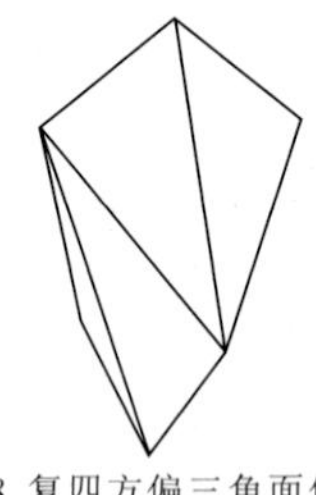
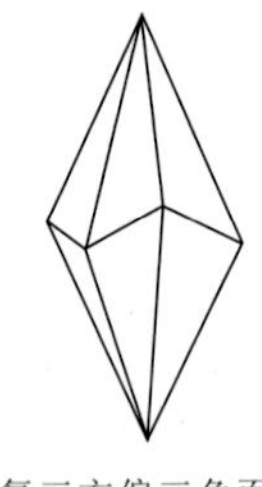

26. 四方四面体　27. 菱面体　28. 复四方偏三角面体　29. 复三方偏三角面体

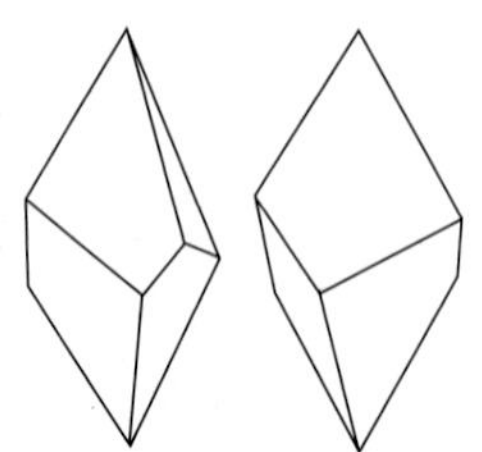
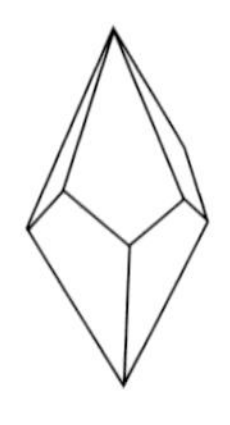
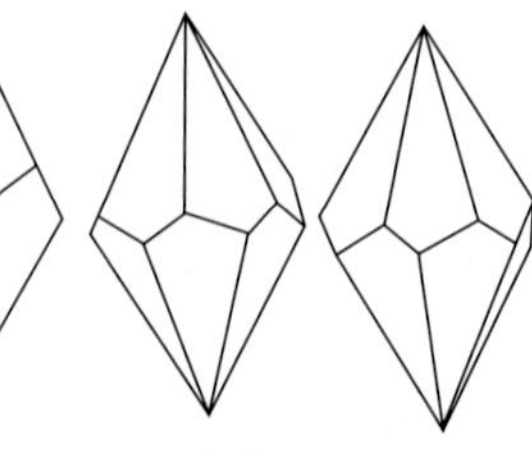

30. 三方偏方面体　31. 四方偏方面体　32. 六方偏方面体

Ⅲ.高级晶族的单形

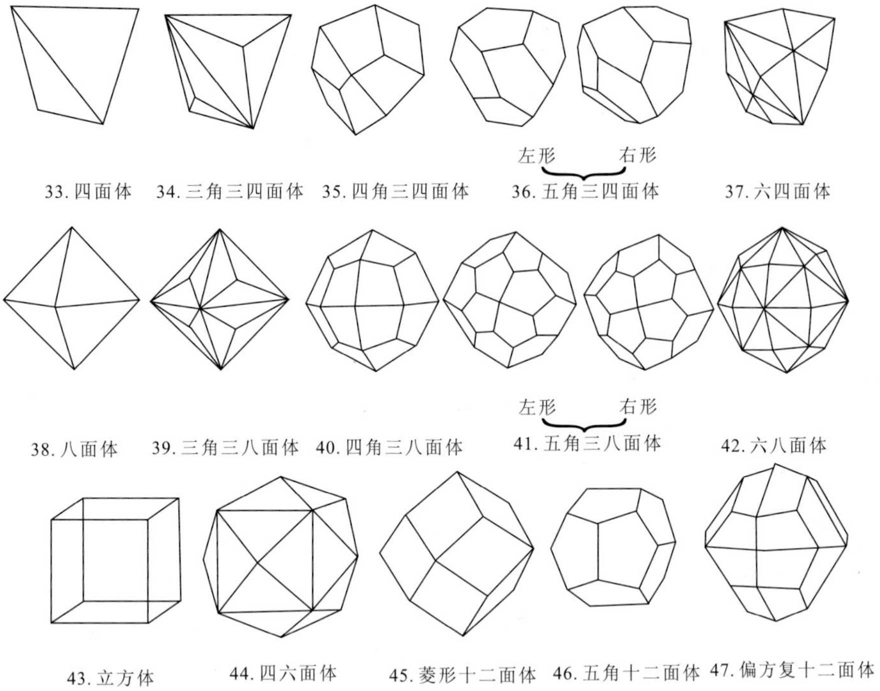

33.四面体 34.三角三四面体 35.四角三四面体 36.五角三四面体（左形、右形） 37.六四面体

38.八面体 39.三角三八面体 40.四角三八面体 41.五角三八面体（左形、右形） 42.六八面体

43.立方体 44.四六面体 45.菱形十二面体 46.五角十二面体 47.偏方复十二面体

图1-15　47种几何单形

（据赵珊茸，2011）

矿物晶体的单形相聚并非是任意的，它需遵循一定的规则，即属同一对称型的单形才能相聚。也就是说，不具同一对称型的单形是不可能相聚成晶体的聚形。如立方体单形不可能与四方锥相聚，前者属 $3L^4 4L^3 6L^2 9PC$ 对称型，而后者为 $L^4 4L^2 5PC$ 对称型。

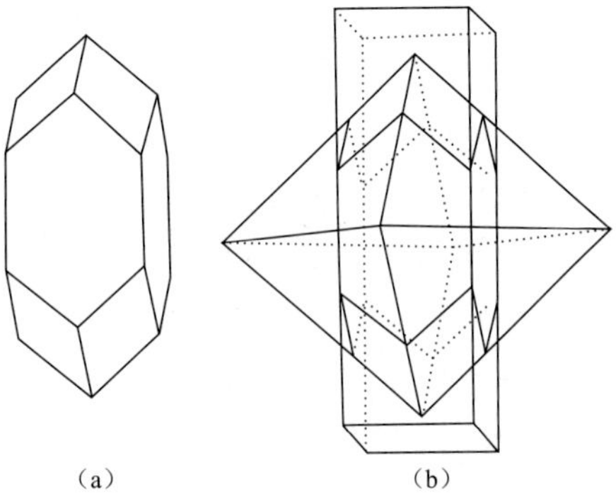

(a)　(b)

图1-16　锆石晶形及其聚形

(a)锆石实际晶体外形；

(b)由四方柱和四方双锥两个单形构成的锆石聚形

五、晶体的结晶习性、集合和连生

1. 结晶习性

晶体结晶习性是矿物晶体习惯性生长的常态状样式，如普通角闪石多生长成长柱状，也就是说它不可能生长成别的什么样子了。晶体结晶习性的根本原因还是晶体内部的结构，如前述角闪石，它的内部结构骨架是由若干硅-氧四面体在一维方向紧密连接并无限延伸构成的，故晶体具一向延长而呈长柱状（详见后述第二章第一节）。

晶体的结晶习性主要根据晶体在三度空间生长的能力宏观上划分为一向延长、二向延长和三向延长三大类，各大类又有许多具体的结晶习性称谓（表1-5）。

表 1-5　矿物晶体结晶习性的划分

类型	结晶习性	特点	举例
一向延长	纤维状	c 轴延长,(长/宽)比值极大	蛇纹石
	针状	c 轴或 a 轴延长,(长/宽)比值很大	阳起石、斜长石(基性熔岩中的微晶)
	长柱状	c 轴延长,(长/宽)比值>3	普通角闪石
	条状	a 轴或 b 轴延长,(长/宽)比值较大	正长石、斜长石(中性熔岩中的微晶)
	短柱状	c 轴延长,(长/宽)比值等于 2~3	辉石
二向延长	鳞片状	厚度小,片度极小,介于隐晶—显晶之间	绢云母
	片状	厚度小,片度较大,显晶质	黑云母
	板状	具一定厚度,显晶质	石膏
	厚板状	具较大厚度,多为独立生长的晶体	斜长石(侵入岩)
三向延长	粒状		石榴石

这里需特别指出的是,岩石学意义的矿物结晶习性与结晶学意义的结晶习性还存在较大的歧义。在岩石学中,矿物的结晶习性除有结晶学的限定外,还要考虑解理因素对晶体结晶习性的改造结果,尤其要较多地考虑矿物晶体受外力作用而发生规则性破裂形成的自然碎块的形态特征,如黑云母晶体的结晶习性应为假六方短柱状(单斜晶系),但在岩石学中称黑云母结晶习性为片状,这是因为黑云母具有一组垂直于柱体的极完全解理而使之成为极易剥离的薄片。又如正长石,岩石学多称它为粒状,也是因为它具有两组解理而易形成三向延长的立方体解理碎块。晶体的结晶习性还与晶体的生长条件有关,如斜长石在火成侵入岩中多为沿 a 轴、c 轴延伸的厚板状;但在喷出岩的基质中却为沿 a 轴伸长的针状。后者因是在岩浆流出地表才结晶的,它在成核以后处于一种边流动边结晶生长的状态,故只能选择水平结晶轴(a 轴)方向延伸生长。斜长石结晶习性多样性的另一个原因是其生长聚片双晶的单片数目,单片数少时则为板状,单片数多就成为粒状了。

2. 晶体的集合

矿物晶体的集合生长是指同种矿物聚合生长在一起的样式。在一定程度上晶体的集合生长比同数量独立晶体结晶累计消耗的能量要低,故矿物晶体的集合也是一种行为趋势。十分奇怪的是,集合状晶体个体要比独立生长的晶体结晶习性特点表现得更为突出和极致,如放射状集合排列的红柱石柱状晶体就显得更加细长。晶体的集合分为显晶质和隐晶质两种聚集形式(表 1-6,图 1-17 和图 1-18)。

3. 双晶

双晶是指两个或两个以上同种矿物晶体按一定的对称关系结合而形成的规则连生体。使双晶中的单体之间通过变换其中一个的方位使之与另一个方位能够重合或平行而借助的几何要素(点、线、面),被称为双晶中心、双晶轴和双晶面。

许多矿物都发育有双晶,双晶的成因分为原生生长型和次生改造型。原生生长型双晶是晶体在萌芽状态就开始按双晶规则生长形成的,如斜长石的聚片双晶,这是一种天生就有而且是每个斜长石都会发育的双晶。次生改造型双晶是矿物单晶形成后因应力作用或同质多象转变而形成的双晶。这种双晶是晶体后生的,如方解石晶体中出现的某些聚片双晶就有可能是应力作用导致晶内滑移形成的,故这种双晶又称为应力双晶。

表 1-6 矿物晶体的集合体样式*

晶粒大小	聚集方式	说明	产地或举例
显晶质（图 1-17）	放射状	斜方柱状红柱石晶体围绕某中心呈放射状排列形成菊花石观赏石(a)（接触热变质作用形成）	北京周口店
	束状	针状或鳞片状黑硬绿晶体呈捆扎状聚集（绿片岩相区域变质作用形成）	北京西山
	梳状	纤维状蛇纹石垂直于超镁铁质岩体的裂隙呈梳状聚集(b)（产于超镁铁质岩内的张性节理中）	四川石棉
	球颗	橄榄石或辉石、辉石和斜长石呈球状聚集（熔浆快速凝聚结晶）	陨石、新疆巴楚
	液滴状	镍磁黄铁矿晶体在超镁铁质岩中呈液滴状、串珠状聚集（镍磁黄铁矿矿浆与硅酸盐岩浆的液态不混溶）	云南金平
	条带状	辉石或斜长石晶体呈相间排列的条带状聚集（周期性岩浆补充和分离结晶或岩浆对流作用形成）	四川攀枝花
	豆荚状	铬铁矿晶体呈椭圆状聚集而类似于豆荚(c)	西藏日喀则
	晶簇	六棱柱状水晶（石英晶体）呈晶簇集合(d)；造山后花岗质岩体的晶洞中，如黄铁矿柱体放射状集合构成球体(e)	江苏东海
微粒—隐晶质（图 1-18）	结核状	自然金在不规则状空隙中沉淀 母岩风化剩余的难溶残留物在原地聚集	狗头金
	鲕状、豆状	泥晶碳酸盐矿物围绕某质点呈放射状或环状生长（碳酸盐过饱和的浅海中质点的上下翻动（潮汐）导致的沉淀）	鲕状或豆状碳酸盐岩
	肾状	隐晶质矿物同心层或放射状聚集生长，在外观上呈球状或椭球状并彼此连接(d)	沉积硬锰矿、赤铁矿
	钟乳状	由基底向上（或向下）垂向生长并向外逐层增粗形成的钟乳状方解石晶体聚集(e)（胶体凝聚或真溶液蒸发形成）	溶洞中
	球粒状	纤维状长英质矿物晶体围绕某中心呈放射状排列（酸性火山玻璃脱玻化所致）	流纹质火山岩中
	栉壳状	显微纤维状方解石垂直于自生颗粒边壁结晶生长呈胡须状聚集（高盐度条件下快速同生胶结自生颗粒形成）	鲕状灰岩中

注：* 表中括号内字母与图 1-17 和图 1-18 中的图号对应。

双晶具有不同的类型（表 1-7），多数双晶是较难用肉眼观察到的，它需借助其他方法和手段加以识别，如斜长石的聚片双晶需在偏光显微镜的正交镜下观察其岩石薄片获知；而对于石英的双晶，甚至需利用氢氟酸的腐蚀才能确认。

4. 交生

晶体的交生是指不同矿物晶体的规则连生。晶体连生时往往由占主量的主晶和占次量的从晶构成，一般来说，从晶细小分散且在大的主晶内呈规则性排列分布，这在结晶学上称之为定向附生。在岩石学上，晶体的交生是普遍存在的，这里所说的交生仅限于原生型的交生。

原生型的晶体交生有以下几种成因方式：出溶、共结、生长和反应。出溶交生是指高温状态下原来均一的矿物晶体在降温后发生固溶体分离而形成的交生，交生体内的从晶呈条纹状在主晶内规则排列，故又称之为条纹交生，如钾长石和钠（斜）长石、单斜辉石和斜方辉石间的条纹交生（图 1-19）。显然，条纹交生的主晶和从晶在成分和结构上应较接近，这有利于两矿物在高温时呈现均一固态而不存在有彼此分离的界面。

10.3cm×8.5cm×4.6cm
(a) 柱状红柱石的放射状集合（菊花石）

2.5cm×2.3cm×2.0cm
(b) 纤维状蛇纹石的梳状集合（垂直于岩壁平行排列）

30cm×15cm×5cm
(c) 粒状铬铁矿的豆荚状集合

10.5cm×6.1cm×8.9cm
(d) 六棱柱状石英晶体晶簇集合

4.5cm×4.4cm×4.1cm
(e) 黄铁矿柱体放射状集合且构成球体

图 1-17　显晶质矿物的集合

7.5cm×6.0cm
(a) 葡萄状集合的葡萄石

7.4cm×5.0cm×3.3cm
(b) 玛瑙晶腺呈不规则环

6.0cm×4.5cm
(c) 玄武岩中方解石杏仁体

5.5cm×5.0cm
(d) 赤铁矿的肾状集合

8.5cm×7.0cm
(e) 钟乳状方解石集合

图 1-18　隐晶质矿物的集合形式

表 1-7 矿物晶体的典型双晶类型

晶系	矿物名称	单晶形态	双晶形态	双晶名称
斜方晶系	十字石			十字双晶
单斜晶系	石膏			燕尾双晶
	正长石			卡氏双晶
三斜晶系	钠长石			聚片双晶

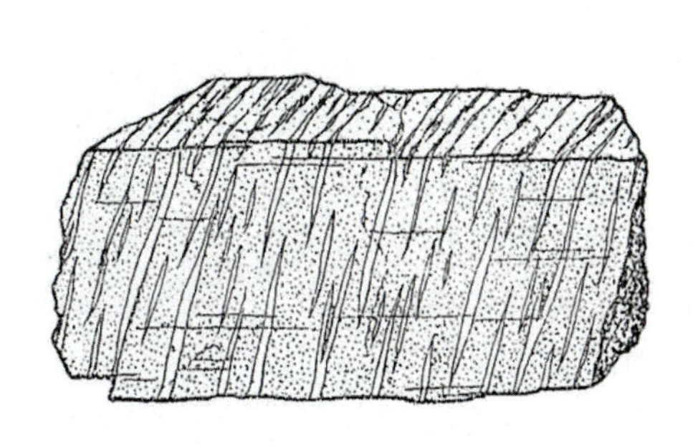

5.0cm×2.7cm×2.5cm

(a) (b)

图 1-19 条纹长石的出溶交生

(a)图中细点区为钾长石主晶,空白区为钠(斜)长石条纹;

(b)条纹长石出溶交生的标本

共结交生为两矿物相晶体因结晶温度相近而从岩浆中共同晶出形成的交生。同样地,交生体内的从晶也是规则排列并镶嵌于主晶之内。这种成因的交生常见于钾长石主晶与石英从晶的交生,由于镶嵌于钾长石的石英从晶十分类似于古希伯来文字,故又称这种交生为文象交生(图 1-20)。

图 1-20　伟晶岩中钾长石与石英的文象交生
图中烟灰色颗粒为文象状石英，浅黄白色为钾长石晶体
（据 www.nimrf.net.cn）

文象交生可见于手标本上，也可以具微观尺度的发育，后者只能在偏光显微镜中观察到。文象交生是岩浆结晶晚期的指示标志，此时岩浆经历演化而剩余较高浓度的钾-铝硅酸盐和未消耗完毕的 SiO_2 成分，两者无论在结构上还是在成分上差异都很大，但结晶温度却相近。其中的 SiO_2 成分来不及独立成晶而寄存于钾长石结构的空隙之间。

生长交生多见于岩浆结晶形成的同类矿物，这是因为岩浆结晶作用存在晶体结晶时间的早晚序次，同一矿物早结晶的内核与晚结晶的外环成分差异所表现的环带交生实际上是岩浆结晶后岩浆成分不断变化的反映，从这个意义上说，岩浆结晶矿物应普遍发育环带交生现象。相比之下，变质结晶矿物则不能形成这种生长交生，这是因为变质作用基本是在固态条件下完成的，结晶的矿物几乎为同时形成。确认矿物晶体的环带交生可能需要不同尺度的观察手段。如斜长石发育最典型和最常见的环带交生，可在手标本上利用玻璃光泽的强弱和颜色的差异来确定，表现为内环斜长石相对易绿帘石化和微晶高岭石化而导致具有绿色调，在偏光显微镜下观察火成岩中的斜长石薄片就更加明显了。环带交生的另一个例子是花岗岩中的更长环斑，这种钾长石与斜长石的环带交生用肉眼就明显可见（图1-21），因内核钾长石的肉红色和外环斜长石的灰白色很容易识别。但是，岩浆结晶的橄榄石环带交生就很难观察到，该矿物的环带仅表现在化学成分上的内外有别，这需借助其他分析手段（如电子探针技术）才能检测出来。

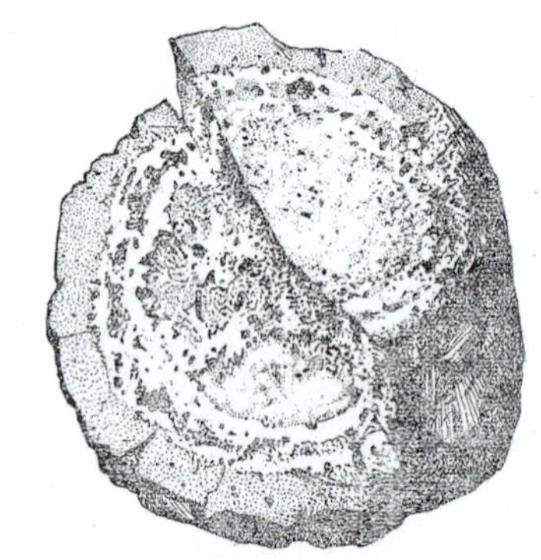

22cm×17cm

图 1-21　花岗岩中钾长石与斜（更）长石的环状交生（据邱家骧，1980）
外环密集小点区为斜（更）长石；中央稀疏点和黑斑点区为钾长石

变质结晶过程中常见有矿物间的反应交生。这种交生是变质反应的产物，如后成合晶结构等。因这些现象要在显微尺度下观察，这里不再赘述。

第二节　矿物的性质

一、矿物及其形成

矿物是在一定温度、压力和其他环境因素条件下形成的具有特定化学组成和内部结构的固态物质。矿物分人工和天然形成的，天然矿物是地质作用的产物，也是我们学习的主要内容。矿物既是自然无机界微观元素相聚组合的唯一形式，又是宏观行星和地球岩石的基本组成单位。一般认为，地球上的矿物有近 6 000 种，美国矿物学家 2022 年提出，"矿物本质上是时间的胶囊"，认为地球上的矿物应有 10 000 余种。矿物的主要存在形式为晶体，但也有少部分呈非晶质态。矿物的形成途径是多方面的。

1.岩浆作用

(1)岩浆熔体冷凝结晶。如玄武质岩浆$\xrightarrow{\text{温度下降}}$橄榄石(辉石)＋斜长石。

(2)火山玻璃脱玻化。形成纤维状长石和石英或隐晶质粒状长石和石英。

(3)岩浆期后热液矿物析出。多形成硫化物、氧化物矿物和伟晶的宝石矿物等。

(4)固相线下的固溶体分离。如钾-钠长石(均一固相)$\xrightarrow{\text{温度下降}}$钾长石＋钠长石(条纹状交生)。

2.沉积作用

(1)溶液沉淀。矿物质溶液沉淀需其浓度的过饱和以及所处外界环境条件的变化，如亮晶方解石和石膏等矿物的形成。

(2)胶体凝聚。带电胶体离子吸附异号离子而凝聚在一起，如滨海地区的鲕状赤铁矿、凝胶成因的高岭石等。

(3)气体凝固。如火山喷气孔周围凝固堆积的硫磺(S)。

3.变质作用

(1)化学(变质)反应。

$$\underset{\text{白云石}}{CaMg(CO_3)} + \underset{\text{石英}}{SiO_2} \xrightarrow{\text{温度上升}} \underset{\text{透辉石}}{CaMgS_2O_6} + CO_2\uparrow$$

$$\underset{\text{钠长石}}{NaAlSi_3O_8} \xrightarrow{\text{压力升高}} \underset{\text{硬玉}}{NaAlSi_2O_6} + \underset{\text{石英}}{SiO_2}$$

(2)交代作用。如绿泥石由暗色矿物角闪石、黑云母交代而成。

(3)同质多象。相同化学成分的物质在不同物理-化学条件下形成的不同矿物相，如蓝晶石、矽线石和红柱石具有相同的化学成分 $Al_2O_3 \cdot SiO_2$，但它们各自形成于不同的温度-压力条件下。

4.初始矿物

初始矿物指地幔矿物和陨石矿物等。它们并非由地球地质作用形成，而是在天体和地球形成初期就已经存在了，如地幔包体和陨石中的橄榄石、顽火辉石等。

二、矿物的化学性质

每个矿物都有一种特定的化学成分，或为单质元素，或为化合物。可以说，除矿物内部晶体结构外，矿物化学组成是矿物性质的决定性因素。一般来说，不同矿物具有不同的化学成分，但自然界有可能出现不同矿物却具相同的化学成分，如金刚石和石墨。显然，具相同化学成分的不同矿物是因晶体结构不同所致。

天然矿物化学成分具有两大特点：一为复杂；二为多变。矿物的化学成分与实验室使用的相近成分化合物是不能完全等同的，所以人们永远也不可能合成复制天然矿物，由此也说明矿物化学成分的复杂性。另一方面，矿物是地质作用的产物，地质作用时间的长久性也会逐渐改变矿物的化学成分。人们已领悟到，现在的矿物成分只是其成分渐变至某一特定阶段的表现而已，所以它应是长期地质作用的结果。

研究矿物的化学成分及其变化会有助于确定矿物形成的环境条件，并推测其复杂地质作用的状态和过程。例如角闪石中的铝有 Al^{IV} 和 Al^{VI} 两种配位方式，研究得知，Al^{IV} 的变化是其外在压力变化的函数；Al^{VI} 的变化则是其温度变化影响的结果。故角闪石中铝的化学成分变化可以直接反映角闪石结晶的温度和压力条件，进而推测角闪石形成时所处的碰撞或伸展的地质背景。矿物化学成分还有助于人们认识矿物资源的状况和前景，从而为提取和利用这些有用物质奠定基础。

（一）矿物化学成分的变化

矿物化学成分变化是一种普遍现象，这里仅指相同的矿物在化学成分上所具有的差异性。根据化学成分变化的程度，矿物可分为组成基本不变矿物和组成有限变化矿物两大类。前者如自然金、金刚石和石英等，它们多为化学成分较简单的矿物；后者如角闪石、黑云母等，它们的化学成分相对要复杂一些。前述地质作用的长期性和复杂性很难使矿物保持“纯洁”和“一成不变”，即便是组成基本不变矿物其化学成分也会发生不同程度的改变。如石英矿物中的 Si 位置就有可能被 Al 取代而使石英中含有微量的 Al。所以说，组成基本不变矿物与组成有限变化矿物之间并无截然的界线，应该说彼此的划分是较模糊的。对于组成有限变化矿物，其化学成分的变化也仅限于一定的范围，而非任意改变。否则化学成分的量变会导致质变，使原矿物变成另一种矿物，这就超出矿物化学成分变化的讨论范围了。造成矿物成分发生有限变化的因素有类质同象、矿物的放射性、胶体的化学形式和矿物的含水性等。

1. 类质同象

类质同象是使矿物化学成分发生有限变化的最重要因素。顾名思义，它是指在矿物晶体内部结构基本保持不变（类质）且具有相似矿物晶体形貌特征（同形、同象）的基础上发生矿物化学成分变化的现象。如更长石，它是钙长石（An，$CaAl_2Si_2O_8$）和钠长石（Ab，$NaAlSi_3O_8$）按

An∶Ab 为(1∶9)～(3∶7)范围的比例相互混合形成的。当然，An 和 Ab 的任意比例混合还可形成其他多种均一的斜长石矿物。我们把这种矿物称之为固溶体矿物，把其中的 An 和 Ab 称之为两端元组分。在固溶体矿物中较少的端元组分称之为固溶体的溶质，较多的端元组分称为溶剂。前述更长石中，Ab 为溶剂，An 为溶质。

两端元组分可以任意比例混合就称之为完全类质同象，形成的矿物称之为无限混溶的固溶体。如不同牌号的（An 与 Ab 的量比不同）斜长石都属于无限混溶的固溶体矿物。若两端元组分只能在一个有限范围内以不同比例混合而保持矿物的类质和同形则称之为有限混溶的固溶体，如钾长石（Or，$KAlSi_3O_8$）和钠长石（$NaAlSi_3O_8$）的混合。它们在高温时按一定比例混合形成均一的钾-钠长石，但在低温时钠长石从钾长石中分离析出而形成两种长石的交生，即条纹长石（图 1－22）。

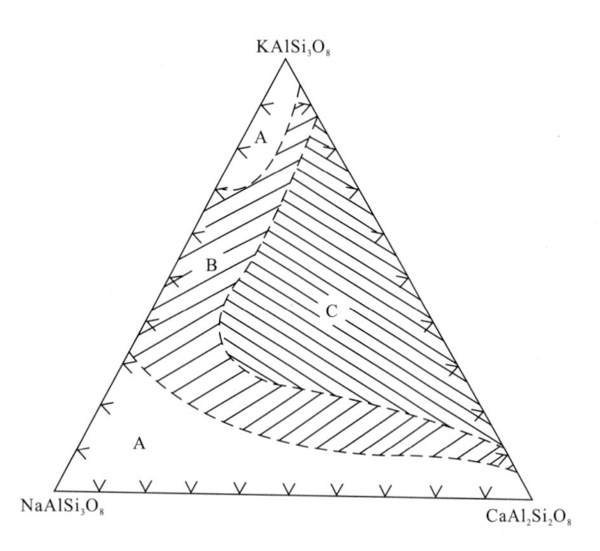

图 1－22　钾长石（Or）-钠长石（Ab）-钙长石（An）三组分的混溶

A. 无限混溶且稳定；B. 高温混溶但低温下分解；C. 不发生混溶

这里需指出的是，前述固溶体中溶质和溶剂两端元组分具有化学计量性，也就是说它们的量比遵守定比定律和倍比定律。但是类质同象的大多数情况是溶质的量极微少，例如微量元素置换矿物相内某主要组分的形式就是一种不具化学计量性的类质同象作用了。这时以微量元素作为溶质的固溶体矿物则是一种稀溶液，也就是说，相对于微量元素而言，该矿物是一种极稀的固溶体。

类质同象受元素的晶体化学性质和晶体的内部结构两大因素制约。具有相近原子或离子半径、相似电价以及离子之间具相同类型连接键型的两原子或两离子就容易发生类质同象。再者，晶体内部结构中尚存在的空隙也会影响类质同象进行。若晶体内部存在较大空隙就可容纳较大的原子或离子加入，甚至不必考虑其晶体化学性质。最典型的矿物是沸石类，其晶体内部存在许多大小不同的空腔，故能接受较大半径的原子和离子而无选择性。

2. 矿物的放射性

矿物的放射性是矿物含有放射性元素的缘故，这类矿物称为含放射性矿物，如晶质铀矿等。放射性元素仅在少数矿物中存在或聚集，故含放射性矿物的分布是较少的，放射性元素对矿物化学成分变化的影响也是局部的。

矿物中所含放射性元素主要为 U、Th、K 和 Rb 等，这些元素的放射性同位素是 ^{238}U、^{235}U、^{234}U、^{232}Th、^{40}K 和 ^{87}Rb。它们均能自发地进行蜕变选择放出 α、β 和 γ 粒子而形成新的稳定同位素，我们把前者称之为母体同位素，新形成的稳定同位素则称之为子体同位素，如：

$$^{238}U \rightarrow {}^{206}Pb + 8\alpha + 6\beta^- \quad (\lambda = 0.015\ 512\ 5 \times 10^{-9}/a)$$

子体同位素 ^{206}Pb 为稳定同位素，它再也不能发生放射性蜕变了；λ 为衰变常数，系每年放射性元素蜕变的数量。显然，从地质年代的角度来看，含放射性元素矿物形成的时间愈久远，放射性元素转变为稳定同位素的量将会越来越多，其化学成分的变化也会更大。当然，这种变化仅指该矿物此同位素的元素成分。

3. 胶体的化学形式

所有的胶体矿物的化学组成都是可变的，但其化学组成变化不同于固溶体矿物的类质同象，而是由胶体矿物自身特点决定的。众所周知，胶体是由若干相的相互混合而成的分散系，它主要由分散相（分散质，相当于溶液中的溶质）和分散媒（分散剂，相当于溶液中的溶剂）两部分组成。其中，分散相十分细微，仅有 1～100nm（纳米，$1nm=10^{-6}mm$）；分散媒可以是气、液、固相。

胶体矿物根据分散相、分散媒的状态与含量可分为水胶凝体矿物和结晶胶体矿物两大类。水胶凝体矿物的分散媒为液态水，分散相为固态离子，如蛋白石；结晶胶体的分散媒就已被当作结晶物质了，故通常把这种胶体当作结晶矿物，而非作为胶体看待，如一些黏土矿物。

胶体矿物中的胶体离子（分散相）粒径极小，但比表面积（表面积与体积之比）大，表面自由能高，而且带有电荷。这种状态是极不稳定的，故胶体离子常具有以下特点：第一，具强烈的吸附性。这是因为带电胶体离子为达到电荷平衡而产生吸附周围介质（分散媒）中电荷相反的其他胶体离子所致。显然，这种吸附性除两者电荷相反外，不受其他任何晶体化学性质（离子半径、电价高低）的限制，也就是说胶体离子的吸附性是无别的选择性的。第二，具明显的凝聚性。这也是一种胶体离子降低表面能而达到稳定态所发生的自发性合并为较大颗粒的过程，这一过程表现为排挤分散剂（如水）、隐晶质颗粒变为显晶质颗粒等。胶体离子的这些性质和特点致使胶体矿物成分变化大且复杂。它表现为胶体矿物含水量变化（同种矿物的含水量不同）和胶体矿物化学成分的不可预测性（这是因为胶体离子无选择吸收性造成的）。

4. 矿物的含水性

矿物的含水性导致矿物组成有限变化仅限于含水矿物，而且多表现为含水量的变化。这类矿物所含的水应是指参与其晶格构造中的水，而不包括矿物晶格之外常赋存于矿物裂隙之中的吸附水。矿物所含的水有两种存在形式：一为结晶水。它以水分子 H_2O 的形式存在，如蛋白石、蛭石等矿物中的 H_2O；二为结构水。它以阴离子 OH^- 形式存在并有固定的含量和晶格位置，如角闪石、黑云母等，在岩石研究中也常把这类矿物称之为含水矿物。含结晶水矿物中的结晶水常用 nH_2O 表示，n 值的不确定性暗示该矿物含水量是变化的。含结构水矿物中的 OH^- 因受晶格的束缚与其他质点间的联系十分牢固，故 OH^- 的量是固定的。破坏含 OH^- 矿物的晶体格架而使其转变成另外一种矿物可以使矿物的 OH^- 含量发生变化或消失，但这种改变就不属于矿物组成有限变化的讨论范畴了，例如角闪石斑晶在喷出地表后因压力骤降而脱水（实为去 OH^-）并发生分解而变为另一种矿物就不属矿物含水性导致其化学成分有限变化范畴的问题了。

（二）同质多象

同质多象是相同化学成分的物质（同质）在不同物理-化学条件下形成若干不同矿物相（多象）的一种等化学性变化。它主要表现为外部环境条件改变对同化学成分物质形成不同矿物相的影响。人们还常根据这些具等化学性的不同矿物来确定形成该矿物的地质条件，也可依据这些同质多象矿物来推测形成这些矿物物质的原始化学性质。所以说，对同质多象的研究具有很重要的指示意义。最典型的等化学同质多象系有 SiO_2-系、C-系等。

1. SiO_2-系

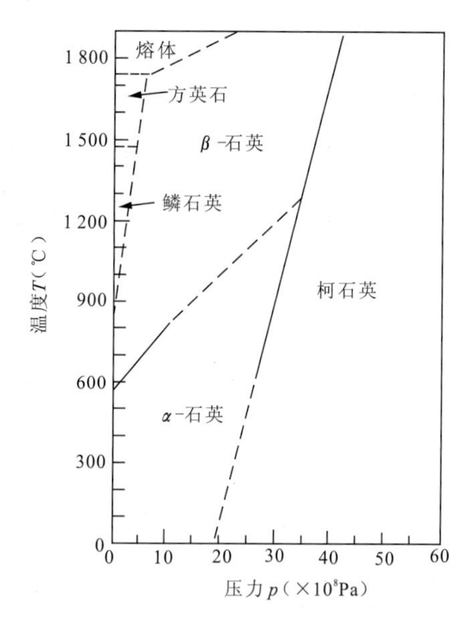

图 1-23 SiO_2矿物同质多象的 $p-T$ 图

如图 1-23 所示，SiO_2矿物随结晶温度增加依次形成 α-石英—β-石英—鳞石英(低压时)—方英石(低压时)；随压力加大则依次形成 α-石英—柯石英。这些等化学的同质多象系在不同岩石(尤其是结晶岩)中的表现是十分明显的。在火成岩中，花岗质侵入岩内的石英为 α-石英(又称低温石英)，而在温度较高的流纹质火山喷出岩中晶出的是 β-石英(又称高温石英)，该 β-石英在地表冷却条件下不稳定而又转变为 α-石英。因此，在喷出岩中所见到的斑晶石英应为 α-石英，但它却具有高温 β-石英的六方双锥假象以及漆黑的颜色。

在一般的变质岩中，石英亦为低温 α-石英，但在超高压的变质条件下，这些石英有可能转变成柯石英而被结晶能力极强的镁铝石榴石包裹。在偏光显微镜下观察高压变质相的榴辉岩薄片时，有时见包裹石英晶粒的石榴石具有不规则放射状裂纹(图1-24)，这是原来被包裹的柯石英在压力降低后又转变成 α-石英并伴随有体积膨胀(体积增大 10%)而使石榴石被撑破裂开所致。由此，我们也可根据放射状裂纹石榴石中包含有石英包裹体来反推该石英曾是柯石英，并证明该岩石经历过超高压的变质作用。

2. C-系

如图 1-25 所示，沉积的有机碳经低温变质作用(温度升高)可形成石墨矿物，而在高压条

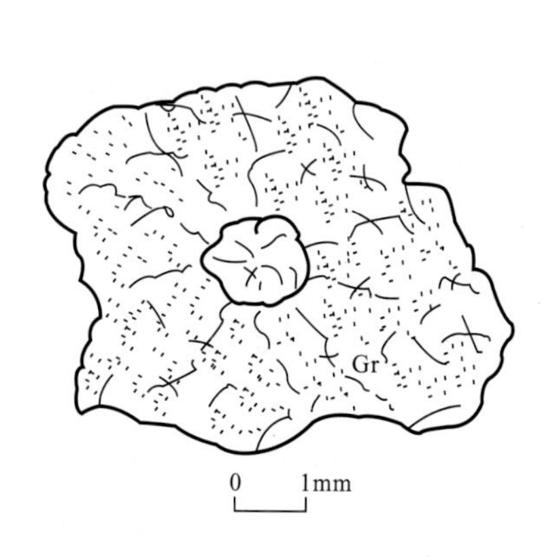

图 1-24 榴辉岩中具放射状裂纹石榴石(Gr)内的柯石英(已转变为 α-石英)包裹体

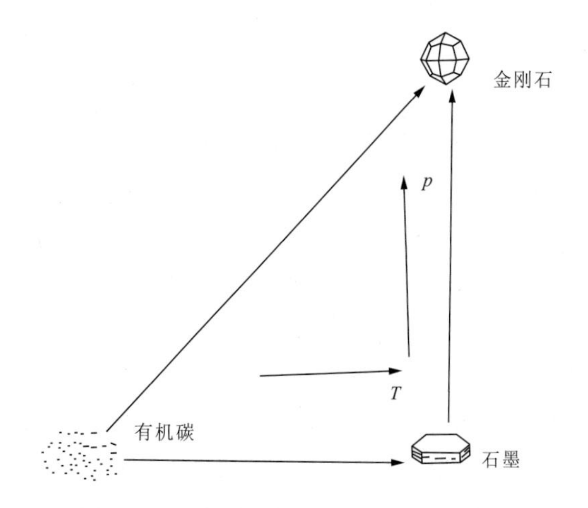

图 1-25 碳质矿物同质多象 $p-T$ 图

件下石墨可能转变成金刚石。变质岩中石墨的存在表明原岩为沉积岩，而使其转变的温度和压力并不高。金刚石形成于高压条件，是深源碳在压力大的深部转变形成的。金刚石的母岩金伯利岩和钾镁煌斑岩源于地幔也证明了这一点。据报道，在超高压榴辉石相的石榴石中也发现有金刚石包裹体，这说明只要压力条件合适，无论是纵向埋深还是横向碰撞都可以使碳向金刚石转变。

三、矿物的物理性质及其鉴定

矿物的物理性质涉及许多的物理研究领域。我们在这里学习的矿物物理性质仅限于能直观观察和便于操作确定的尺度。学习矿物物理性质的目的也是为了初步认识和鉴定矿物，这显然是为了实用的需要。

(一)光学性质

1. 颜色

颜色是鉴定矿物最直观和最易于识别的物理性质之一。矿物的颜色分为自色、他色和假色。自色是矿物固有的光学性质，形成于矿物对7种单色光的选择性吸收：若矿物仅吸收某单色光，则矿物会具有该单色光的补色(能合成呈白色光的两种单色光即互为补色)；若矿物对各单色光是均匀吸收，则矿物会因吸收光的强弱而具黑色和浓度不同的灰色；若矿物基本不吸收任何单色光，则该矿物为无色或白色。通常所说的矿物的颜色即为自色。有时矿物因混杂有色素的微量元素或其他杂色物质自色就有可能发生一定的改变，这种变化了的颜色称之为他色。如石英和方解石的自色为无色或白色，但其他色却有很多种，如黄色、绿色、红色、紫色等，甚至还有黑色。除此以外，矿物还因某种物理的原因而具有假色，这种颜色与矿物自身的化学成分和内部结构无关，它是射入矿物表面的光波发生(多次)反射、散射，再发生干涉形成的。也就是说，矿物的假色具有很大的不确定性。如有些反射能力很强的金属矿物表面除自色外还有一种似乎漂浮其上的不规则斑斓状色彩，这种颜色称为锖色，锖色即为一种假色，它是矿物反射的各单色光相互干涉的结果。如斑铜矿的自色为铜红色，它的锖色却为蓝紫色。

确定矿物的颜色有助于划定矿物的大类。金属硫化物矿物多为钢灰色、黄铜色和金黄色，强金属氧化物矿物多为黑色，弱金属性的金属氧化物矿物为较浅的颜色，含氧盐类矿物多为无色和白色。

矿物的自色、他色和假色分别具有的特征表现如表1-8所示。这其中，自色和一部分他色还具有一定的鉴定矿物的功能，假色则因能产生各种效应的美丽色彩而使珠宝界格外关注。

2. 条痕

条痕是矿物在无釉瓷板上摩擦留下的粉末痕迹和颜色。条痕的颜色简称条痕色。它更能反映矿物本来的颜色性质而排除了他色和假色的干扰。矿物的条痕色是确定矿物的一种鉴定手段，如方解石有灰、白、黑、粉红和黄等颜色，但其条痕色却总是白色。矿物的条痕色主要与矿物的主体化学属性有关(表1-9)，所以说，矿物的条痕色与矿物的颜色就不完全对应，如硅酸盐矿物角闪石、黑云母均为黑色，但它们的条痕色却都是白色。

3. 透明度

矿物的透明度是指在同一标准厚度条件下可见光透(穿)过矿物的程度。若光线大多都能透过标准厚度的矿物称之为透明矿物。透明矿物的界定并不严谨，这是因为矿物学规定的标准厚度(1cm)与岩石学透明矿物规定的厚度(0.03mm)差异较大,后者是以偏振光穿透矿物而能在偏光显微镜下观察其光性特征为依据。显然,有些在矿物学上被认定为不透明矿物但在岩石学中却称之为透明矿物,岩石学中的透明矿物当然涵盖得更广一些。

表 1-8 矿物颜色的划分

颜色分类		成因	特点	例证
自色		与矿物固有组分和结构直接相关的矿物自身的颜色	固定、不变、均一	橄榄石黄绿色、黄铁矿浅黄铜色
他色		色素离子和气、液包裹体作为外来机械混入物	可变、较均一,透明矿物常见	石英(水晶)具紫、墨和粉红色等
假色	锖色	表面具强反射能力,反射光发生干涉	不均一、斑驳色彩,不透明金属矿物表面常见	黄铜矿表面色
假色	晕色	可见光在矿物内部密集解理面和裂隙面上产生一系列反射和干涉	彩虹色,条带状、透镜状分布	白云母、彩虹玛瑙和石英(猫眼石)
假色	变彩	矿物内部存在许多厚度与可见光波长相当的微细叶片或细层,可见光入射产生一系列衍射和干涉所形成	各颜色混杂无分界,转动标本会使其色发生变化	欧泊
假色	乳光色	矿物内出现比光波波长还小的细微出溶条片而引起的漫反射	略带蓝的乳白色	月光石、显微出溶的斜长石和钾-钠长石

表 1-9 矿物条痕色类型及化学属性

条痕色类型	化学属性	举 例
黑色、铁灰色	部分金属硫化物、单质金属元素	方铅矿、黄铁矿
深彩色	部分金属硫化物,部分氧化物	闪锌矿、赤铁矿
浅彩色	部分金属氧化物	磁铁矿、铬铁矿
灰、灰白、白等色	部分氧化物、硅酸盐、碳酸盐	刚玉、橄榄石、方解石

矿物学中将矿物的透明性质划分为3类(表1-10)。确定矿物透明度的方法并非常用标准厚度(1cm)来进行,因为没有任何人去刻意切制这样的厚度来鉴定,再说,矿物晶体本身就来之不易。在野外和室内手标本观察中,常利用矿物的自然破裂碎块(如解理块)的边缘进行识别。

表 1-10 矿物透明性的划分(以1cm厚度标准)

矿物透明性质划分	透光性	特点	举例
透明矿物	大部分光线通过	隔着标准厚度可见背面物像轮廓	石英
半透明矿物	部分光线通过	隔着标准厚度可见背面物像阴影	辉石
不透明矿物	几乎无光线通过	隔着标准厚度不见背后物像	方铅矿

矿物透明度不同的直接原因是矿物对光的吸收性和反射能力的差异。一般认为,矿物对光线的吸收性和对光的反射性呈正相关。若矿物对光吸收性愈强,其反射性也愈强,透光性就差,多为不透明矿物;若矿物对光的吸收性弱,其反射性也愈弱,透光性就强,多为透明矿物。显然,半透明矿物对光的吸收性和反射性是介于上述两者之间的。

4. 光泽

矿物光泽是指矿物表面对光的反射能力。肉眼观察到的矿物对光的反射能力从强到弱划分为金属光泽、半金属光泽、金刚光泽和玻璃光泽(表 1－11)。

表 1－11　矿物光泽的划分

划分类型	特征	反光性
金属光泽	犹如金属物体表面镀一层不锈钢膜	极强、刺眼
半金属光泽	如同金属物体自然光洁面	强、较刺眼
金刚光泽	如同金刚石(钻石)表面	较强、光芒四射
玻璃光泽	如同玻璃制品表面	弱、不刺眼

矿物光泽的观察必须在矿物晶体的晶面、解理面或其他特殊面上进行。若矿物颗粒细小而呈集合体形式时就很难确定其光泽类型而仅能观察到集合体(岩石)的光泽。需说明的是，岩石中多数造岩矿物均是具玻璃光泽的，为了更精细地表达岩石的这种光泽特征，有必要增加另一些形象性的光泽描述术语(表 1－12)。

表 1－12　岩石的特殊玻璃光泽类型及其适用范围

光泽类型	特征	适用范围
油脂光泽	似物体表面涂上一层油脂	无解理矿物的断口(石英)； 有解理矿物的无解理方向断口(长石)； 全玻璃质岩石的断口
珍珠光泽	如同贝壳凹面上柔和及多彩的珍珠般光泽	具极完全解理，且其解理片易弯曲的矿物表面，或白云母集合体
丝绢光泽	犹如绸缎表面的水泻般光泽	石膏、石棉集合体； 斜方辉石蛇纹石(绢石)化； 岩石由隐晶质鳞片状或纤维状矿物组成并定向排列分布(千枚岩)
星点光泽	类似天空中的星星间断性闪亮	隐晶质粒状矿物组成的岩石中具解理的矿物散布状分布(霏细岩)
蜡状光泽	类似于蜡烛或冻胶表面暗淡的光泽	胶体矿物构成的岩石(蛇纹岩、次生石英岩)
土状光泽	近似无光泽的土块	黏土矿物构成的多孔且蓬松状的岩石(泥岩)或基岩风化物

5. 矿物各光学性质间关系

矿物各光学性质具有一定的相互对应关系(表 1－13)。在实际应用时，要注意有些光学性质之间具有较好的对应关系，如条痕色和光泽；而有些矿物的光学性质间就不完全对应而具有不确定性，矿物的颜色和光泽之间就是如此，如硅酸盐暗色矿物辉石、角闪石和黑云母都是黑颜色，但它们都具玻璃光泽，而方铅矿等矿物颜色较之前述的硅酸盐暗色矿物浅，但它却是金属光泽，其反光强度要大得多。

表 1-13 矿物各光学性质的对应关系

光学性质	划分等级及其对应			
颜色	黑色、浅色、浅彩色	灰色、灰黑色、彩色	灰黑色、深彩色	黑色、灰黑色
条痕色	白色	浅彩	深彩	黑色
光泽	玻璃	金刚	半金属	金属
透明度	透明	透明—半透明	微透明	不透明

(二)力学性质

1. 硬度

矿物的硬度为矿物抵抗外力机械作用的能力。在鉴定矿物时,其硬度是比较重要的观察特征。矿物硬度划分为 10 个等级,它是用 10 种具有不同硬度的矿物作为标准来确定的,这种硬度等级计量称之为摩氏硬度计。从该硬度计可知,滑石硬度最小,为 1;金刚石硬度最大,为 10(表 1-14)。由此确定的矿物硬度称之为绝对硬度(H)。

表 1-14 矿物的摩氏硬度计(绝对硬度 H)

硬度等级(H)	1	2	3	4	5	6	7	8	9	10
代表性矿物	滑石	石膏	方解石	萤石	磷灰石	正长石	α-石英	黄玉	刚玉	金刚石
等同物		指甲	铜币	铁丝	玻璃	铅笔刀片	钢刀	砂纸		

摩氏硬度计的使用存在一定的局限性,一方面是这些矿物的独立晶体难以找寻和配齐;二是非专业人员不便使用这种硬度计去一个一个地刻划。在岩石学的矿物鉴定中,人们常使用手指甲(H=2.5)和小刀(H=5.5)两种工具来刻划矿物,以判断矿物的相对硬度。这里需要强调,在使用小刀和指甲两种工具确定矿物相对硬度的操作时,需将鉴定工具作用于矿物晶面和解理面上,因而它需要被鉴定矿物具有一定的尺度大小。若组成岩石的矿物颗粒(晶体或解理块体)细小时则不能如此操作,因为这样操作会使指甲和小刀等工具有可能刻划在矿物颗粒之间而表现出假硬度。此时,需用矿物细小颗粒的集合体(岩石块)来刻划指甲或小刀的表面,若在指甲和小刀表面上未留下岩石的粉末,说明该岩石中的矿物硬度大于指甲或小刀;反之,若在指甲和小刀的表面留下岩石的粉末且未划出刻痕,说明该岩石中矿物硬度分别小于指甲或小刀。为此,我们把这种硬度称为相对于指甲和小刀的相对硬度(表 1-15)。需说明的是,在确定相对硬度时要把刻划工具(指甲和小刀)作用于矿物的新鲜面之上,绝不能在矿物风化蚀变的表面刻划,否则将会得到矿物不真实的相对硬度。

表 1-15 矿物相对硬度划分

相对硬度划分	硬度小	硬度中等	硬度大
绝对硬度值(H)范围	<2.5	2.5~5.5	>5.5
使用工具和刻划表现	手指甲和小刀均能刻划	指甲不能刻划, 小刀能刻划	指甲和小刀均不能刻划
代表性矿物	滑石、石膏	方解石、萤石	石英、长石、角闪石、辉石

有些矿物在硬度性质上还具有各向异性,最典型的矿物要属蓝晶石(见前述"晶体各向异

性”一节)，在其(100)晶面上小刀刻划蓝晶石的方向不同而表现两种不同的硬度，故蓝晶石又称为二硬石。矿物的硬度主要取决于其晶体内部结构质点间连接力的强度。分子键的键力最弱，质点间的连接力最小，故分子键结合的矿物硬度最小，如石墨和石膏等，其绝对硬度(H)为1～2；金属键的键力较弱，故以该键型结合的矿物硬度较低，如自然铜等，其绝对硬度较小(H=2.5～3)；离子键的键力强，故离子键型结合的矿物具有较高的绝对硬度(H=5～6)，如硅酸盐矿物；共价键的结合力最强，故这种键型结合的矿物绝对硬度最大(H=9～10)，如金刚石。矿物硬度取决于晶体内部结构的最好例证非同质多象的金刚石和石墨莫属了，金刚石内部的碳原子间为共价键相连，且在三维方向上碳原子的间距均相等，为1.54Å；而石墨的碳原子呈层状排列，在碳原子层内碳原子的间距是相等的，为1.42Å，但碳原子层间的距离为10.04Å，约8倍于层内碳原子的间距(图1-26)，显然，石墨硬度极小与石墨内部碳原子层间距离大有关。

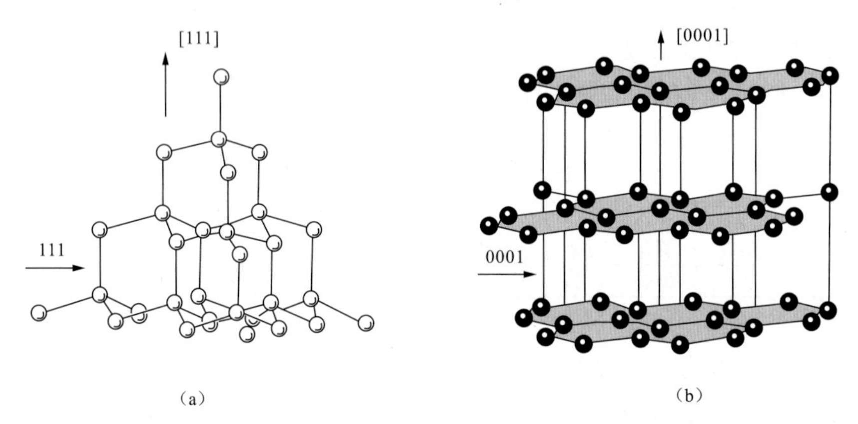

图1-26　金刚石(a)和石墨(b)晶体的内部结构

(a)金刚石晶体结构为(111)面网水平位置的表示；(b)石墨晶体结构为(0001)面网水平位置的表示

2. 解理和断口

解理和断口是指矿物晶体个体受外力打击形成的自然断裂面的两种不同形态，解理是被打击的矿物按一定方向裂开，且裂开面表现一定程度的光滑平整并呈一个方向递次排列；断口则是矿物在非解理方向的断裂面，它表现为粗糙和凹凸不平的特征。从这个意义上说，无解理的矿物只有断口，有解理的矿物既有解理也可有断口。当然有些有解理的矿物也会出现只有解理而无断口的特殊情况，如具多组解理和具极完全解理的矿物，前者如方解石，后者如黑云母等。

矿物解理和断口多在岩石手标本和露头上观察而不能用打击单个晶体来确定，这是因为单个晶体极为珍稀，不能被破坏；再者，当岩石中矿物颗粒较细小时，也不可能对其另施外力。所以说，新鲜的岩石手标本或露头的原始状态就可以反映其内矿物的解理和断口特征了。

矿物解理形成的光滑平面称之为解理面。平行且按一个方向递次排列的一系列解理面称之为一组解理。解理根据解理面的光滑程度和解理面的密集程度划分为极完全、完全、中等和不完全4个解理等级(表1-16)。需说明的是，一组解理的解理面递次排列类似于一级一级楼梯，故又称之为阶梯状解理。

表 1-16 矿物解理程度划分

解理程度	特征	举例
极完全	解理面光滑平整,解理缝密集,解理分解的个体呈鳞片状,无阶梯状显示	云母类
完全	解理面较光滑平整,解理缝较密集,分解的个体呈块状、厚板状,有阶梯状且明显	辉石类、长石类
中等	解理面不平整,但有一定延伸,解理缝稀疏,分解的个体不规则状,阶梯状不明显	磷灰石
不完全(无解理)	无解理面,类似于粗糙的断口,无解理分解的个体	石英

有些矿物虽然具有相似的解理程度,但在解理的阶梯状表现细节上却有一定差别。如辉石和角闪石属同一完全程度的解理,但辉石的解理阶梯状明显好于角闪石,即辉石每一级解理阶梯的厚度要大于角闪石;辉石解理分解的个体块状性也要好于角闪石。这些差异部分是因为两矿物各自的两组解理夹角不同造成的,部分可能与辉石内部结构的面网间距较之角闪石要大有关;类似的比较也表现在钾长石和斜长石两矿物之间,钾长石解理的阶梯状较之斜长石也稍明显。

这里需要指出的是,矿物解理的组数也是鉴定矿物的重要依据之一。有的矿物可能具一组解理;有的矿物可能具两组解理;矿物具三组及以上解理称为具多组解理(图 1-27)。对于具两组解理的矿物有必要观察这两组解理的夹角特征。如角闪石两组解理面是斜交的,故其解理夹角必定有一个锐角近 56°和一个钝角近 124°;而辉石两组解理面是近正交,故其解理夹角也可以说只有一个,为近 90°(图 1-28)。在岩石手标本上,仅利用解理夹角来区分辉石和角闪石是比较困难的,这就需要综合解理的其他特征进行观察,如前述阶梯的显示度、解理分解个体的块度和矿物横截面形状等。

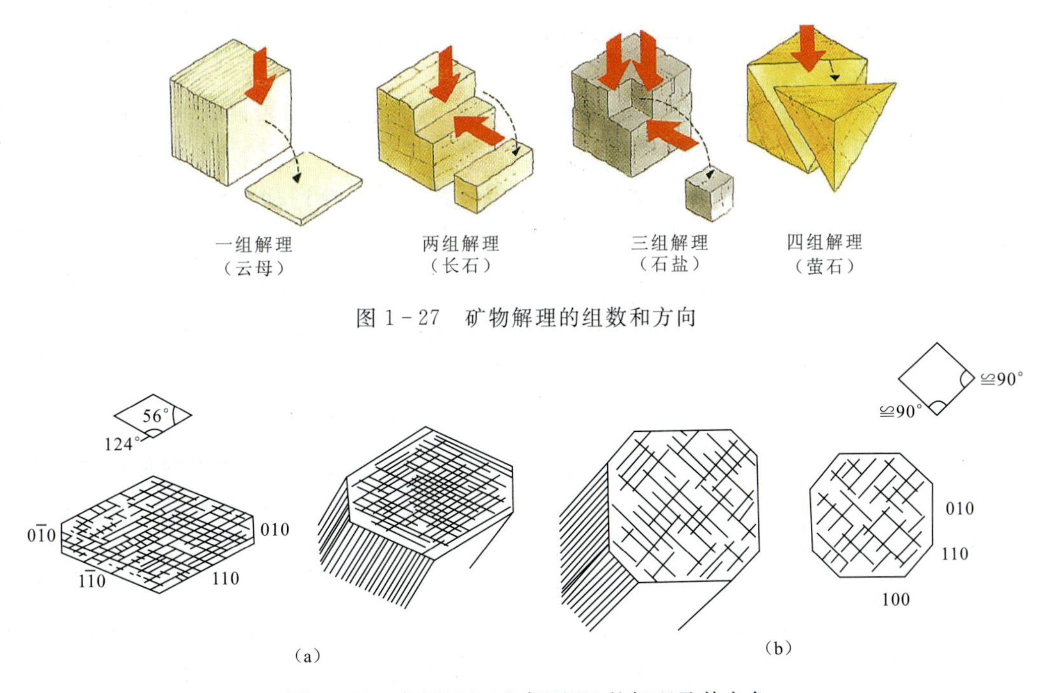

图 1-27 矿物解理的组数和方向

图 1-28 角闪石(a)和辉石(b)的解理及其夹角

(a)(b)两侧小图均为垂直 c 轴的断面

断口也有许多形象性描述，如贝壳状等。贝壳状断口上的细纹类似于贝壳外壳弧形且向一个方向弯曲的纹饰(图1-29)，这种断口多见于无解理矿物和有解理矿物的非解理方向断面上。玻璃光泽矿物的贝壳状断口易呈现油脂般光泽，这是因断口不平整而使反射光不均一造成的。对于具金属光泽矿物的贝壳状断口就不太可能形成油脂光泽的特征了。在一些教科书中有一种阶梯状断口的术语，这种将断口的术语和解理现象的表述并列相提是不合适的。应该只有阶梯状解理的描述，它实则是解理完全—中等的矿物具阶梯状断面的形状。岩石手标本观察中也常引入矿物常用的“断口”的术语，它主要用于描述一些特殊的岩石，尤其是玻璃质、隐晶质和具面状构造岩石自然断面的特征，并赋予某种形象性的描述(表1-17)。显然，这些岩石的断口特征实际上是其组成矿物和结构特征的综合表现。

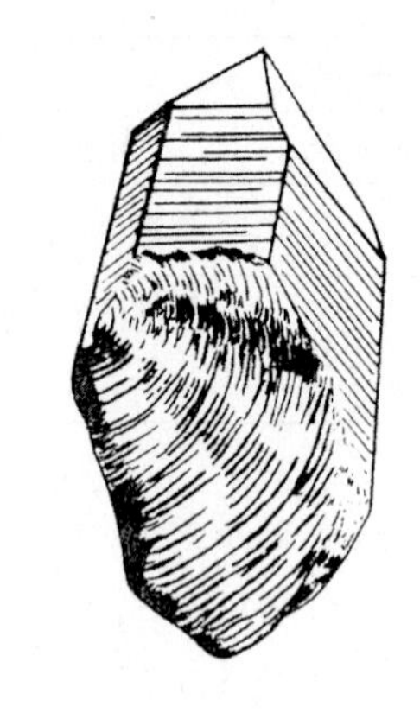
图1-29　石英的贝壳状断口
(据南京大学岩矿教研室，1978)

表1-17　岩石的断口类型及适用范围

断口类型	贝壳状	瓷状	参差状
断口特征	断面上具不同深浅凹凸的弧形纹饰	断面具弱微粗糙的颗粒感	断面参差不齐，呈锯齿状，突出部分呈三角形尖刺
光泽	油脂光泽	星点状光泽	无光泽
适用范围	无解理的矿物(石英、石榴石)、有解理矿物的非解理方向(长石)、玻璃质岩石	霏细岩、斑状结构的隐晶质的基质、无斑隐晶质岩石	页岩、千枚岩、片岩等具面状构造岩石的断面；鳞片状矿物组成的岩石的断面

矿物晶体的解理是矿物特有的一种性质，可以说，只有晶体才有可能发育解理。晶体的解理是晶体物理性质各向异性的突出表现，如黑云母的一组解理平行于(001)面，辉石和角闪石的两组解理平行于(110)、($1\bar{1}0$)面。矿物晶体的解理性质是晶体内部结构中面网之间连接力薄弱的外在表现。从几何角度上看，质点密度最大的两平行面网间的距离最大，其面网间的连接力也最小，故易产生平行于面网方向的解理面。另一种情况是，面网内的质点密度并不是最大，但在两面网间可能存在有较大的阴离子团(OH^-)或中性分子(H_2O)，面网间的距离会自然撑大，从而易沿大的阴离子团和中性分子的占位方向破裂而形成解理。

3. 密度

矿物的密度是指矿物单位体积的质量，其单位为 g/cm^3。我们通常使用的是相对密度，它是指纯净单矿物在空气中的质量与4℃时同体积水的质量比，该值也更易测定。由于4℃时水的密度为 $1g/cm^3$，故矿物的相对密度等于该矿物的密度。

矿物的密度变化很大，往往是凭经验用手感性估量划分为3类(表1-18)。决定矿物密度大小的因素有两个：一为晶体结构中原子或离子堆积的紧密程度；另一为组成矿物的原子量及分子量。原子或离子堆积紧密性影响的例子如金刚石和石墨。金刚石各碳原子等距离且呈最紧密堆积；而石墨中的碳为层状排列，在层内碳原子的间距与金刚石相似，但在层间碳原子的间距要大得多，并不满足最紧密堆积，故金刚石的密度($3.511g/cm^3$)要比石墨($2.23g/cm^3$)

大许多。矿物原子量和分子量影响矿物密度的例证可用碳酸盐矿物方解石($CaCO_3$)、菱镁矿($MgCO_3$)和菱铁矿($FeCO_3$)密度的不同来说明。3种矿物中各金属原子量的大小依次是Fe＞Mg＞Ca；显然，其矿物分子量的大小依次应是$FeCO_3$＞$MgCO_3$＞$CaCO_3$；最终矿物的密度大小依次是菱铁矿＞菱镁矿＞方解石。

表1-18 相对密度的划分

相对密度类型	轻	中等	重
密度值(g/cm^3)	＜2.5	2.5～4	＞4
矿物类型	片状矿物	多数硅酸盐矿物、全部碳酸盐矿物	金属矿物(单质元素、硫化物)

4. 延展性

矿物的延展性指矿物受到外力挤压(另一方向可能是拉伸)时因发生塑性变形而变得更加细、薄状态的能力。延展性的另一种极端形式是脆性，后者是外力挤压发生破碎。所以说，延展性与脆性不能在同一矿物上同时表现。延展性最好的矿物是自然金，具有脆性的矿物有很多种，如黄铁矿等。

矿物延展性是晶格内的面网沿某个方向平行滑移而又不使晶格内发生断裂的一种微观变形的宏观表现。

(三)其他物理性质

矿物的其他物理性质包括磁性、导电性和导热性等。其中，矿物的强磁性、弱磁性和无磁性特点具有鉴定矿物的实用性，且操作也较简单，只需用小刀刻划矿物即可。若刻划矿物后小刀上粘有其矿物的许多粉末而不脱落，表明该矿物具有强磁性，如磁铁矿；若小刀刻划矿物后小刀上仅粘有少许矿物粉末并不脱落，说明该矿物具有弱磁性，如磁黄铁矿等；若刻划矿物的小刀上未留下任何矿物粉末，则该矿物不具磁性。其实多数矿物是不具磁性的。这里需要指出的是，有些鳞片状的矿物经小刀刻划也会在小刀尖部留下细小鳞片，这是因摩擦生电使密度较轻的鳞片被小刀吸引所致，而非矿物磁性表现。

矿物的导电性和导热性对于鉴定矿物来说也是很重要的观察特征，但它们需要某种专用仪器测定，故对于手标本上矿物的肉眼鉴定来说就显得有些不方便了，因此在本教材后续此方面的讨论也仅是直接引用前人的资料而已。

第二章

主要造岩矿物各论

据统计，世界上已知的矿物有 6 000 余种。当然，就像发现新元素一样，也还会有新的矿物不断地被发现。确定矿物种属的依据不外乎它的化学成分和晶体内部的结构，而后者度量的标志就是晶胞形状及其参数。

要想更好地研究矿物，首要的工作就是对如此众多的矿物进行分类，矿物的分类统一而又经典(表 2-1)。表中所列的矿物多数是在岩石中常见的，故又称这些矿物为造岩矿物，这也是本章将要逐一介绍的。在该表中，硅酸盐矿物种属另列于表 2-2，显然，本章知识内容的取舍和安排与传统矿物学学科知识系统不尽完全一致。

表 2-1　矿物的化学分类及主要种属

矿物类型划分	亚类	代表性主要种属	化学式
单质元素	金属	自然金	Au
	非金属	自然硫	S
硫化物	单硫化物	黄铜矿	$CuFeS_2$
	对硫化物	黄铁矿	FeS_2
卤素化合物		萤石	CaF_2
氧化物和氢氧化物	简单氧化物	石英和玉髓、蛋白石	SiO_2
		刚玉	Al_2O_3
		赤铁矿	Fe_2O_3
	复杂氧化物	磁铁矿	Fe_3O_4
		铬铁矿	$(Mg, Fe)Cr_2O_4$
		尖晶石	$(Mg, Fe)Al_2O_4$
	氢氧化物	(褐铁矿)	—
含氧盐类	硫酸盐	重晶石	$Ba(SO_4)$
		石膏	$Ca(SO_4)$
	磷酸盐	磷灰石	$Ca_5(PO_4)_3(F, OH)$
	碳酸盐	方解石	$CaCO_3$
		白云石	$CaMg(CO_3)_2$
		孔雀石	$Cu_2(CO_3)(OH)_2$
		蓝铜矿	$Cu_3(CO_3)_2(OH)_2$
	硅酸盐	将重点介绍，详见表 2-2	

注：表中所列矿物种属仅是数千种矿物中的极少部分，本章也将根据专业要求对上述矿物体作一些介绍；表中的褐铁矿并非一种矿物，而是以氢氧化物为主的多种矿物和其他物质的集合体，故用括号表示以示区分。

表 2－2 硅酸盐矿物的分类及主要种属

矿物类型划分		矿物族类	种属
岛状硅酸盐		橄榄石 某些 Al_2SiO_5 矿物 石榴石 十字石 绿帘石 锆石 榍石	蓝晶石、红柱石 钙系石榴石、铝系石榴石
链状硅酸盐	单链	斜方辉石 单斜辉石	顽火辉石、古铜辉石、紫苏辉石 透辉石、普通辉石、绿辉石、霓辉石、硬玉
	双链	单斜角闪石 硅灰石	透闪石、阳起石、普通角闪石、蓝闪石、矽线石
层状硅酸盐		云母 绿泥石 高岭石 蛇纹石	白云母、黑云母、金云母
架状硅酸盐		斜长石 钾长石 钾-钠长石 霞石	不同牌号的斜长石 透长石、正长石、微斜长石 条纹长石

第一节 硅酸盐矿物

一、组成和结构

（一）基本组成单位

1. 硅-氧四面体（SiO_4^{4-}）

硅酸盐矿物中硅-氧四面体的顶角为 O，Si 充填于该四面体的空隙中，此时 Si 周围有 4 个 O，称之为 Si 具 4 次配位，记为 Si^{IV}。有时，Al 取代硅-氧四面体内 Si 的位置，这种 Al 亦为 4 次配位，记为 Al^{IV}。显然，一个硅-氧四面体为一个－4 价的阴离子团。

2. 阳离子

阳离子连接硅-氧四面体呈规则排列，并能使硅酸盐矿物保持总电价平衡。各阳离子的配位数是不同的，这主要取决于阳离子的离子半径，离子半径愈大，配位数愈高，如 Na 离子的配位数远大于 Ni 离子的配位数。有些元素，尤其是 Al，它有两种配位数，当它进入硅-氧四面体取代 Si 时为 4 次配位（Al^{IV}）；当它作为阳离子起着连接硅-氧四面体作用时则具 6 次配位（Al^{VI}）。

3. 其他组成

其他组成为除氧以外的阴离子或离子团、原子团，如 F^-、OH^-、H_2O 等。

(二)结构类型

1. 岛状硅酸盐矿物

硅-氧四面体彼此不相连,而靠金属阳离子将其连接起来,如石榴石和橄榄石。这种硅酸盐矿物阳离子比例数大于硅-氧四面体,阳离子离子半径小、原子量大、堆积紧密、均一且无明显薄弱连接处。故矿物密度大,无解理或解理不发育(图 2-1)。

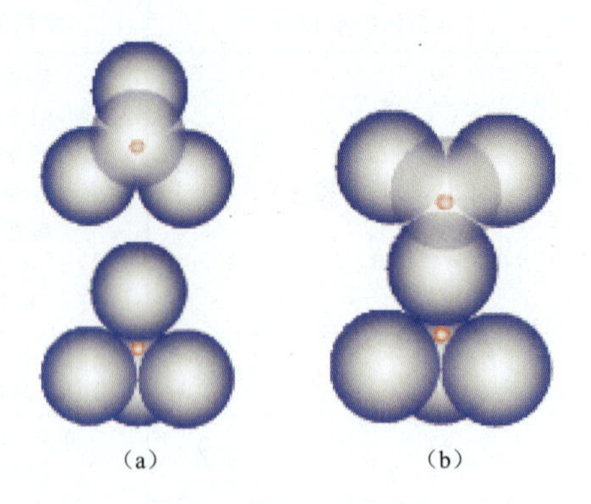

图 2-1 岛状硅酸盐矿物结构中的孤立硅-氧四面体

(a)单四面体;(b)双四面体;小球为 Si^{4+};大球为 O^{2-}

2. 链状硅酸盐矿物(包括单链和双链)

每一个硅-氧四面体以两个顶角分别与相邻的另两个硅-氧四面体连接成一维无限延伸的连接链称之为单链(图 2-2),如辉石;由两个单链组合而成的链称为双链(图 2-3),如角闪石。

无论单链还是双链,链间的彼此连接都需通过阳离子来完成。这种矿物具一向延长的结晶习性。由于双链的一维延伸性较单链更好,故双链矿物的一向延长性较单链矿物要好,所以单链硅酸盐矿物辉石为短柱状,而双链的角闪石为长柱状。

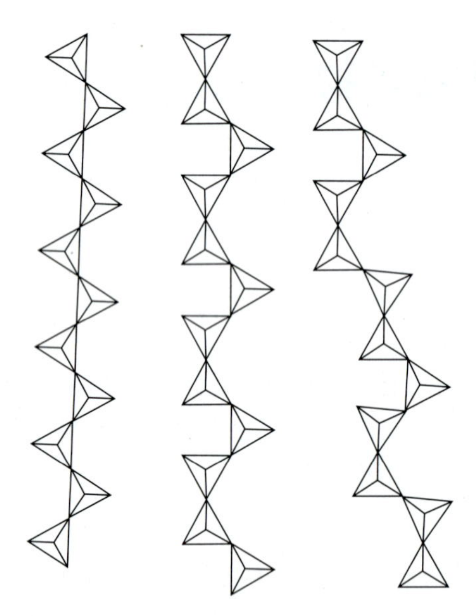

图 2-2 单链硅酸盐矿物结构中硅-氧四面体的几种连接方式

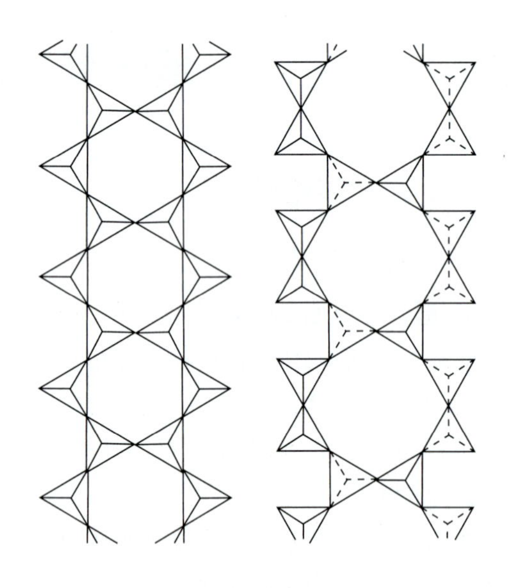

图 2-3 双链硅酸盐矿物结构中硅-氧四面体的两种连接方式

3. 层状硅酸盐矿物

每一硅-氧四面体均以 3 个顶角分别与相邻的 3 个硅-氧四面体相连接,构成二维空间无限延伸的层,而硅-氧四面体另一个顶角上的 O 离子的电荷为 -1 价,未达到电价平衡而处于活性状态,所以能与金属阳离子结合。在层与层之间则为体积较大的阴离子团(OH^-)或中性原子团(H_2O)充填(图 2-4)。该结构特征显示,层与层之间空隙较大,故该硅酸盐矿物具平行于内部结构层的一组极完全解理,如黑云母。

4. 架状硅酸盐矿物

每一个硅-氧四面体的 4 个顶角与相邻的 4 个硅-氧四面体相连接组成三维空间无限扩展的骨架,其中的每个 O 离子都为另一个相邻的硅-氧四面体所共有,总电荷也达到平衡,如石英。在许多情况下架状硅酸盐矿物中的硅-氧四面体的 Si 位被 Al 取代,这样会出现过剩的负电荷,这时需要有 K、Na、Ca 等阳离子进入晶格以平衡电荷,如架状硅酸盐的长石类矿物(图2-5)。

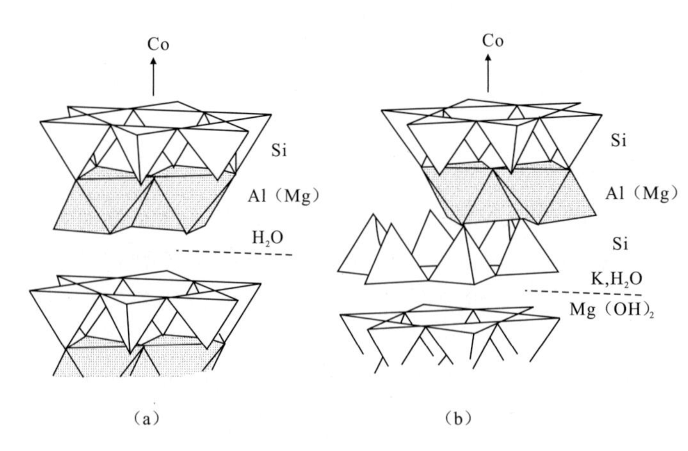

图 2-4 层状硅酸盐矿物结构中单元层的叠置形式
(a)上下双层叠置;(b)夹心三层叠置;
单元层被 H_2O 或 OH^- 隔开;空白的四面体为
硅-氧四面体;阴影的八面体为阳离子-氧八面体

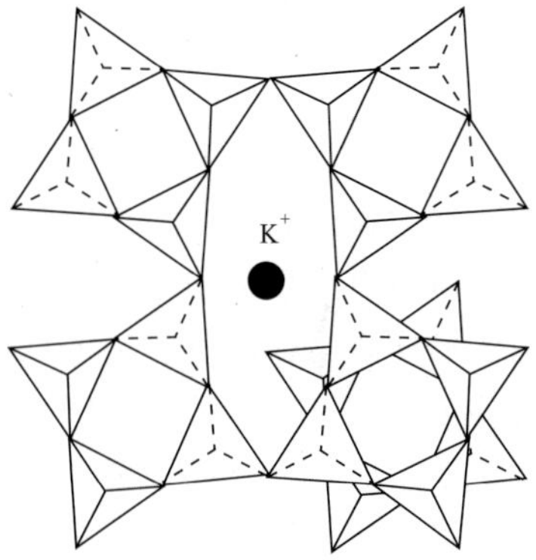

图 2-5 架状硅酸盐矿物的晶体结构
(钾长石,⊥*a* 轴)

二、各种硅酸盐矿物特征

(一)岛状硅酸盐

1. 橄榄石 $FeMg[SiO_4]$

橄榄石是镁橄榄石(Fo,Mg_2SiO_4)和铁橄榄石(Fa,Fe_2SiO_4)两端元分子完全类质同象无限混溶的固溶体矿物。其中,Fo/(Fo+Fa)分子摩尔分数为 0.9~1.0 者称之为镁橄榄石,0.7~0.9 者称之为贵橄榄石,通常所说的橄榄石多指这两种橄榄石。此外,还有一种 Fo/(Fo+Fa)分子摩尔分数小于 0.1 的铁橄榄石。在岩石中上述几种橄榄石分布较广,而除此以外的两端元分子过渡类型的橄榄石较少见。

橄榄石为斜方晶系,对称型为 $3L^2 3PC$。单晶为 *c* 轴较长而 *a* 轴或 *b* 轴稍短的扁状柱体(图2-6)。集合的个体为粒状,集合体呈包体状、似层状或致密块状。

橄榄石为绿黄—黄绿色,其颜色的浅深取决于橄榄石含 Fa 端元分子的量比。该矿物一般无解理,断口为贝壳状而显油脂光泽。有时喷出岩的斑晶橄榄石也可具平行柱面的中等解理。橄榄石硬度为 7,大于小刀;密度为 3.222~4.390g/cm^3,这也随橄榄石含 Fa 端元分子增

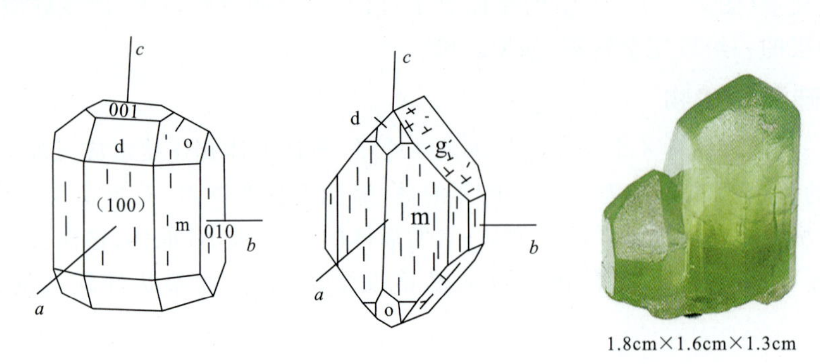

图 2-6 橄榄石的晶形和晶体

{100}、{010}、{001}分别为平行双面；d、m、g 为斜方柱，

分别为{101}、{110}和{021}；o 为斜方双锥{111}

加而增大；性脆，但在地幔压力条件下橄榄石也会发生塑性变形而不一定碎裂。

橄榄石可作为初始矿物存在于陨石和玄武质熔岩包含的地幔橄榄岩包体之中。这种包体内的橄榄石晶体还可达到宝石级别，粒径达 1.5～2.0cm 之大，再加之包体岩石因粒粗而易破解碎离，故从中获取宝石级橄榄石单晶是较方便的。橄榄石是洋壳蛇绿岩内橄榄岩岩石单元的主要组成，这种橄榄石粒径较细小，为 2～3mm，且往往具有不同程度的蛇纹石化而表现为玻璃光泽较弱以及颗粒间的界线被模糊化。岩浆结晶的橄榄石或见于玄武质熔岩的斑晶之中，或存在于超镁铁质—镁铁质杂岩体的底部或中央。喷出岩的斑晶橄榄石因遭受伊丁石化而变成具铁锈色和片状的伊丁石，这是大陆玄武质岩石中的橄榄石因处于地表而遭受氧化所引起的改变；深源包体和杂岩体内的橄榄石不会发育解理和伊丁石化，而常具蛇纹石化。此外，橄榄石有时还出现在大理岩之中而与碳酸盐矿物共生，这是高镁的硅质白云岩经变质作用形成的。

一般来说，橄榄石不能出现在含石英的花岗质岩石之中，这是因橄榄石为 SiO_2 不饱和矿物不能与石英共生。但在与花岗岩同成分的喷出流纹岩中，有时也能见到铁橄榄石的斑晶，显然，橄榄石类矿物中的铁橄榄石可与石英共生，它也可能存在于 SiO_2 过饱和(有游离态 SiO_2 矿物出现)的酸性熔岩之中。

橄榄石自生组合可构成橄榄岩，也可与辉石结合成为橄辉岩或辉橄岩。这些岩石在岩石学上划归为超镁铁质岩类。超镁铁质岩类是地幔主要的组成部分和岩石类型。与超镁铁质岩有关联的金属矿产有铬铁矿、铜镍硫化物矿、钒钛磁铁矿和贵金属矿等，非金属矿产最著名的是金刚石，其次为磷。橄榄石蚀变形成的蛇纹石若具有一定的规模可成为蛇纹岩矿，质地好的蛇纹岩被称为岫玉。此外，它还是耐火材料和防火建筑涂料的原材料，只不过这种蛇纹岩的 Fe/Mg 值应较低，达到该化学标准的蛇纹岩加工制成的产品才具有较高的防火性。

2. Al_2SiO_5 矿物(蓝晶石、红柱石、矽线石)

Al_2SiO_5 矿物包括蓝晶石、红柱石和矽线石 3 种同质多象矿物，此 3 种矿物均为特征的变质矿物，也即只有在变质岩中才能出现的矿物。根据这 3 种矿物的化学成分特征为 $Al_2O_3 \cdot SiO_2$ 可以确定，它们均产于 Al_2O_3 过剩、含 SiO_2 且 K_2O 不足的泥质原岩之中，但三者形成于不同的温-压外部条件(图 2-7)。

从结构特征来看,3 种矿物中矽线石不属岛状硅酸盐而为链状硅酸盐。这里把它与蓝晶石和红柱石放在一起介绍主要是出于三者为典型的同质多象体考虑。3 种矿物具有不同的晶形(图 2-8),且均为玻璃光泽,均具解理(或裂开),但在结晶学和其他物理性质方面还存在一定的差别(表 2-3)。值得一提的是,蓝晶石硬度各向异性最明显(图2-8);红柱石的菊花状集合和单晶矿物中包含有十字状排列的碳质包裹体特征明显;矽线石的纤维状结晶习性和放射状集合较为突出(图 1-17)。

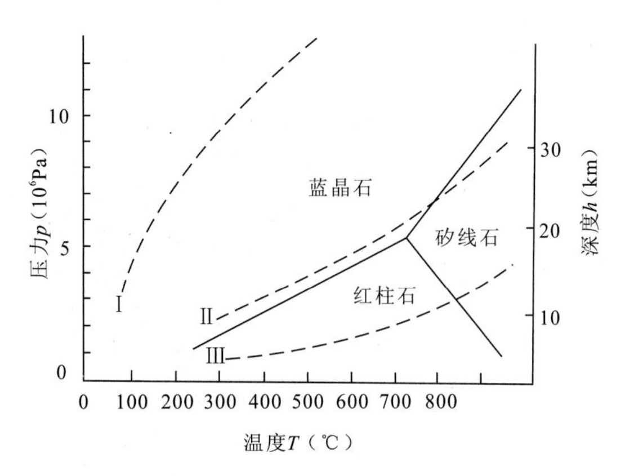

图 2-7 Al_2SiO_5 同质多象的三相平衡 $p-T$ 图

Ⅰ、Ⅱ和Ⅲ分别表示高压、中压和低压变质相系

表 2-3 Al_2SiO_5 同质多象矿物对比

同质多象矿物		蓝晶石(Ky)	红柱石(And)	矽线石(Sill)
结晶学特点	分子式	$Al_2[SiO_4]O$	$Al_2[SiO_4]O$	$Al[AlSiO_4]O$
	晶系	三斜	斜方	斜方
	晶形和解理	长条状、板条状,{100}解理	假四方柱状,{110}解理	针状、纤维状,{010}解理难以见到
	集合性	散布状	菊花状集合	放射状集合体
物理性质	颜色	淡蓝、白、灰、黄、浅绿	灰白、白、浅红	无色、灰、白、棕黄
	密度	3.53~3.65g/cm³	3.13~3.16g/cm³	3.23~3.27g/cm³
	硬度	(100)面上,∥c 轴刻划,硬度小于小刀(4.5);⊥c 轴刻划,硬度大于小刀(6)	硬度大于小刀(6.5~7.5)	硬度大于小刀(7),因晶形纤细而极易被折断,故硬度也难以测定
	其他	二硬石	多含碳包裹体并呈十字排列	
形成条件	变质条件	相对高压	相对低温、低压	相对高温
	变质作用类型	区域变质	区域、接触热变质	区域、接触热变质
	变化	—	绢云母化	—

3. 石榴石 $X_3Y_2[SiO_4]_3$

式中 X 为二价阳离子 Ca^{2+}、Mg^{2+}、Mn^{2+}、Fe^{2+} 等;Y 代表三价阳离子 Al^{3+}、Fe^{3+} 和 Cr^{3+} 等。石榴石可分为钙系石榴石(包括钙铁石榴石和钙铝石榴石)和铝系石榴石(包括铁铝石榴石和镁铝石榴石)。

石榴石为等轴晶系,对称型为 $3L^4 4L^3 6L^2 9PC$。单晶为菱形十二面体和四角三八面体(图 2-9),一般晶形完好。集合的个体如同石榴石籽粒一样,集合体致密块状,以至颗粒界线难以分辨,这是石榴石无解理的缘故。

石榴石的颜色多样,主要取决于含色素离子类型;玻璃光泽,无解理,断口贝壳状,具油脂光泽;硬度大于小刀,为 6~7,性脆。各种石榴石物理性质差异和成因产状的不同列于表 2-4。

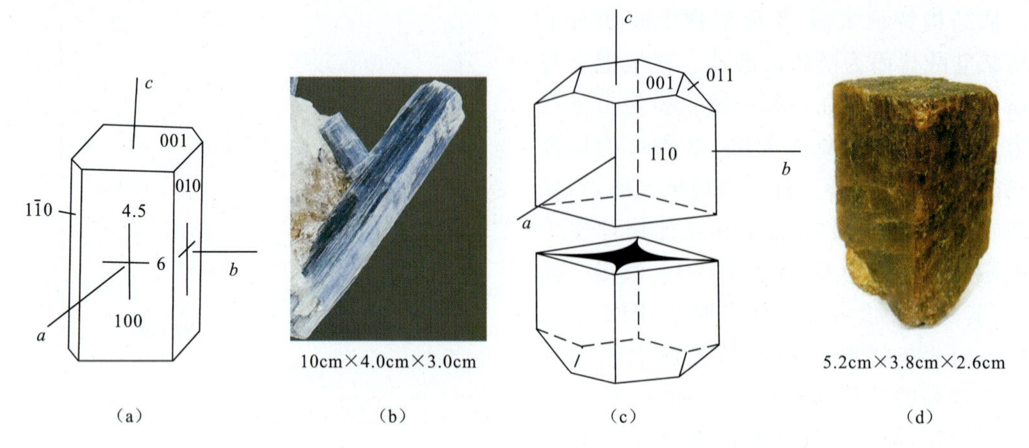

图 2-8 蓝晶石(a)(b)与红柱石(c)(d)的晶形和晶体

(a)图中蓝晶石晶面上的数字“4.5”和“6”分别代表不同晶面纵向与横向的硬度；

(c)图中红柱石晶形内的黑色代表碳质十字形包裹体

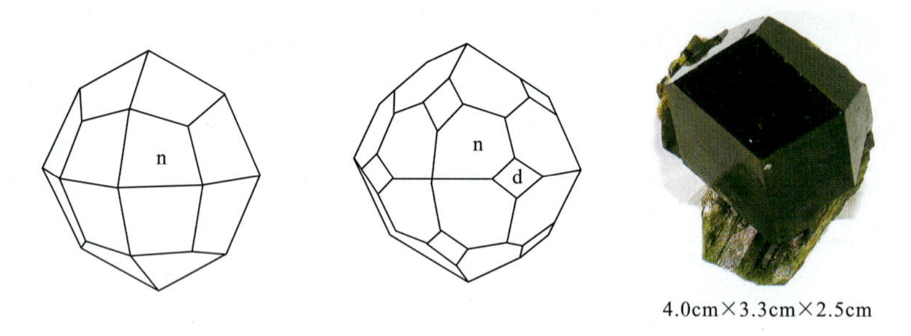

图 2-9 石榴石的晶形和晶体

n.{211}为四角三八面体；d.{110}为菱形十二面体

表 2-4 各种石榴石性质和成因对比

系列和种属	钙系石榴石		铝系石榴石	
	钙铁榴石 (Andr) $Ca_3Fe_2[SiO_4]_3$	钙铝榴石 (Gros) $Ca_3Al_2[SiO_4]_3$	铁铝榴石 (Alm) $Fe_3Al_2[SiO_4]_3$	镁铝榴石 (Dyro) $Mg_3Al_2[SiO_4]_3$
颜色	褐色、深红色至黑色，常具环带结构；黑色的黑榴石为其变种	由浅色到深色直至黑色，取决于含 Mn、Ti 量	褐色、浅红色至深红色	粉红至黄棕色，取决于含 Cr 量
密度	3.859g/cm³	3.594g/cm³	4.318g/cm³	3.582g/cm³
成因产状	接触交代的矽卡岩中；泥灰岩的接触热变质岩中；黑榴石见于碱性岩中	钙质页岩的接触热变质和区域变质岩中	基性和泥质岩的中级区域变质岩中；酸性侵入体的同化混染带中	区域变质的高温麻粒岩、高压榴辉岩和蓝片岩中；低压辉石角岩相的变质岩中

4. 十字石$(Fe^{2+},Mg)_2(Al,Fe^{3+})_9[SiO_4]_4O_6(OH)_2$

十字石化学式中Fe^{2+}和Fe^{3+}可被Co^{2+}、Ni^{2+}、Zn^{2+}和Mn^{2+}等阳离子置换。十字石为斜方晶系，对称型为$3L^2PC$。单晶为柱状(图2-10)，结晶能力强，常形成粗大的变斑晶矿物，具穿插双晶，因呈十字交叉而得矿物名(表1-7)，其晶体横断面常为扁状菱形，纵向截面为长矩形。

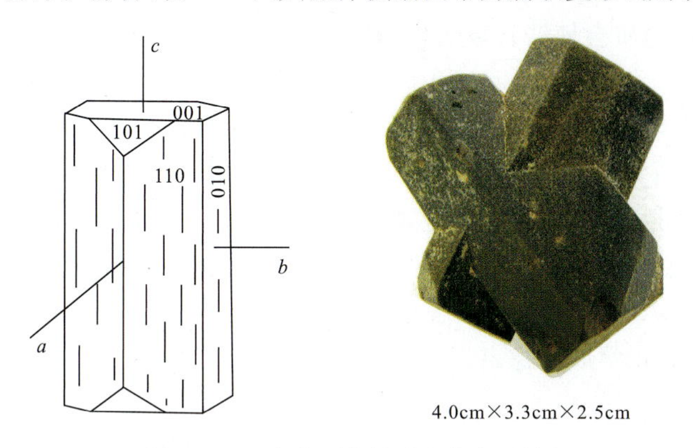

图2-10 十字石的晶形和十字双晶

{001}和{010}为平行双面；{110}和{101}为斜方柱

十字石为深褐色、红褐色、黄褐色，具玻璃光泽。解理{010}中等。硬度大于小刀，为7.5。密度3.74～3.85g/cm^3。十字石常包含有众多的石英包裹体，且易变为绿泥石和绢云母。

十字石为泥质岩中级区域变质形成的特征变质矿物，其他岩类中尚未见该矿物。

5. 绿帘石$Ca_2(Al,Fe)_3[SiO_4][Si_2O_7]O(OH)$

绿帘石成分变化大，Mn^{2+}离子可取代其内阳离子的Al^{3+}和Fe^{3+}位，而Al^{3+}和Fe^{3+}又可彼此相互代换。只不过绿帘石的Fe/Al值应限定小于0.5，否则就是别的帘石类矿物了。

绿帘石为斜方晶系，对称型为$3L^23PC$。单晶为延b轴伸长的扁柱状，且柱面上具平行于柱体延长方向的聚形纹，柱体的(001)底、顶面少见(图2-11)。

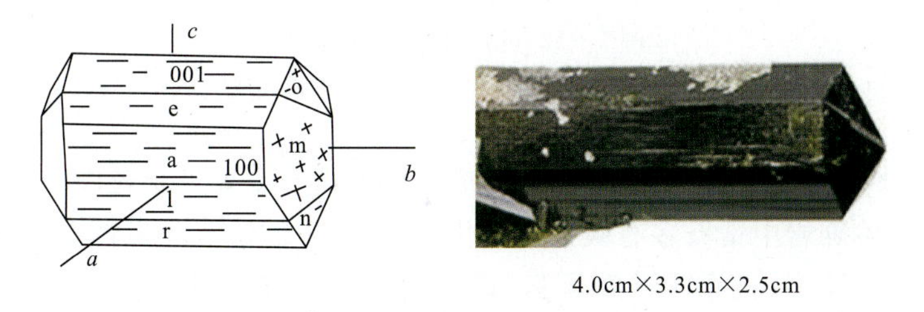

图2-11 绿帘石的晶形和晶体

l(10$\bar{1}$)、r{102}、e{101}为平行双面；m{110}、n{11$\bar{1}$}、o{111}为斜方柱

绿帘石集合的个体为粒状，有时为针状。集合体呈放射状、致密块状。绿帘石为绿色，少数为灰色、黑色，且含Fe高者色深，具玻璃光泽。密度3.38～3.49g/cm^3。硬度大于小刀，为6～6.5。解理多组且程度完全。绿帘石是常见的低温变质矿物，见于区域变质岩、气-液交代变质岩和动力变质岩中。绿帘石少有呈火成岩的原生矿物出现，而是普遍以火成岩暗色矿物蚀变次生变化产物的形式存在。较大的绿帘石晶体见于花岗质岩体的晶洞之中。绿帘石虽是

热液蚀变的典型矿物，但它却是非矿化的标志。所以说，绿帘石化的蚀变不利于成矿作用。

6. 锆石 $Zr[SiO_4]$

锆石是唯一以元素 Zr 为主要组分的矿物，其内含有一定量的 Hf，Hf/Zr 值范围为 0.007～0.6。锆石除含有 Fe、Nb、Ta、Ca、Mn 和稀土元素外，还含有放射性元素 Th 和 U。它们释放出的放射性物质会使锆石玻璃化，并伴随水化，从而局部改变锆石的物理性质，如密度降低等。

锆石为四方晶系，对称型为 $L^4 4L^2 5PC$。单晶发育四方柱和四方双锥，几乎不见(001)顶、底面(图 2-12)。锆石集合体形式少见，这是 Zr 元素在地壳中含量极低的缘故。锆石常具环带结构，各环带的不同定年可以完整地记录其结晶的历史和发生的地质事件。

锆石为无色、灰色，此外还发现有黄色、绿色和红棕色等，具金刚光泽，断口呈贝壳状而且具油脂光泽。硬度为 7.5，大于小刀。解理不完全，熔点高达 3 000℃以上，属难熔矿物，故一旦结晶就很难再分解，化学成分稳定。

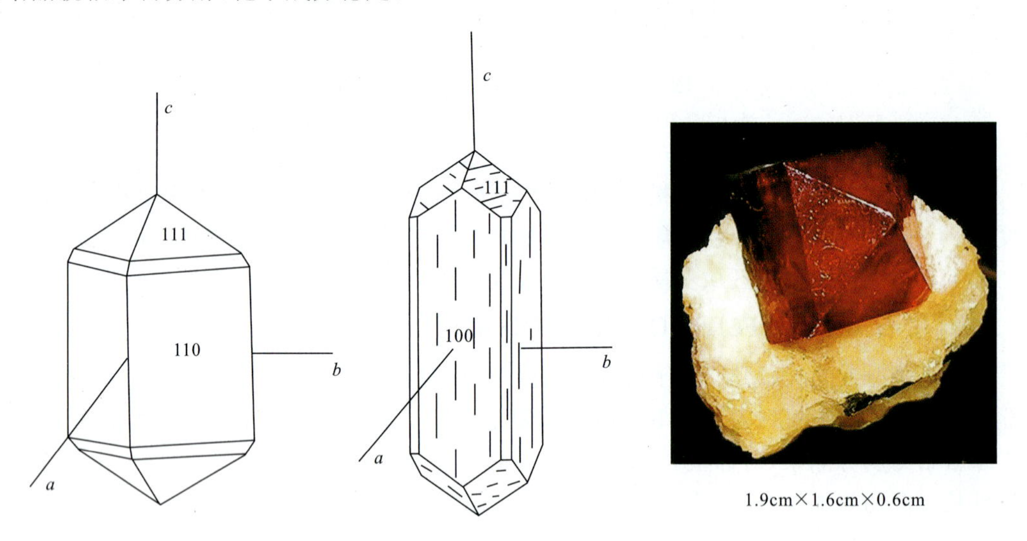

图 2-12　锆石的晶形和晶体

{111}为四方双锥；{110}和{100}为四方柱

各大类岩石中均产锆石，但量都很少。火成岩中的锆石主要见于花岗质岩石中，并具完好的晶形；沉积岩的砂砾岩中锆石多有破损和圆化；变质岩中的锆石环带性更为明显一些。

锆石是提炼 Zr 和 Hf 的重要矿物原料，还可用于储存核废料。在地质上，常利用锆石进行岩石定年。

7. 榍石 $CaTi[SiO_4]O$

元素 Ti 多与 O 结合构成钛铁氧化物矿物，而榍石是唯一以 Ti 为主要组分的硅酸盐矿物。榍石中元素的类质同象置换广泛，其中的 Ca 常被 Na、Sr 和 Ba 置换；Ti 常被 Al、Fe、Nb、Ta、Cr 和 Th 置换；就是 O 也可被 OH^-、F 和 Ce 置换。

榍石为单斜晶系，对称型为 L^2PC。单晶为扁平菱形的柱状晶体(图 2-13)，其横断面多为扁状菱形(旧称信封状)。

榍石为黄褐色，也具有灰色、黑色，少见绿色和玫瑰红色，具玻璃光泽或金刚光泽。硬度为

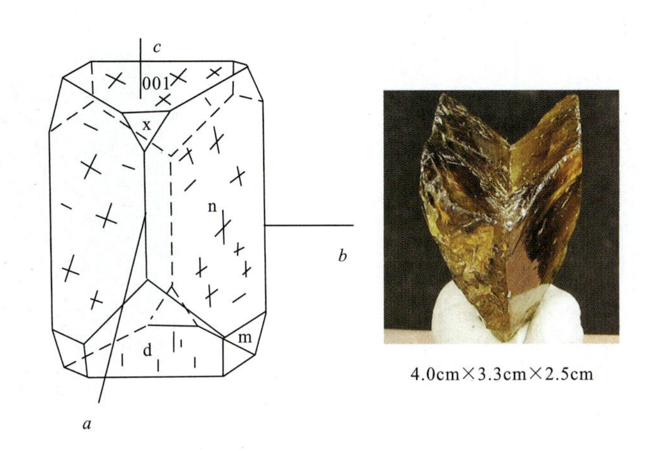

图 2-13 榍石的晶形和双晶

n{110}和 m{11$\bar{1}$}均为斜方柱;其余均为平行双面,其中 d 为{10$\bar{1}$}、x 为{102}

5,略小于小刀。解理{110}中等或不完全。密度 3.45~3.55g/cm^3。

在火成岩的中酸性岩中,榍石是含量极少且又普遍存在的副矿物。它因结晶较早故具完好的晶形和扁状菱形断面。在伟晶岩中有时能发育较大的榍石晶体。在区域变质岩和接触交代的矽卡岩中也常有榍石矿物存在。沉积岩中的榍石多为碎屑矿物。

榍石尚无大规模聚集,虽含 Ti 较高但不能成为提取 Ti 元素的矿物原料。

(二)链状硅酸盐

1. 单链硅酸盐

单链硅酸盐矿物主要为辉石族,它包含有很多种辉石,根据对称型的不同分为斜方辉石类和单斜辉石类。

1)斜方辉石

斜方辉石又称镁铁辉石,它是由顽火辉石(En,$MgSiO_3$)和斜方铁辉石(Fs,$FeSiO_3$)两端元混合形成无限混溶的固溶体构成的一系列辉石所组成。主要为顽火辉石(Fs/Fs+En<0.1)、古铜辉石(Fs/Fs+En=0.1~0.3)和紫苏辉石(Fs/Fs+En=0.3~0.5)等,其他的斜方辉石较少见。

斜方辉石为斜方晶系,对称型为 $3L^2 3PC$。单晶为稍扁的短柱状,⊥c 轴(柱体)的横断面为正矩形或稍扁的六边形(图 2-14)。岩石中一般均匀散布且粒径较小,约 1mm。

斜方辉石中的顽火辉石为无色、灰色,也具有褐黄或褐绿色;紫苏辉石黑色或墨绿色。这种颜色的差异与含 Fs(Fe)量不同有关。显然,Fs(Fe)含量越大,颜色越深。斜方辉石为玻璃光泽。硬度近等于小刀,为 5~6。两组柱面解理{210}完全,交角近 90°。密度为 3.3~3.6g/cm^3,显然它也与含 Fs(Fe)量有关。

顽火辉石和古铜辉石多见于地幔岩石(包体和构造断块)中,在陨石中也是常见的矿物;在超镁铁质—镁铁质杂岩中,紫苏辉石是其主要的造岩矿物;在古老的变质杂岩内的花岗岩中,紫苏辉石是典型的暗色矿物。此外,紫苏辉石还是高温的辉石角岩相和麻粒岩相岩石的标志性矿物。显然,斜方辉石是岩石成因和形成环境的指示矿物。

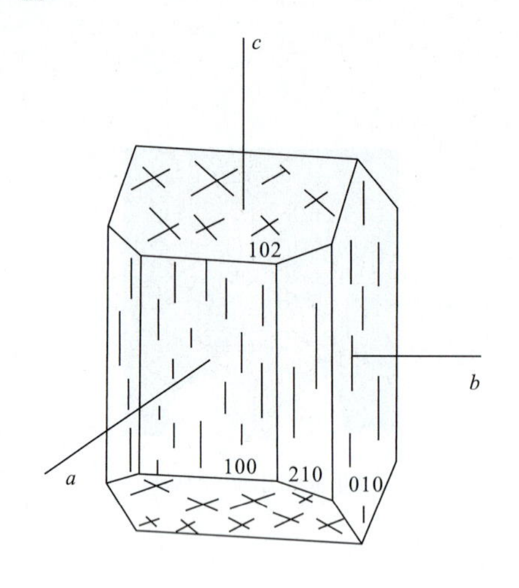

图 2-14　顽火辉石的晶形和晶体

{102}和{210}为斜方柱；{010}和{100}为平行双面

2）单斜辉石

除硬玉外，单斜辉石又称为钙质辉石，主要包括透辉石（钛辉石）、普通辉石、绿辉石和霓辉石等。这些辉石具有相似的结晶学性质和某些相近的物理性质。

单斜辉石为单斜晶系，对称型为 L^2PC。但各种单斜辉石的单晶形态差异较大，如短柱状（图 2-15）、长针状和粒状等。一般来说，单斜辉石集合的个体粒径较小，集合体为致密块状；在以其他造岩矿物为主体的岩石中，单斜辉石有时呈大的斑晶。此外，由普通辉石聚集形成的辉石岩也具有较粗大的晶体，粒径可达 10mm 左右。

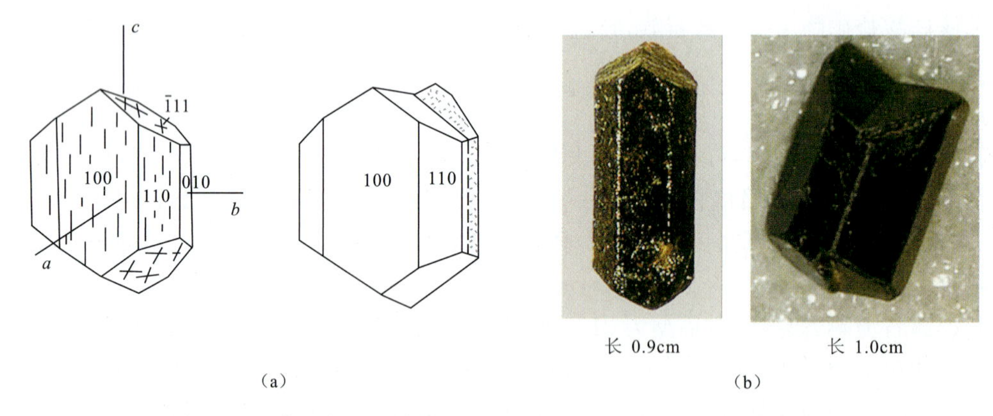

图 2-15　普通辉石的单晶和双晶的晶形(a)及单晶和双晶晶体(b)

除{110}为斜方柱外，其余均为平行双面；双晶接合面为{100}

单斜辉石的硬度为 5.5～6，略大于小刀。两组柱面解理完全且交角近 90°，均为玻璃光泽。现将其他不同之处列于表 2-5。

2. 双链硅酸盐

双链硅酸盐矿物主要为角闪石和前述的矽线石，它包含有许多种角闪石。而角闪石因化学成分非常复杂而有必要划分种属，国际通用的角闪石种属命名方案就是以晶体化学为基础提出来的，这样便可以更好地规范和统一成分多变的角闪石的命名了，但这很难直接为初学者使用。这里我们还是有必要从角闪石的结晶学和物理性质等方面来鉴别常见角闪石族的主要种类(表 2－6)。

表 2－5 各单斜辉石不同性质对比

单斜辉石种属	透辉石(Di)	普通辉石(Au)	绿辉石(Omp)	霓辉石(Aeg－Au)	硬玉(Jd)
成分	$CaMg[Si_2O_6]$	$(Ca, Mg, Fe, Al)_2[(Si, Al)_2O_6]$	$(Ca,Na)(Mg, Fe^{3+}, Fe^{2+}, Al)[Si_2O_6]$	$(Na,Ca)(Fe^{3+}, Fe^{2+}, Mg, Al)[Si_2O_6]$	$NaAl[Si_2O_6]$
结晶习性	短柱状	短柱状	柱状	长柱状、针状	片状、粒状、纤维状
颜色	无色透明；含 Fe 量增加为绿色；氧化状态时呈黑色	黑色、墨绿色	绿色	黑色	无色、淡绿、绿、蓝绿
产状	见于各种火成岩、接触热变质岩和区域变质岩中；火成的浅成岩中具有钛辉石变种；接触交代的矽卡岩中具有钙铁辉石的变种	火成侵入岩中常为主要的造岩矿物；喷出岩中斑晶和基质均可出现	榴辉岩相区域变质岩的标志性矿物	火成的碱性岩中常见；碱性岩围岩霓长岩化中出现	高压蓝片岩相和榴辉岩相的区域变质岩中可见
用途	常见造岩矿物	常见造岩矿物	高压变质相特征矿物	碱性岩标志矿物	与钠长石、阳起石组合构成高档翡翠玉石，呈脉状产出

角闪石族与辉石族矿物一样，首先划分为斜方角闪石和单斜角闪石。斜方角闪石又称为镁铁角闪石(直闪石)，其金属阳离子以 Mg^{2+} 和 Fe^{2+} 为主。这类角闪石分布较局限，仅见于中高温角闪岩相变质岩中(而且原岩必须富镁)。单斜角闪石又称钙质角闪石，其金属阳离子中 Ca^{2+} 是不可或缺的。这一类角闪石也是岩石中最为常见的造岩矿物之一，它包括透闪石、阳起石、普通角闪石和蓝闪石等。

1)单斜角闪石

单斜角闪石包括的矿物有普通角闪石、透闪石、阳起石和蓝闪石等种属，它们都为单斜晶系，对称型为 L^2PC。单晶均为长柱状(图 2－16)，有些可为针状，横切面常呈菱形。集合的个体常呈针状、纤维状，集合体为放射状和致密块状。(100)双晶面的简单双晶常见。

单斜角闪石矿物具玻璃光泽，均发育{110}两组完全解理，解理夹角近 124°和 56°。硬度为5～6，略大于小刀。密度相似，为 3.02～3.45g/cm^3。其他不同之处列于表 2－6。

2)硅灰石 $Ca_3[Si_3O_9]$

硅灰石为三斜晶系，对称型为 C。单晶为沿{001}或{100}延长的板状、板条状，集合的单体为板条状，集合体呈放射状(图 2－17)。

硅灰石为白色、灰白色，具玻璃光泽。解理平行{100}完全，{001}方向中等。解理交角 84.5°。密度为 2.87～3.09g/cm^3。硬度为 4.5～5，略小于小刀。

硅灰石形成于硅质灰岩的接触热变质或区域变质，反应式为：

$$CaCO_3 + SiO_2 \rightleftharpoons CaSiO_3 + CO_2\uparrow$$

方解石　　石英　　　硅灰石

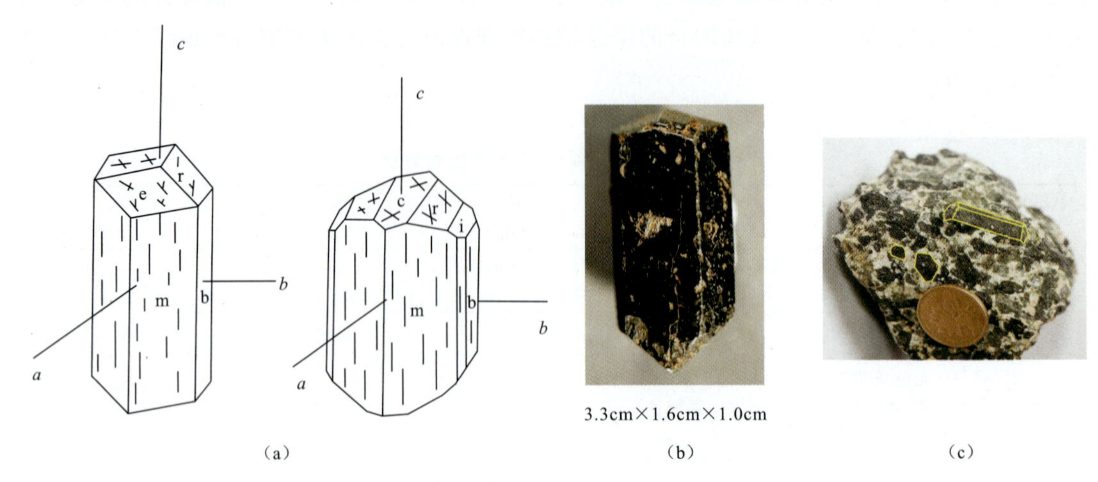

图 2-16　普通角闪石的晶形、晶体及其在岩石中的形态

m{110}、r{011}和 i{031}为斜方柱；

b{010}、c{001}和 e{101}为平行双面；(c)图为煌斑岩中的普通角闪石自形晶

表 2-6　各主要单斜角闪石的性质对比

单斜角闪石种属	透闪石 (Tr)	阳起石 (Act)	普通角闪石 (Hb)	蓝闪石 (Glam)
成分	$Ca_2Mg_5[Si_4O_{11}]_2(OH)_2$	$Ca_2(Mg, Fe)_5[(Si_4O_{11}]_2(OH)_2$	$(Ca,Na)_{2-3}(Mg, Fe, Al)_5[Si_6(Si,Al)_2O_{22}](OH,F)_2$	$Na_2, Fe_2^{2+}, Fe_2^{3+}[Si_8O_{22}](OH)_2$
颜色	无色、白色	略带绿色	黑色	灰蓝色、深蓝色
产状	见于各种变质岩中	见于各种变质岩中	见于各种火成岩和变质岩中	易见于高压蓝片岩相岩石中
变化	随温度增高变为透辉石	—	易绿帘石化、绿泥石化	降压不稳定
用途	纤维状透闪石可成为石棉；隐晶质集合体断口呈刺状，与阳起石一起构成致密和细粒—隐晶的软玉(和田玉)	软玉的主要组成成分、矿物质中药、矿物质颜料	分布广泛，但用途少，仅用于岩矿成因探讨	蓝闪石石棉具防核辐射功能；指示构造背景，产于俯冲带或大陆碰撞造山带

据研究可知，降压和升温有利于该变质反应进行而形成硅灰石，故硅灰石不能形成于压力较大的地壳深部。

(三)层状硅酸盐

层状硅酸盐矿物应是种类较多、化学成分较为复杂的一类矿物。它们多属单斜晶系，单晶为假六方柱状，具平行{001}的极完全解理。密度小，硬度低。因{001}的极完全解理而易形成鳞片状薄片，故常称为片状矿物。

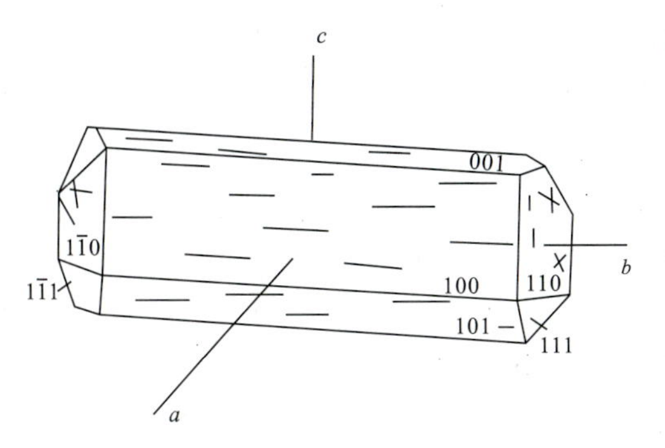

6.0cm×2.5cm×8.0cm

5.7cm×4.4cm

图 2-17 硅灰石的晶形、晶体和放射状集合体

所有的晶面均为平行双面

1. 云母族

云母族矿物主要包括白云母、黑云母和金云母 3 种，其晶系为单斜，对称型为 L^2PC。单晶为假六方柱和厚板状(图 2-18)。其他性质对比如表 2-7 所示。

云母可用作玻璃和建筑材料制作的添料，超细云母片的掺杂将提高玻璃和建筑材料的各项性能。

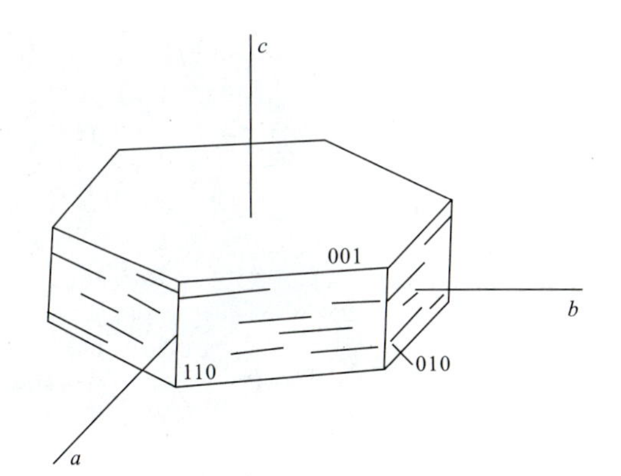

4.0cm×3.3cm×2.5cm

图 2-18 黑云母的晶形和晶体

表 2-7 各云母颜色和产状对比

云母种属	白云母 (Ms)	黑云母 (Bi)	金云母 (Phe)
成分	$KAl_2[AlSi_3O_{10}](OH, F)_2$ 不含 Mg 和 Fe	$K(Mg,Fe)_3(AlSi_3O_{10})$ $(OH,F)_2$ 相对含 Fe 高	$K_2Mg_6[Al_2Si_6O_{20}](OH)_4$ 相对含 Mg 高
颜色	无色、白色，有时呈浅黄色或淡绿色	黑色，风化时也呈金黄色	浅黄色
产状	三大类岩石中均有产出。泥质原岩的中低温变质岩中出现；花岗质岩石的气-液交代变质岩中为主要造岩矿物；陆内造山的淡色花岗岩中为标志性矿物；伟晶岩中产出巨大的白云母片；粉砂岩中亦可见微晶白云母片	主要见于火成岩和变质岩中，伟晶岩中可形成巨大的黑云母片	为原始地幔的含水矿物相；金伯利岩的主要造岩矿物之一；接触交代变质的镁矽卡岩中较多出现；硅质白云岩的接触热变质岩中可见

2. 绿泥石$(Mg,Al,Fe)_6[Si,Al_4O_{10}](OH)_8$

绿泥石成分复杂，除式中阳离子外，还可含有少量Mn、Cr、Ni和Ti等。

绿泥石为单斜晶系，对称型为L^2PC。单晶为假六方柱或板状，但极少见，多见解理鳞片或隐晶质细小颗粒。

绿泥石为绿色，具玻璃光泽，但比较暗淡，这是矿物颗粒细小所致。解理平行{001}完全，其解理面上常具珍珠光泽，解理片柔软，能弯曲成形而不具弹性。

绿泥石在火成岩中仅作蚀变次生矿物，为交代暗色矿物形成，分布局限；在绿片岩相区域变质岩和气-液交代变质岩中是主要的造岩矿物；绿泥石常存在于动力变质的新生矿物之中。此外，绿泥石还是金属矿床蚀变矿化的标志。

3. 高岭石 $Al_4[Si_4O_{10}](OH)_8$

高岭石的聚集体俗称高岭土，高岭石多存在于黏土中或自身聚集成土状物，故称黏土矿物。黏土矿物有很多种，如蒙脱石、伊利石、水云母等，高岭石则是其中的代表。特别需要指出的是，黏土矿物颗粒极为细小，粒径仅在纳米(nm)级，故需使用特殊的手段(X光、电镜、差热分析等)才能准确鉴定。

高岭石化学成分会有一些变化，这是因为黏土矿物吸附性较强而含有一些杂质的缘故。

高岭石为三斜晶系，对称型为C。单晶细小，仅在电镜下能观察到近六边形或三角形的片状晶体形态(图2-19)，集合体为土状或冻胶状。

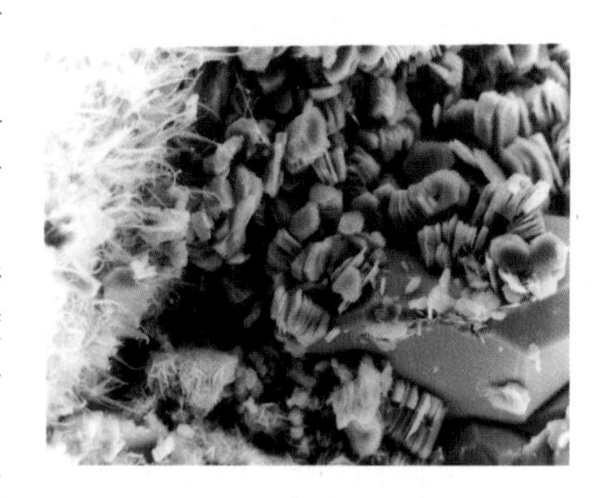

图2-19 电镜下的高岭石

高岭石为白色，但因含杂质而会染成其他浅彩色调。聚集体常无光泽或呈蜡状光泽。集合体硬度为1～3，与指甲硬度接近。解理完全。密度为2.61～2.68g/cm³，较轻。具有较强的吸附性。

高岭石是一种铝硅酸盐矿物，而且形成温度、压力条件较低，故原生的铝硅酸盐矿物钾长石、斜长石、霞石等经历风化或低温蚀变就可转变成高岭石；此外，热液作用也可形成高岭石。

高岭石主要用于陶瓷制作，也是建材、造纸和化工的主要原料。

4. 蛇纹石 $Mg_3[Si_2O_5](OH)_4$

蛇纹石的金属阳离子Mg^{2+}可被Ni、Al、Fe^{2+}和Fe^{3+}取代；其Si位置可被Al取代，故蛇纹石的化学成分有一定的变化范围。蛇纹石的晶体虽小，但其内部结构相当特殊而为非正常的层状构造，常因其单位层发生弯曲或曲卷而形成筒状构造(图2-20)。这种构造样式是因蛇纹石单位层是由四面体片和八面体片共同组成的特殊性所致。四面体片的各四面体在b轴方向的单位长度(0.915nm)小于八面体片的八面体的单位长度(0.945nm)。为了克服两者的不协调，需在b轴方向弯曲或在$\perp b$轴的a轴方向曲卷，此时四面体片在其内侧而八面体片在其外侧。

蛇纹石为单斜晶系，对称型为L^2PC。单晶极为少见，集合体中的个体为纤维状、细小鳞片状，集合体呈致密块状、凝胶体状，具玻璃光泽、冻胶光泽、蜡状光泽。由蛇纹石聚集形成的蛇纹岩因破裂且相互摩擦而往往在标本上能看到镜面擦痕。蛇纹石的硬度小，为2.5～3.5，密度为 2.55g/cm³，偶见完全解理。

蛇纹石为无色矿物，但聚集成岩后具有深浅不一的绿色和灰黑色，各种颜色的分布不规则，呈渐变的斑块状。这是由蛇纹石的晶质和非晶质、含 Fe 粉末和不含 Fe 粉末、含铬铁矿和不含铬铁矿、原生矿物（橄榄石和斜方辉石）的残留和未保存等因素综合影响所致。

蛇纹石仅为橄榄石和斜方辉石转变形成，而且这种转变的温度条件并不高。该矿物在超镁铁质岩体中常见，以致它们全部转变而形成蛇纹岩；在洋壳蛇绿岩中，蛇纹岩（其内可能残留有橄榄岩）是其中一个重要的岩石单元；蛇纹石还可见于大理岩之中，这是由高镁富硅白云质岩石经低级变质作用形成的。

蛇纹岩可用于制作耐火材料和建筑防火涂料，蛇纹石石棉是耐高温和防火制品的原料。此外，质地好的蛇纹岩又称为岫玉，可用于制作饰件和工艺品（图 2-21）。

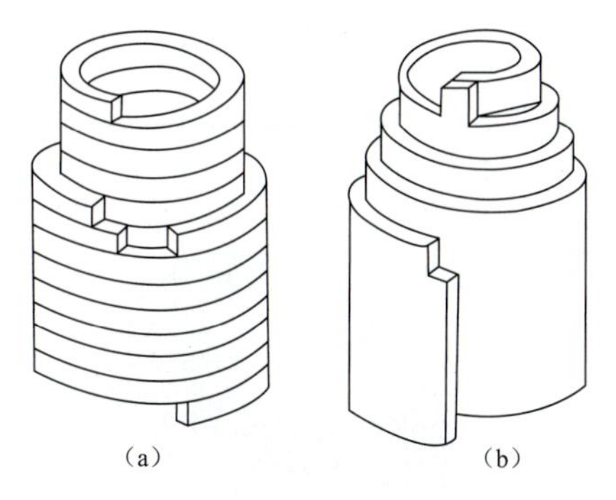

图 2-20 蛇纹石的曲卷状结构

(a)套管式；(b)卷轴式

图 2-21 岫玉制作的夜光杯

（四）架状硅酸盐

1. 长石族

架状硅酸盐主要为长石族矿物。可以说，长石是地壳中分布最广（多于石英分布）的矿物，占地壳总量的 50%左右。其中火成岩中长石含量多达 70%，变质岩中约为 30%，另有少量存在于沉积岩之中。

长石的基本组成端元有三：钠长石（Ab，$NaAlSi_3O_8$）、钙长石（An，$CaAl_2Si_2O_8$）和钾长石（Or，$KAlSi_3O_8$）。其中钠长石-钙长石可以按任何比例无限混溶构成固溶体均一矿物相（不同成分的斜长石）；钾长石-钠长石在高温时可构成均一的固溶体，在低温时这两种长石会发生分离（条纹长石）；钾长石-钙长石则不能发生混溶（见图 1-22）。

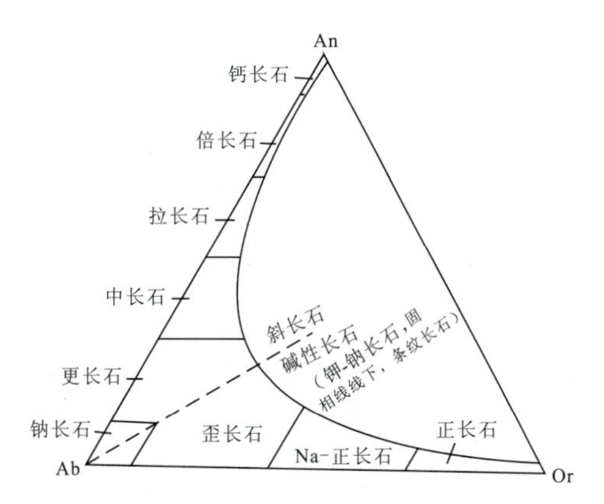

图 2-22 长石 Or-Ab-An 三端元的分类定名

1）斜长石类 $CaAl_2SiO_8$ - $NaAlSi_3O_8$（$CaO \cdot Al_2O_3 \cdot 2SiO_2$ - $Na_2O \cdot Al_2O_3 \cdot SiO_2$）

斜长石是根据 An/An+Ab 的摩尔百分数，即斜长石牌号(An)来划分种类的（图 2-22 和表 2-8）。

斜长石为三斜晶系，对称型为C。单晶为平行{010}的厚板状，晶体的厚度取决于双晶单片数，单片数多，其厚度大，直至可成为等轴粒状。喷出的玄武岩中斜长石呈 *a* 轴延长的针状（图2-23）。

表2-8 斜长石种属划分

An/An+Ab(%)	斜长石牌号范围(An)	斜长石种类
<10	0—10	钠长石
10～30	10—30	更长石
30～50	30—50	中长石
50～70	50—70	拉长石
70～90	70—90	倍长石
>90	90—100	钙长石

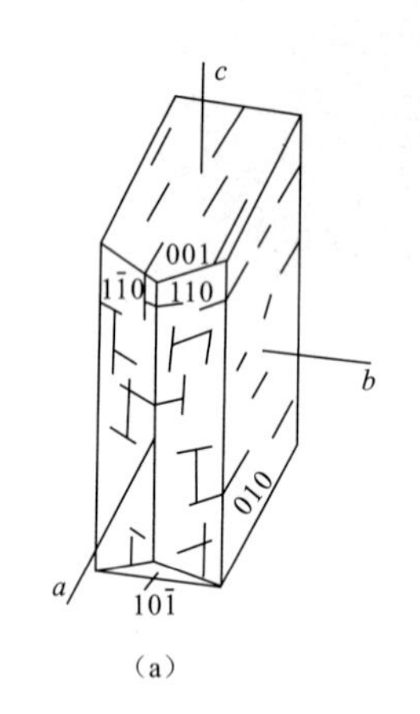

(a)

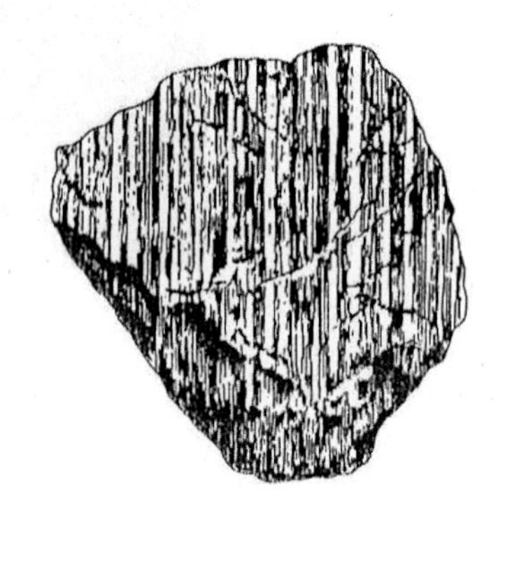

(b)

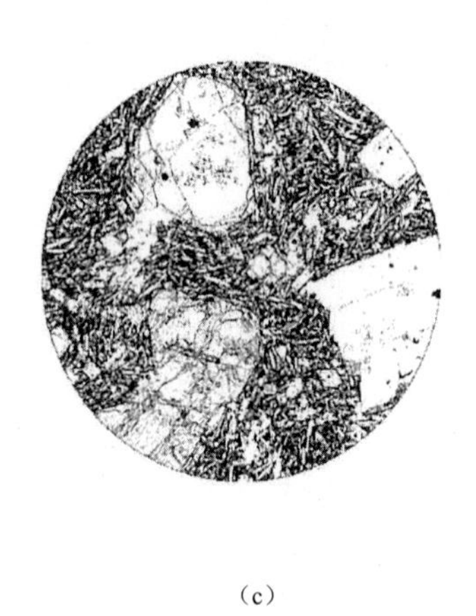

(c)

图2-23 斜长石的晶形(a)、聚片双晶(b)和平行 *a* 轴的针状微晶(c)

微晶见于玄武岩中，×100

斜长石为白色、灰白色，有时因次生变化而显灰绿色，具玻璃光泽，也因次生变化而显得暗淡。硬度为6～6.5，大于小刀。密度2.61～2.76g/cm^3。有{001}和{010}两组完全解理，交角近90°。斜长石易具两个重要的特征：一为具{001}和{010}两种接合面的聚片双晶，若两组双晶同时发育，在偏光镜下可呈长短不一、平直且相互交切的格子状聚片双晶（不能称为格子双晶），聚片双晶有时在断面上见反光强弱不一的平行薄片连生；二为环带结构，表现为不同牌号斜长石环状交生的结构特征。这种现象在火成岩中常发育而在变质岩中却难以见到。它反映斜长石在岩浆不同温度条件下结晶的复杂过程。环带结构有时在矿物标本上可见，表现为颜色的环带性，而这是不同牌号斜长石的蚀变差异造成的，牌号高的斜长石易绢云母化和绿帘石化而呈淡绿色，牌号低的斜长石易高岭石化而呈白色。

斜长石见于各大类岩石之中，是制作玻璃的原料。

2)钾长石类 $K[AlSi_3O_8]$

钾长石包括正长石、透长石和微斜长石，显然，其中的透长石和微斜长石成分均同于图2-22中的正长石。正长石和透长石对称性高，为单斜晶系；微斜长石对称性低，为三斜晶系。造成各种钾长石对称性不同的原因是 Si(Al)-O 四面体中 Al 和 Si 的分布状态不同。高温时，Al^{3+} 可任意取代 Si，从统计角度看，Al^{3+} 是无序取代 Si 位，即为无序结构，致使结晶学的外观显示对称性高；在低温时，Al^{3+} 是有选择性地取代 Si，这种代换或许有规律，即为有序结构，致使结晶学外观上显示对称性低。3 种钾长石中，透长石形成温度最高，属完全无序结构，故为单斜晶系；正长石结晶温度低于透长石、高于微斜长石，属部分无序和部分有序的结构，亦为单斜晶系；微斜长石形成的温度最低，属有序结构，故其对称性最低，为三斜晶系矿物。

3 种钾长石具有以下共同点：均为平行 *c* 轴或 *a* 轴的粒状和长条状晶形，断面或为正方形或为矩形(图 2-24)。火成岩中出现的钾长石巨斑粒径达 5～8cm，这种钾长石巨斑并非单一钾长石晶体，而有可能是若干钾长石单晶聚合构成的聚晶。

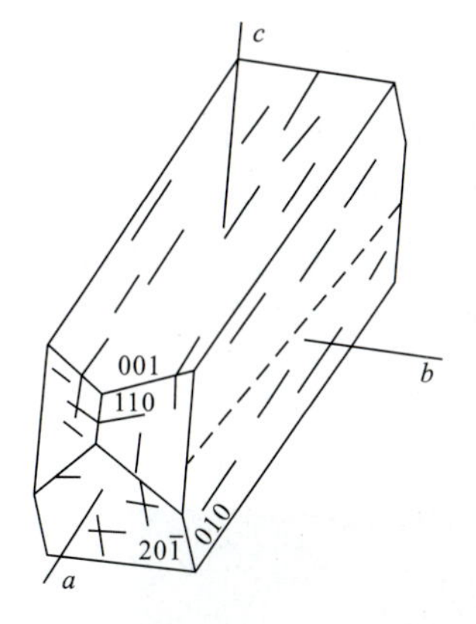

3.6cm×1.2cm×1.1cm

9.5cm×6.0cm×5.5cm

图 2-24　钾长石的晶形、晶体和卡氏双晶

钾长石均为玻璃光泽。硬度略大于小刀，为 6，密度为 2.54～2.57g/cm³，均具{001}和{010}两组完全解理，解理交角近 90°，易高岭石化和绢云母化。3 种钾长石的差异列于表 2-9。

表 2-9　3 种钾长石不同性质对比

钾长石种属	透长石 (Sand)	正长石 (Or)	微斜长石 (Mi)
颜色	无色透明	肉红色， 构造带附近呈砖红色、赤红色	肉红色
双晶类型	卡氏双晶	卡氏双晶	格子双晶
产状	中酸性喷出岩的斑晶和基质；超高温接触热变质岩中可见	中酸性侵入体中的主要造岩矿物；较高温的接触热变质和高角闪岩相以及麻粒岩相的区域变质的岩石中可见；沉积的砂岩中可见	中酸性侵入体的主要造岩矿物；较低温接触热变质和区域变质的岩石中可见；沉积的砂岩中可见；伟晶岩中常具较大的晶体

3)钾-钠长石($KAlSi_3O_8-NaAlSi_3O_8$)

前述图1-22中,B区范围为钾长石和钠(斜)长石的有限混溶区,说明在高温结晶时含有一定量钠(斜)长石分子的钾长石为均一的固相长石矿物,其内含有的钠(斜)长石和钾长石为完全混溶的固溶体。当温度降低时钠(斜)长石和钾长石分离成两个相,而且含量少的矿物相在含量多的矿物相中规则排列呈条纹状分布,这种长石又称为固溶体分离的条纹长石。条纹长石的主体(含量高的长石,主晶)仍保留原长石的特点,条纹长石的次体(含量少的长石)则构成规则状条纹(图1-19)。条纹长石也可以是交代成因,如钠质物质交代钾长石,此时条纹长石的条纹呈不规则树枝状。显然,固溶体分离条纹长石与交代条纹长石的最大区别就是条纹的形态和分布,前者规则且近平行排列;后者不规则且呈树枝状、水系状分布。此外,在古老的花岗质岩石中钾长石常具有钠(更)长石的环边,这可能是交代成因的钾-钠长石,也可能是两种长石另一种形式的规则连生(图1-21)。

2. 霞石 $Na_3K[AlSiO_4]_4$

霞石分子式的习惯写法是$Na[AlSiO_4]_4$,但实际的霞石矿物含有一定量的K。霞石中有时含有微量的Mg、Mn、Ti,它们取代K或Na;其内的Al有可能被Fe^{3+}取代。

霞石为六方晶系,对称型为L^6。单晶看似六方柱状,实为若干双晶共同构成(图2-25)。晶体直径粗大以致成为$\perp c$轴的厚板状。霞石常为粒状,集合体为致密块状。

霞石无色透明,有时呈灰色、灰白色,具玻璃光泽,断面常呈油脂光泽。密度为2.56~2.66g/cm³。硬度略大于小刀,为5.5~6。解理不完全。霞石极易蚀变风化变成沸石、钙霞石、方钠石集合体的红色薄膜。

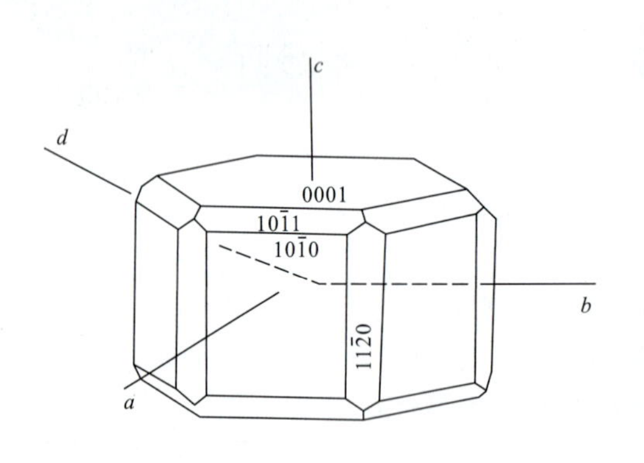

长3.0mm

图2-25 霞石的晶形和晶体

{0001}为平行双面;{10$\bar{1}$1}为六方双锥;{10$\bar{1}$0}和{11$\bar{2}$0}为六方柱

霞石是碱性火成岩中的典型造岩矿物,在霞石正长岩中粒径细且微带红色,与共生的钾长石不易区别;在磷霞岩和霓霞岩中(四川南江)霞石晶粒粗大,达5~10cm之巨,也因发育贝壳状断口而具油脂光泽,此时则与石英很难区分。岩石中霞石的出现表明岩石SiO_2不饱和,故称霞石为SiO_2不饱和矿物。显然,霞石不能与石英共生在一起,因为霞石与石英能相互反应形成新的钠长石矿物。化学反应如下:

$$Na[AlSiO_4]+2SiO_2 \rightleftharpoons Na[AlSi_3O_8]$$

霞石　　石英　　钠长石

霞石与石英易相混淆，这可用蚀变和矿物共生特征来区别，霞石会发生蚀变，其共生的矿物多为碱性暗色矿物，而石英则不具这些特点。

霞石是提炼铝的矿物原料。此外，它还用于制造彩色玻璃。

第二节　其他常见矿物

一、单质元素

(一)金属单质元素

这类矿物包括自然金、自然银和自然铜等，它们具有很多相似的特点。在结晶学上它们都属等轴晶系，多为立方体、八面体单晶，颗粒细小。自然金和自然银就连晶胞大小都近于相等，故两者相互混溶而常共生。这些矿物具典型的金属光泽，均密度大(>4)、硬度小(小于小刀)，且都无解理，断口呈锯齿状，具极好的延展性、导电性和导热性。

自然金 Au

自然金为金黄色，颜色可随含银量增加而变浅。硬度小，为2.5～3。密度大，为19.3g/cm^3。化学性质稳定，不溶于任何酸，仅溶于王水和氰化物。延展性极好，通常人们常用牙咬金就是利用这一特点来检测金的真伪和纯度。

自然金可独立存在，也可赋存于其他矿物的裂隙和晶格中。自然金见于高、中温热液的含金石英脉、蚀变岩石和变质砂砾岩中，也可在河流沉积的砂体中出现，甚至母岩分化的难熔残留物也可聚集呈结核状金块——狗头金(图2-26)。

5.0cm×4.5cm×1.1cm

图2-26　自然金的结核状集合——狗头金

(新南威尔斯)

自然金是金矿石的唯一来源，从岩石中提取金就是提取自然金这种矿物。金为贵金属，除订制作货币和饰物外，还可利用其化学稳定性制造电子仪表和计算机的元件，或作为精密仪器的表层涂料和贴膜。

(二)非金属单质元素

1. 自然硫 S

自然硫的化学成分较纯净，火山作用形成的自然硫含少量Se、As；生物化学沉积形成的自然硫则夹泥、有机物和沥青质物质。

自然硫为斜方晶系，对称型为$3L^2 3PC$。单晶为两组斜方双锥构成的鼓形(图2-27)。集合体的个体颗粒极细小，呈粉末状；聚合时呈松散的块状，且极易分解。

自然硫呈黄色。晶面具金刚光泽，无解理，断口呈贝壳状而显油脂光泽。硬度极小，为

1～2。密度小，为 2.05～2.08g/cm^3。性脆。用火烧会出现青蓝色火焰，并散发硫磺的臭味。

自然硫俗称硫磺，形成于多种地质作用。火山作用中含硫化氢的喷气孔周围有自然硫的沉淀，这是硫化氢喷出后遭氧化分解析出的，其反应式为：

$$2H_2S+O_2 \rightarrow 2H_2O+2S$$

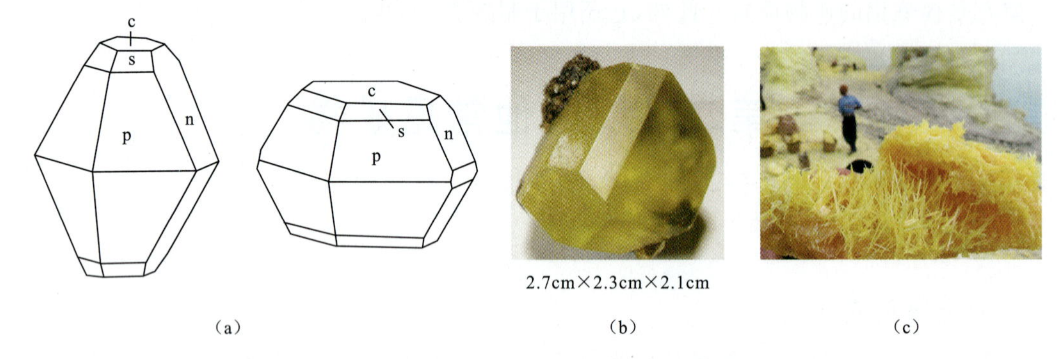

图 2-27　自然硫晶形、晶体和火山喷气口外沉淀的自然硫

(a)图中 c{001}为平行双面；s{113}、p{111}为斜方双锥；n{011}为斜方柱

我国云南腾冲的许多热泉喷气孔周围就有自然硫堆积。自然硫本身无味，但由于它总是与硫化氢相伴相成，故有误解。自然硫还可因生物化学作用而形成沉积型的自然硫矿床，这是由封闭潟湖内嗜硫细菌还原硫酸形成的。这种自然硫矿物多呈层状，且常与石灰岩层、石膏层互层产出。自然硫也可在硫化物矿床的氧化带下部由黄铁矿分解形成。

自然硫主要用于制作化工原料，尤其是硫酸。含硫温泉洗浴有利于人们的健康。

2. 金刚石 C

金刚石成分为碳且无比晶莹透明，其实内部含有多种微量元素，如 Si、Al、Mg 和 Mn 等。有的金刚石外壳还含有 Fe、Al 等杂质。金刚石的半导电性还与 N、B 和 Al 的含量有关，尤其是 N 含量的范围较大，故它常作为金刚石分类的依据。含 N 高的金刚石被称为黄钻，这是钻石中的极品。

金刚石为等轴晶系，单晶为八面体、菱形十二面体和四面体，较少呈立方体。对称型为 $3L^4 4L^3 6L^2 9PC$。金刚石各晶面略显弯曲，以至常呈浑圆状颗粒(图 2-28)，但粒径较小，目前我国出土的常林钻石也只有 16mm×24mm。此外有报道，陨石冲击坑内发现的金刚石晶体为六方晶系。

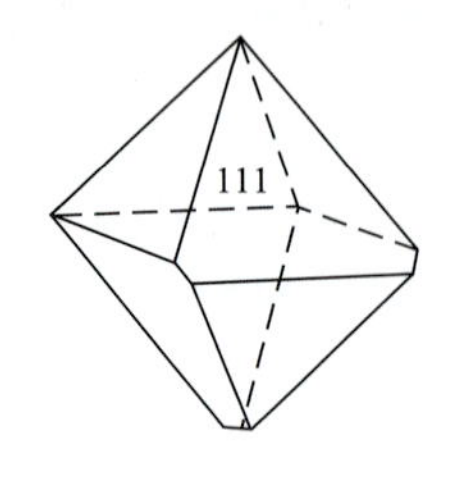

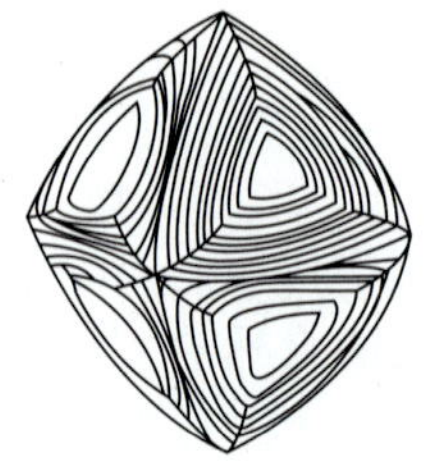

110

图 2-28　金刚石的晶形

(据赵珊茸，2011)

金刚石无色透明，有时还具有蓝色、黄色和黑色等，具金刚光泽。硬度最大，为10。性脆。密度较大，为3.50～3.52g/cm³。平行{111}的解理中等。

金刚石分为Ⅰ-型和Ⅱ-型两类，Ⅰ-型金刚石为含N金刚石，用紫外线照射会发出一种紫色荧光；Ⅱ-型金刚石不含N，用紫外光照射不会发光。自然界产出的金刚石绝大部分为Ⅰ-型。由于Ⅱ型金刚石具有较理想的物理性质，故人工合成的多趋向于Ⅱ型。

金刚石产于火成的超基性金伯利岩（角砾云母橄榄岩）和钾镁煌斑岩中，这些岩石当然也是金刚石少有的母岩，故找寻金刚石矿实际上是需找寻金伯利岩和钾镁煌斑岩。前述冲击变质坑内发现有六方金刚石。近年来，在超高压榴辉岩的石榴石矿物内也发现有金刚石包裹体，如挪威和我国大别造山带地区。这都表明金刚石形成于高压条件。此外，河流堆积的砂体中也有搬运而来的金刚石。

应该说金刚石是最珍贵的宝石饰物，俗称钻石。它的硬度大，故可用于切割和研磨其他硬物。此外，它还可用于制作高温半导体和红外光谱仪的核心元件。

3. 石墨 C

石墨是副变质岩中常见的标志性矿物。

极纯的石墨自然界很少，其内往往含有少量杂质，如黏土、沥青及Si、Al和Fe的氧化物。

石墨有三方和六方晶系的两种多型，其对称型分别为$L^3 3L^2 3PC$和$L^6 6L^2 PC$。根据前述石墨的层状结构特点，石墨为板状晶体（图2-29），因具{0001}的极完全解理，故常称石墨为片状。集合体为土块状、条带状和网脉状。

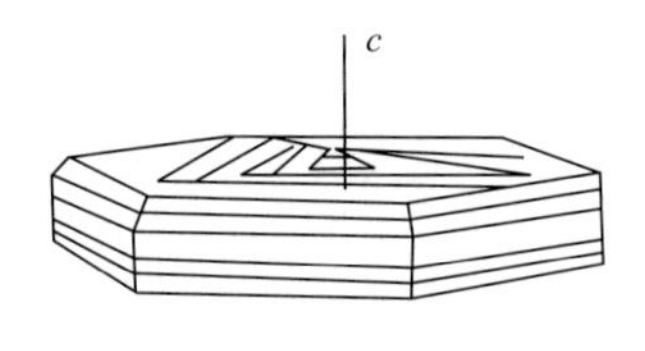

图2-29 石墨的晶形

石墨为黑色，条痕色亦为黑色，极易染手。半金属光泽，多为隐晶质集合体，显较暗淡的光泽。手触有滑感。密度小，为2.26～2.21g/cm³。具挠性，不易折断。很软，硬度极低，手指都能刻划。解理(0001)极完全，呈细小银白色鳞片状。导电性好。片状石墨因具挠性而极难破碎粒化。似煤，但不能燃烧。

众所周知，石墨与金刚石为C-系同质多象变体。造成两者差异如此大的根本原因是其晶体内部结构的不同（见前述第一章）。石墨的片状晶形和{0001}的极完全解理也是因为其内{0001}层间距离远大于层内碳原子间的距离。

石墨主要形成于沉积的有机碳变质作用中，故它是变质层状岩系以及副变质岩的标志性矿物，其所在的岩石也是层状变质岩系的标志层。在区域变质的孔兹岩中，就常有石墨片岩的岩石单元。在接触热变质的接触变质晕圈内有时也能见到含石墨的副变质岩，有时岩体边缘也有零星的石墨分布。

石墨可做铅笔、电池的碳棒、机械润滑剂和高温坩埚等，超细、超纯的石墨常用于原子能工业，但这种石墨的提取工艺技术却是复杂和较为困难的。

二、硫化物

硫化物矿物有200余种，但它仅占地壳总重量的0.15%，其中绝大多数为金属铁的硫化物。虽然硫化物矿物含量如此之少，但它们却是人类索取有色金属资源的主要来源。

硫与金属结合时存在S^{2-}（硫为负2价，称为单硫）和S_2^-（硫为负1价，称为对硫）两种阴离子形式。硫化物为离子化合物，有着分别向金属键和共价键的两种过渡，向金属键过渡的硫化物矿物具金属色、金属光泽、不透明和导电性良好的物理性质；向共价键过渡的硫化物矿物则具半金属色、金刚光泽、半透明和导电性较差的特点。对硫化物矿物硬度大于单硫化物矿物，单硫化物矿物硬度仅在2～4之间，其中层状结构的单硫化物硬度更低（<2）；对硫化物的硬度大，可达5～6，如黄铁矿。

硫化物矿物多形成于岩浆作用和岩浆期后的热液作用中，接触交代变质的矽卡岩中也会使硫化物矿物富集。个别硫化物矿物可形成于各种地质作用中，如黄铁矿，它可算得上是地质全能型矿物。

1. 单硫化物——黄铜矿 $CuFeS_2$

单硫化物矿物有很多，如方铅矿、闪锌矿等，这里仅介绍黄铜矿。

黄铜矿内可含有多种金属元素，它与闪锌矿可构成无限混溶的固溶体。黄铜矿为四方晶系，对称型为 $L^4 4L^2 5PC$，单晶为四方四面体、四方偏三角面体、四方双锥等（图2-30），双晶面平行{112}。

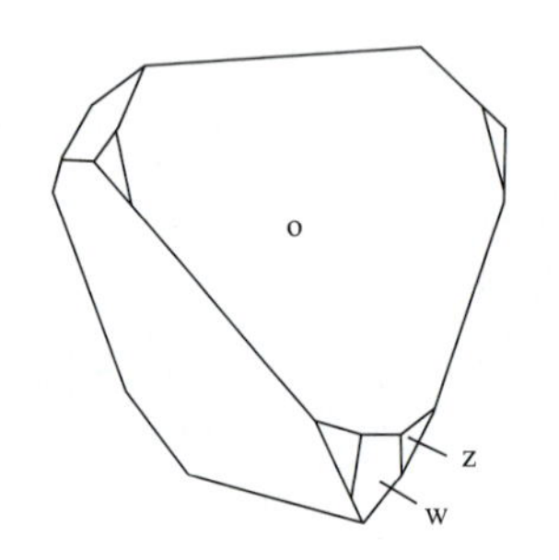

2.3cm×1.3cm×0.5cm

5.0cm×4.0cm×1.5cm

图2-30　黄铜矿的晶形、晶体及其集合体

o{111}、z{101}、w{11$\bar{1}$}均为四方四面体

黄铜矿为光亮的铜黄色或金黄色，但常有暗黄斑块状的锖色。条痕呈墨绿色，具金属光泽。硬度小于小刀，为3～4。性脆。密度为4.1～4.3g/cm^3。具良好的导热性和导电性。

黄铜矿可见于各种类型的铜矿床中。如超镁铁—镁铁质岩体的铜镍硫化物矿床、中酸性浅成的斑岩型铜矿床、接触交代变质的矽卡岩型铜铁矿床和火山-沉积的层控铜矿床中，黄铜矿都是其主要的矿石矿物。黄铜矿在氧化带易转变为溶于水的硫酸铜，后者若与碳酸盐溶液作用则形成蓝铜矿和孔雀石等。在含铜硫化物矿床的次生富集带，黄铜矿转变成斑铜矿、辉铜矿和铜蓝等新的含Cu硫化物矿物。

黄铜矿是提炼铜的主要矿物原料。

2. 对硫化物——黄铁矿 FeS_2

常见的对硫化物矿物有若干种，这里仅介绍分布最广泛的黄铁矿。

黄铁矿Fe位常被Co、Ni、As、Sb、Au和Ag类质同象置换，这些金属元素存在于晶体裂隙和缺陷位置。

黄铁矿为等轴晶系，单晶多为立方体和五角十二面体，偶见有八面体。在立方体的晶面上都能见到平行细密的晶面条纹，且条纹走向在两相邻晶面间是相互垂直的（图2-31），因相邻晶面的晶面条纹走向不同，致使黄铁矿的对称性有所降低，为 $4L^3 3L^2 3PC$。集合体呈致密块状，分散状态的星点状或浸染状常见。

黄铁矿为浅黄铜色、浅黄色、银白色，表面常具黄褐的锖色，具金属光泽。条痕呈黑色略带绿色。密度较大，为 $5g/cm^3$。硬度大于小刀，为 6～6.5，这一点可与黄铜矿区别(黄铜矿小于小刀)。性脆。无解理，断口参差不齐。无磁性。用火烧会散发臭味。

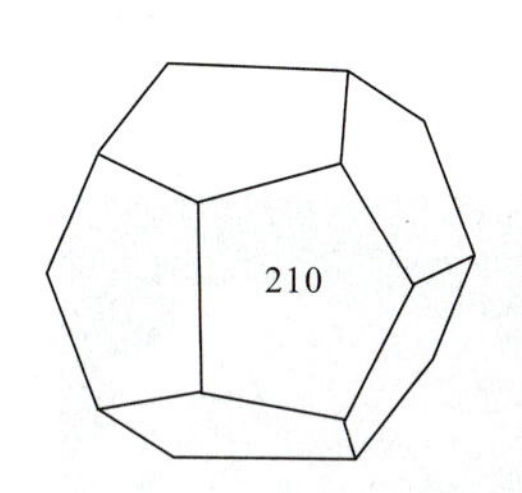

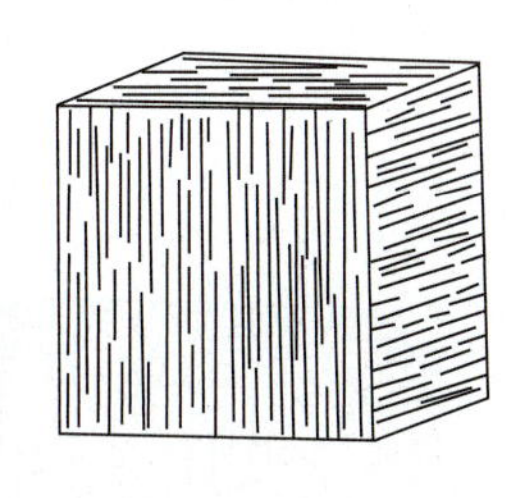

3.4cm×3.4cm×3.4cm　　2.3cm×2.1cm×2.0cm

图 2-31　黄铁矿的晶形和晶体

注意单晶面上的晶面花纹

初学者易将黄铁矿误认作自然金，黄铁矿常见立方体晶形且其晶面上常具纵、横向晶面花纹，硬度大于小刀，性脆而无延展性等。这些特征与自然金是有明显区别的，尤其是当你肉眼能观察到显晶且规则的亮黄颗粒时就可以否定是自然金了。黄铁矿和磁黄铁矿的区别是晶形、硬度和磁性，前者为立方体单晶、硬度大于小刀、不具磁性，而后者正好相反。黄铁矿与黄铜矿的区别也是晶形和硬度有明显不同。

黄铁矿是地壳中分布最广、含量最多的硫化物矿物，它几乎形成于各种地质条件。各种岩浆作用、各温度阶段的热液作用、各种环境的沉积作用和各类型的变质作用都能结晶出黄铁矿，甚至在热泉旁都能见到黄铁矿的胶状体。黄铁矿在氧化条件下易分解为硫酸盐和氢氧化物，前者称之为黄钾铁矾，后者称之为褐铁矿，有时它还保留黄铁矿的立方体假象。

黄铁矿是制造硫酸的主要矿物原料，有时还可用于提取其内含有的金等贵金属。

三、氧化物和氢氧化物

氧是地壳中含量最多的元素。与氧结合的金属阳离子多为惰性气体型，如 Si、Al、Fe、Mn、Cr、Nb、Ta、V、Sn 等，共 10 余种。这些元素与氧结合的形式除晶体的键型以离子键为主外，还因各金属离子的性质有很大的差异，而使其离子与氧结合的键型也会有较大的变化。

氧化物矿物硬度一般大于小刀，无色透明或浅色半透明，具玻璃光泽。含 Fe、Mn 和 Cr 等离子的氧化物矿物则与此有明显不同，表现为色暗、不透明或微透明、半金属甚至金属光泽和弱到强的磁性。氧化物根据其内主要金属元素的种数可分为简单氧化物(仅含一种主要金属元素)和复杂氧化物(含多种主要金属元素)两大类。

(一)简单氧化物

1. 刚玉 Al_2O_3

刚玉内常含有少量 Fe、Ti 和 Cr。

刚玉为三方晶系，对称型为 $L^3 3L^2 3PC$，单晶多呈柱状、腰鼓状和厚的板状（图 2－32）。它的晶形与赋存岩石的化学性质有一定的关系，高 Al 贫 Si 时（如斜长岩），刚玉呈长柱状，高 Al 富 Si 时（如泥质粉砂岩）则为板状。集合体中的刚玉个体呈粒状，集合体为致密块状。

刚玉一般为灰色、黄灰色，含 Fe 高时为黑色，具玻璃光泽，若其内含定向排列的针状金红石包裹体，则呈闪烁星彩状光泽。硬度大，为 9，仅次于金刚石。无解理，但有{0001}和{$10\bar{1}1$}类似解理的两组密集裂开，这是因此方向发育密集微细聚片双晶。密度为 3.95～4.10g/cm³。含 Cr 的刚玉因呈红色而称为红宝石，含 Ti 的刚玉因呈蓝色而称蓝宝石。

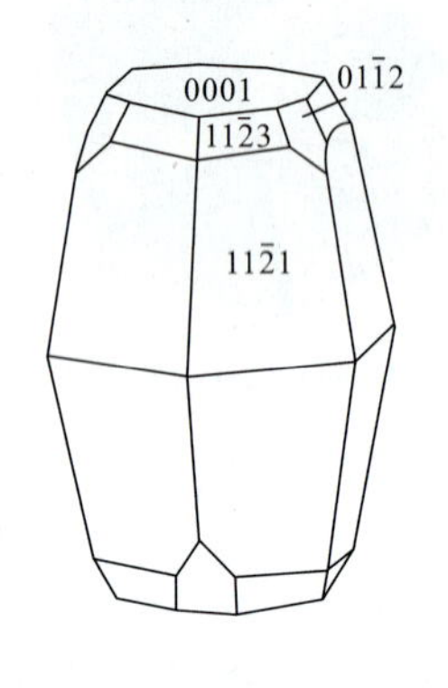

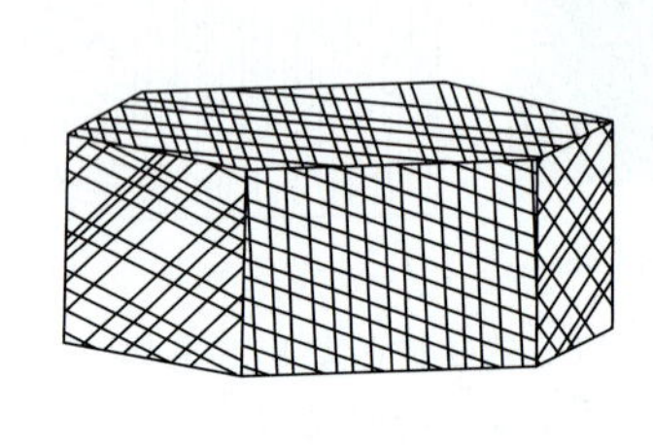

1.2cm×1.0cm×1.0cm

图 2－32　刚玉的晶形、晶面花纹和晶体（红宝石）

左图中{0001}为平行双面，{$11\bar{2}1$}和{$11\bar{2}3$}为斜方双锥，{$10\bar{1}1$}为菱面体

刚玉形成于高 Al_2O_3、贫 SiO_2 岩石的结晶作用。符合条件的侵入岩（斜长岩）和喷出岩（高铝玄武岩）均可结晶出刚玉；刚玉还产于富 Al_2O_3 的沉积岩与侵入岩体接触交代的变质带中；Al_2O_3 过剩和 K_2O、SiO_2 不足的泥质岩在较高级的区域变质作用条件下也会形成含刚玉的片麻岩。刚玉在河流砂体中也有沉积。

刚玉砂可作精密的碾磨材料，较大的晶体可制作精密仪器的轴承。此外，刚玉晶体（人工合成）还用于制作激光发射装置的核心元件；蓝宝石和红宝石还是上好的宝石首饰制品。

2. SiO_2 矿物

SiO_2 矿物是一个大的家族，其中最常见的是石英。严格地说，应是 α－石英，又称低温石英。石英有许多同质多象变体，它们是不同温度和压力条件下地质作用的产物（见图 1－23）。

1）α－石英

应该说，α－石英是自然界岩石中最主要的 SiO_2 矿物。

α－石英属架状结构，其基本结构单位为 1 个硅阳离子被 4 个氧阴离子包围构建成的硅－氧四面体，这些硅－氧四面体按规则顶角相连。石英常含有 Al、Mn 等微量元素，晶内常包含有气、液和固 3 相的包裹体。

α－石英为三方晶系，对称型为 $L^3 3L^2$，单晶常见完好的柱状晶体，为六方柱{$10\bar{1}0$}、{$01\bar{1}1$}等单形组合构成的聚形，有时晶体的顶、底还会出现三方双锥和三方偏方面体单形的小晶面。此外，石英晶体的柱面上还见有横向的晶面花纹。

α-石英晶体常发育双晶(巴西双晶、道芬双晶、日本双晶等)。确定双晶的方法有二:观察双晶的缝合线(图 2-33,中);用氢氟酸腐蚀其⊥c轴的抛光断面(图 2-33,下)。需要说明的是,石英双晶用光学方法是不能确定的,原因是石英双晶的两个单体的光性方位完全相同。石英集合的个体多为粒状,石英脉中的石英个体呈拉长的刀状,晶洞中大的石英晶体可聚集成晶簇。

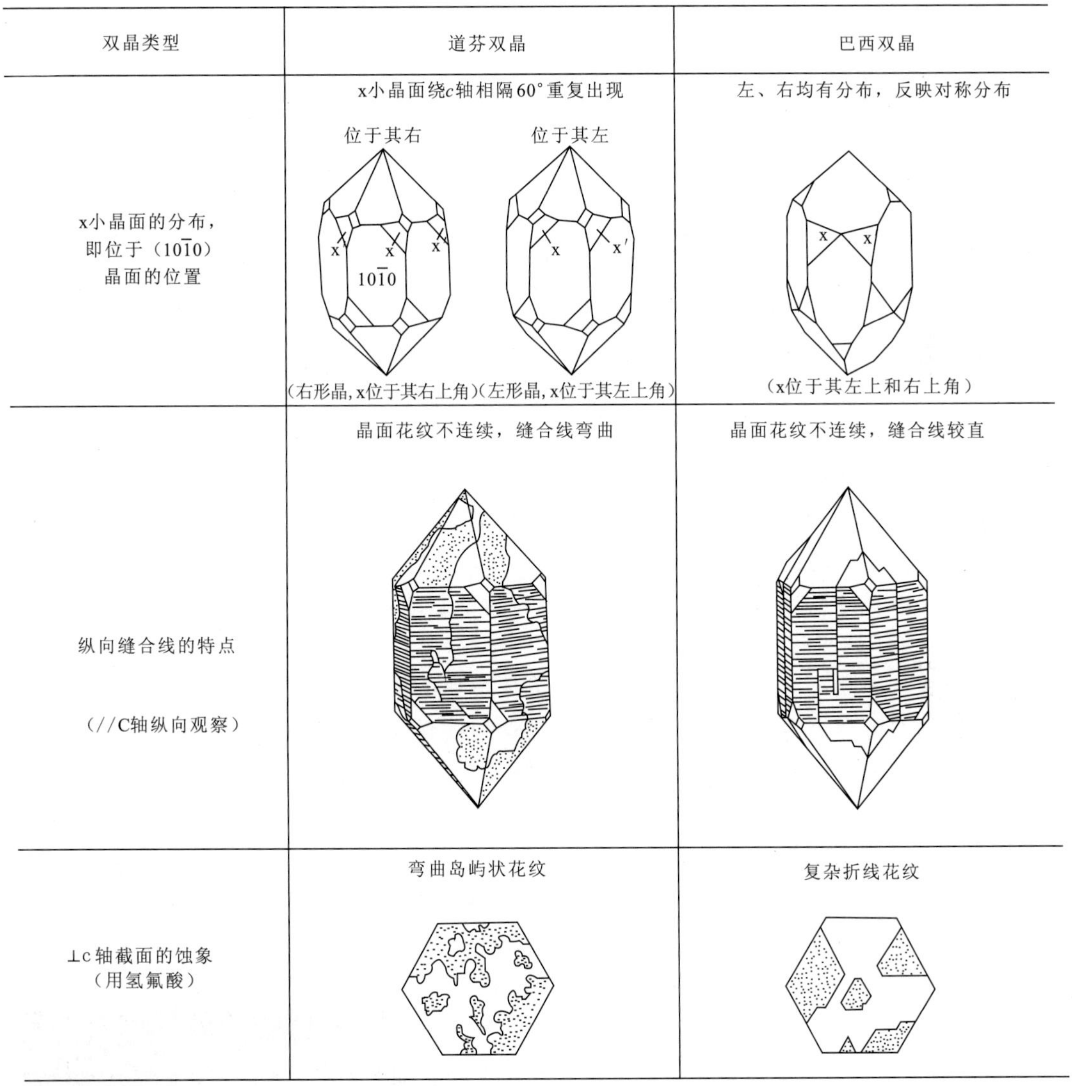

双晶类型	道芬双晶	巴西双晶
x小晶面的分布，即位于（$10\bar{1}0$）晶面的位置	x小晶面绕c轴相隔60°重复出现 位于其右 位于其左 x x x $10\bar{1}0$ x x′ (右形晶,x位于其右上角)(左形晶,x位于其左上角)	左、右均有分布，反映对称分布 x x （x位于其左上和右上角）
纵向缝合线的特点 （//C轴纵向观察）	晶面花纹不连续，缝合线弯曲	晶面花纹不连续，缝合线较直
⊥c轴截面的蚀象（用氢氟酸）	弯曲岛屿状花纹	复杂折线花纹

图 2-33 α-石英的道芬双晶和巴西双晶的鉴别
(据南京大学岩矿教研室,1978)

α-石英无色透明。岩石中的石英多为烟灰色,具玻璃光泽,断口具油脂光泽。硬度大于小刀,为 7。密度为 2.65g/cm^3。无解理。

具良好晶体形态的α-石英称之为水晶。水晶的颜色有很多种,如紫色、蓝色、黄色、玫瑰红色、烟黄色、深褐色、黑色和乳白色等,这是它们形成条件(T、p)不同、含色素微量元素不同和含有带色气体等原因所致。

隐晶质的石英称为玉髓。火成岩中的玉髓多为火山玻璃脱玻化所成，而且多为纤维状个体聚集而呈放射状。沉积的 SiO_2 胶体凝胶作用形成的玉髓集合体呈鲕状、肾状、葡萄状和皮壳状，而且常具有各种颜色，如白色、红褐色、绿色等。玉髓集合体多为蜡状光泽，微透明。硬度大于小刀，为 6.5。具有同心环状或平行层状且其相间颜色不同的玉髓集合体称之为玛瑙。

α-石英是中性—酸性侵入岩和 SiO_2 饱和的原岩经变质形成岩石中的主要造岩矿物。完好的 α-石英晶体(水晶)多见于伟晶岩和石英脉的晶洞中。此外，石英砂常沉积而聚集。

石英晶体用于制造光学仪器和饰品，石英砂矿是玻璃和熔炼石英的上好原料，优良的玉髓还是上品的宝玉石。

2)β-石英

β-石英为六方晶系，对称型为 $L^6 6L^2$，单晶为规则的六方双锥。

β-石英又称高温石英，其稳定的温度范围为 573～870℃。常温状态的岩石中 β-石英已相变为 α-石英(低温石英)，但仍保留 β-石英的六方双锥假象。所以，在喷出的流纹岩中，其石英斑晶虽为六方双锥的晶形，但它已不是 β-石英，而是 α-石英了。

β-石英的许多物理性质与 α-石英相似，仅单晶形态不同。

3)柯石英

柯石英是一种高压条件下形成的石英同质多象变体，其稳定的压力范围较高，为 19～76kb(1kb=10^8Pa)。柯石英应该形成于 α-石英的转化，在压力增大时将会使 α-石英内部结构得到调整并重建新的键型，直至形成柯石英。

柯石英为单斜晶系，单晶少见，多为不规则粒状。它的物理性质多同于 α-石英，但密度较大，为 2.93。分子体积较小。

柯石英除产于陨石坑的冲击变质外，在超高压变质的榴辉岩相的石榴石中也有发现，该石榴石现包含的石英却仍为 α-石英。根据它们两者均具有放射状裂纹的现象推断，这是原柯石英因压力降低相变转化为 α-石英的结果，在此转变过程中伴随有体积膨胀，寄主石榴石的裂纹则是其内柯石英转变而体积膨胀并撑破石榴石的结果(见图 1-24)。

4)蛋白石 $SiO_2 \cdot nH_2O$

蛋白石英文名为 opal，是 SiO_2 的非晶质矿物，成分中的 H_2O 含量不定，其内还含有 Fe、Ca、Mg 等杂质。

蛋白石无个体外形，通常呈卵石、条带和结核状集合体。

蛋白石常为蛋白色，微透明，具玻璃光泽。硬度近等于小刀，为 5～5.5。密度小且有一定的范围，为 1.9～2.9g/cm^3，这是蛋白石含水量不同的缘故。

能变彩和品相好的蛋白石在珠宝界称之为欧泊(与蛋白石英文词 opal 同音)。这是一种相对高档的宝玉石。欧泊在外观上除呈白、红、黄等颜色外还具有一种特殊的变彩效应，即旋转蛋白石样品会在自身基本色调的基础上变换出不同的彩色(图 2-34)。

图 2-34　蛋白石(欧泊)的变彩效应

3. 赤铁矿 Fe_2O_3

赤铁矿有时含有 TiO_2、SiO_2、Al_2O_3 等混入物。

赤铁矿为三方晶系，对称型为 $L^3 3L^2 3PC$。单晶为板状菱面体。集合的个体为细粉末状或鳞片状，集合体为花瓣状、鲕状、肾状，有时呈块状(图2－35)。

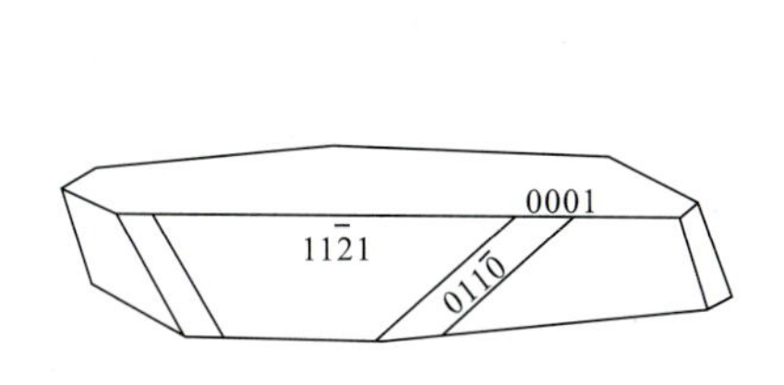

10.2cm×7.8cm×3.0cm

图 2－35　赤铁矿的晶形和片状集合体

赤铁矿晶体具微带红色的钢灰色，隐晶质集合体(鲕状、肾状)多为赤红色(猪肝色)，粉末为褐红色，条痕为砖红色，具金属—半金属光泽。不透明。硬度为 5.5～6。性脆。密度为 5.0～5.3g/cm^3。无解理。具金属光泽的玫瑰花状或片状集合体称之为镜铁矿，其内常含有细粒磁铁矿包裹体而显示具有磁性。鲕状赤铁矿硬度很大，小刀刻划不动。将赤铁矿矿石火烧后其粉末具磁性。赤铁矿易转变为褐铁矿。

赤铁矿见于热液作用中，火山喷发时因存在 $FeCl_3$ 与 H_2O 的相互反应而形成镜铁矿，区域变质作用形成的赤铁矿多为鳞片状，而沉积型的赤铁矿多为鲕状、肾状，它也是主要的铁矿床类型。

赤铁矿是提炼 Fe 的主要矿石来源之一。

(二)复杂氧化物

1. 磁铁矿 Fe_3O_4

磁铁矿内常含有 Ti、V 和 Cr 等元素，含有较多的 TiO 时(12%～16%)称之为钛磁铁矿，TiO_2 以钛铁矿的板条或细密的网格状形式分布于磁铁矿内。岩石学上因两者密切伴生且难以分辨而统称为钛-铁氧化物，在岩石标本和露头上观察到的黑色半金属光泽的粒状矿物即为钛-铁氧化物。磁铁矿若含较多的 V_2O_5(>5%)则称之为钒磁铁矿；若钒磁铁矿和钛磁铁矿相混合则称之为钒钛磁铁矿，我国四川攀枝花铁矿即为钒钛磁铁矿。

磁铁矿属等轴晶系，对称型为 $3L^4 4L^3 6L^2 9PC$。单晶为八面体，少有菱形十二面体(图2－36)。双晶常见，其双晶接触面平行{111}。集合的个体为粒状，集合体为致密块状。

磁铁矿为黑色，条痕为灰黑色，具半金属光泽。不透明。硬度为 5.5～6.5，略大于小刀。密度大，为 5.175g/cm^3。性脆。无解理。具强磁性，用小刀刻划会使其粉末易粘连在小刀上。

磁铁矿产于火成镁铁质杂岩体的下部，区域变质形成的磁铁石英岩中磁铁矿分布最为广泛，接触交代变质的矽卡岩型磁铁矿是含铁品位最高的铁矿床。

磁铁矿是最主要的提炼 Fe 的矿物原料，其次，综合利用还可以从中提取 V 和 Ti 等。

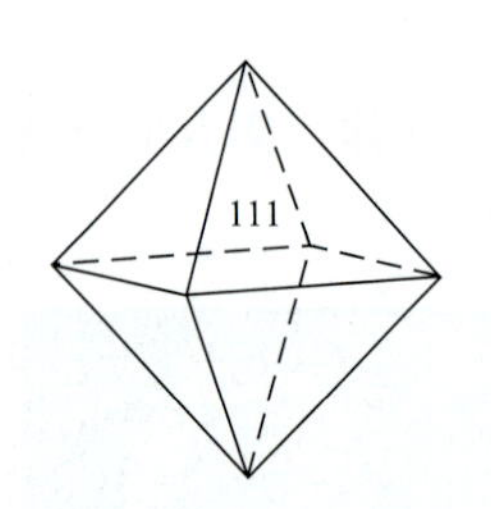

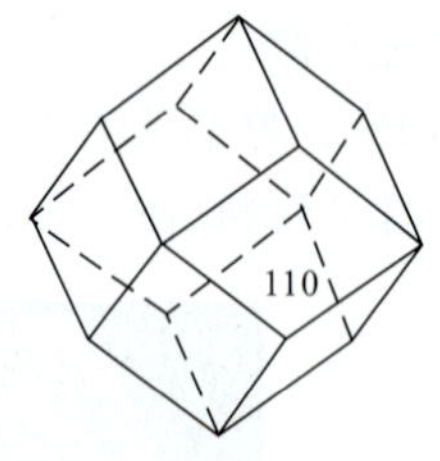

4.8cm×3.2cm×2.3cm

图 2-36　磁铁矿的晶形和晶体

2. 铬铁矿$(Mg,Fe)Cr_2O_4$

铬铁矿成分较为复杂，除 Cr 外，还含有 Fe、Mg 和 Al 等。

铬铁矿为等轴晶系，对称型为 $3L^4 4L^3 6L^2 9PC$。单晶多为八面体(图 2-37)，其横断面为正方形。集合的个体为粒状，集合体呈网脉状、豆荚状[见图 1-17(c)]和致密块状。

铬铁矿为黑色，条痕为褐色，不透明，具半金属光泽。硬度为 5.3～6.5。无解理。性脆。密度为 4.3～4.8g/cm³。具弱磁性，含 Fe 高时磁性还会加强，表现为用小刀刻划的粉末部分仍会残留在小刀上。铬铁矿仅产于超镁铁质岩体中，共生的矿物有橄榄石及其蚀变形成的蛇纹石。铬铁矿还可成为砂矿。

铬铁矿是提炼金属 Cr 的唯一矿石原料。

1.6cm×1.2cm×1.2cm

图 2-37　铬铁矿的晶体

3. 尖晶石$(Mg,Fe)Al_2O_4$

尖晶石中 Mg 和 Fe 可相互代换。除此以外，两者还可以被 Mn^{2+}、Fe^{3+} 和 Cr^{3+} 等阳离子置换。

尖晶石-磁铁矿-铬铁矿三者间具有不同程度的固溶体关系(图 2-38)。从图可知，尖晶石-铬铁矿和磁铁石-铬铁矿间均为完全无限混溶的固溶体(图中横线区)；尖晶石-磁铁矿之间因不能发生混溶而不能构成固溶体(图中空白区)。

尖晶石属等轴晶系，对称型为 $3L^4 4L^3 6L^2 9PC$。单晶为八面体或八面体与菱形十二面体构成的聚形(图 2-39)。

尖晶石具各种颜色是因含元素不同，含 Cr 时为绿色，含 Fe^{3+} 时为红色，同含 Fe^{3+} 和 Fe^{2+} 时为暗褐色。尖晶石具玻璃光泽。硬度远大于小刀，为 8。无解理，有时具裂开。密度 3.55g/cm³。

尖晶石为地幔橄榄岩仅有的富 Al 氧化物矿物相，也是尖晶石-二辉橄榄石中的标志性矿物。在超镁铁—镁铁质岩体中有时也可见，在泥灰岩的接触交代变质的矽卡岩中常有出现。此外，因尖晶石具有很高的硬度和化学稳定性，在河流沉积的砂体中能将其找到。

较大的尖晶石晶体是一种较好的宝石矿物。

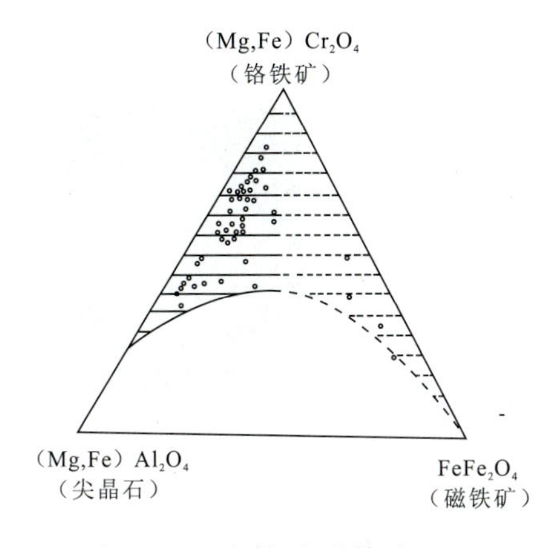

图 2-38 尖晶石-磁铁矿-铬铁矿间不同程度的固溶体关系

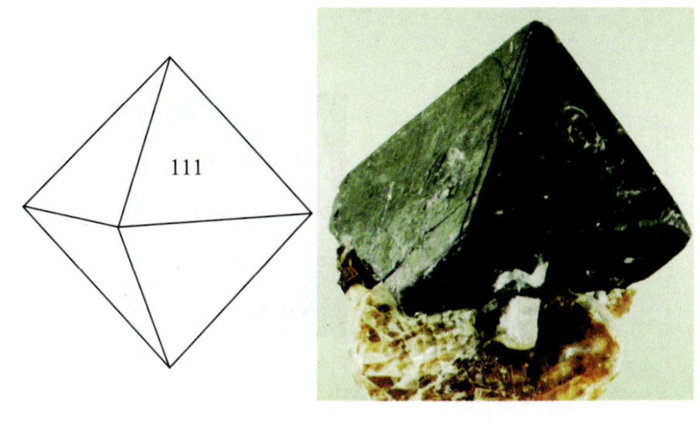

图 2-39 尖晶石的晶形和晶体

(三)氢氧化物——(褐铁矿)

最普通的氢氧化物矿物莫过于针铁矿和纤铁矿了,因为完成 Fe 的水化而形成 Fe 的氢氧化物的条件在表生条件下就可实现。然而,这两种矿物的单晶极为细小,很难用肉眼观察到,更不用说去辨认了。但是以这两种矿物为主的集合形式——褐铁矿却是我们地质工作者常碰到和常使用的名词。

褐铁矿并非一种矿物,而是以针铁矿为主、纤铁矿为次,且含水、硅和泥质物质的混合物,故这里用括号标注它。褐铁矿因具特征的铁锈般褐颜色而得名,其外貌多孔,呈松散的土块疙瘩状。褐铁矿中的主要组成针铁矿分子式为 α-FeO(OH),为斜方晶系;纤铁矿分子式为 γ-FeO(OH),为三方晶系。两者较大的独立单晶较难见到。

褐铁矿内偶见细针状、鳞片状的颗粒,这是针铁矿和纤铁矿的晶体形状。褐铁矿为红褐色、棕褐色、暗褐色等,条痕呈砖红—褐红色,或称酱色,具半金属光泽,露头上多为土状光泽。硬度小于 5,故小于小刀。密度小于 $4g/cm^3$。褐铁矿多呈蜂窝状或葡萄状聚集。

褐铁矿几乎是所有含铁矿物表生条件下变化的终极产物,所以它常与铁矿石共生。含铁硫化物矿床的上部氧化带表层常形成褐铁矿铁帽,在脆性动力变质岩带内也时常夹有褐铁矿的零星露头。褐铁矿还可为热液成因。此外,内源沉积的碎屑岩中也见有褐铁矿的自生颗粒。

褐铁矿是金属矿矿化和找矿的标志。

四、卤素化合物——萤石 CaF_2

卤素化合物矿物是金属离子与卤素阴离子 F^-、Cl^- 等相结合形成的,它们大多溶于水,如石盐。这其中的阴离子 F^- 的半径较小,当它与阳离子半径相对较小的 Ca^{2+} 结合时才能构成稳定而不溶于水的矿物萤石。

萤石中的 Ca^{2+} 位常被稀土元素 Y 和 Ce 置换;F^- 可被 Ce 置换。萤石为等轴晶系,对称型为 $3L^4 4L^3 6L^2 9PC$。单晶萤石为立方体、八面体、菱形十二面体以及它们的聚形(图 2-40)。

萤石一般透明,具玻璃光泽。密度较小,为 $3.18g/cm^3$。硬度较低,小于小刀,为 4。导电性差。性脆。萤石的颜色多样,影响的因素主要为形成的温度及其结晶后的降温速率。若高温形成的萤石骤降温度,萤石为紫色;若为缓慢冷却,萤石则为蓝色、蓝绿色。其次,萤石的颜

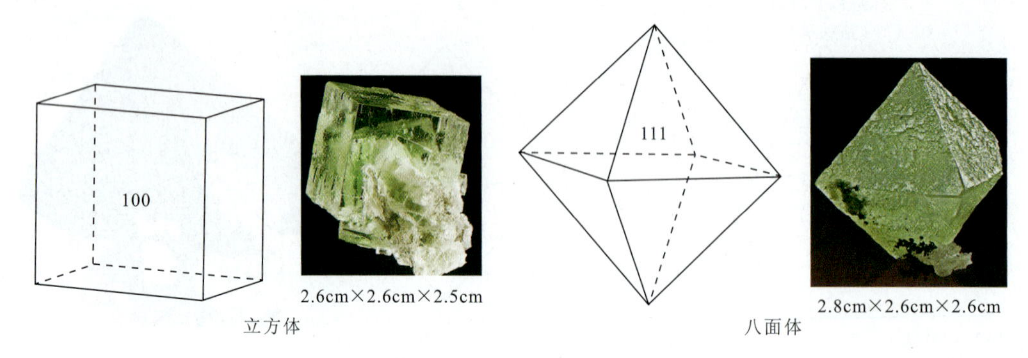

图 2-40 萤石的晶形和晶体

色还与萤石含色素微量元素有关，如含 Nd 则为紫红色。萤石的另一大特点是发光性，即在阴极射线和紫外线的照射下发出紫色和红色的荧光。萤石还具热光性，即在太阳光暴晒下和在酒精灯烘烤下发出磷光(当这种激化因素停止后仍能持续发光)。

萤石多为热液作用的产物，如云英岩中的萤石；在岩浆期后热液的晶洞中萤石则会长成较完好形态的晶体；此外，含 Ca 稍高的火山碎屑岩(如熔结凝灰岩)的气-液交代变质也可形成萤石矿物。

萤石可制作光学镜头，世界上最好的相机镜头就是用萤石晶体制作的，这是利用了萤石折射率极低且任意方向切面折射率均保持恒定不变的特点。萤石还可作为冶炼的溶剂，在化工上也可作为原料，利用萤石的发光性可以制作夜明珠宝石等。

五、含氧盐类(除硅酸盐外)

(一)硫酸盐

硫酸盐矿物是金属阳离子与硫酸根相结合而成的含氧盐类矿物，其硫酸根中的硫为 S^{6+} 的阳离子形式，它与 4 个 O^{2-} 相结合构成络阴离子 $(SO_4)^{2-}$。与 $(SO_4)^{2-}$ 相结合的金属阳离子有 20 余种，如 Ca、Mg、K、Na、Al、Fe^{3+} 和 Ba、Sr、Pb、Cu 等。此外，有些硫酸盐矿物还含水。由于硫酸盐矿物成分相对复杂，故晶体的对称性较低，主要为三方、斜方和三斜晶系。又因矿物常含水，故硬度普遍较低。该晶体内主要的阳离子均为非色素离子，故这类矿物均为无色、白色且透明。

1. 石膏 $CaSO_4 \cdot 2H_2O$

石膏为含水的硫酸钙，与之相近成分的硬石膏则是不含水的硫酸钙($CaSO_4$)，两者不能相混淆。

石膏为单斜晶系，对称型为 L^2PC。单晶为板状，常见以(100)结合面构成的燕尾双晶。集合的个体为纤维状、片状和粉末状，聚集的集合体为块状、柱状(图 2-41)。

石膏无色、白色，透明，具玻璃光泽。{010}解理极完全，{100}和{011}解理中等。解理剥落的薄片具挠性。密度为 2.30～2.37g/cm³。硬度极小，为 1.5 左右，小于指甲。

石膏广泛形成于海湖盆地的化学沉积作用中，因此石膏矿层常与灰岩、泥灰岩、页岩互层或呈夹层；在风化条件下，金属硫化物矿床的氧化带也存在有石膏，这是由硫酸水溶液与石灰

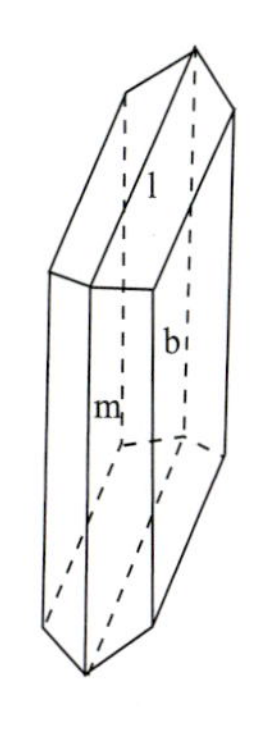

8.9cm×6.4cm×5.8cm

6.1cm×2.2cm

图 2-41 石膏的晶形、燕尾双晶和纤维状集合体
平行双面 b{010},斜方柱 l{011}和 m{110}

岩反应形成的;有时在低温热液条件下也产出少量的石膏。此外,硬石膏在压力降低或水化作用条件下也可转变为石膏。

石膏主要用于水泥、造纸和食品工业,因具有较好的黏结性也可用于铸模造型。

2. 重晶石 $BaSO_4$

重晶石矿物中常含 Ca、Sr 等元素。重晶石与天青石($SrSO_4$)之间因 Sr 和 Ba 的完全类质同象而呈无限混溶的固溶体。

重晶石为斜方晶系,对称型为 $3L^2 3PC$。单晶晶形较好,一般为平行{001}的板状、厚板状;有时为沿 *a* 轴或 *b* 轴方向延长的粗柱状(图 2-42)。它的板状晶体可聚合成晶簇。细粒重晶石的集合体为结核状、块状、钟乳状。

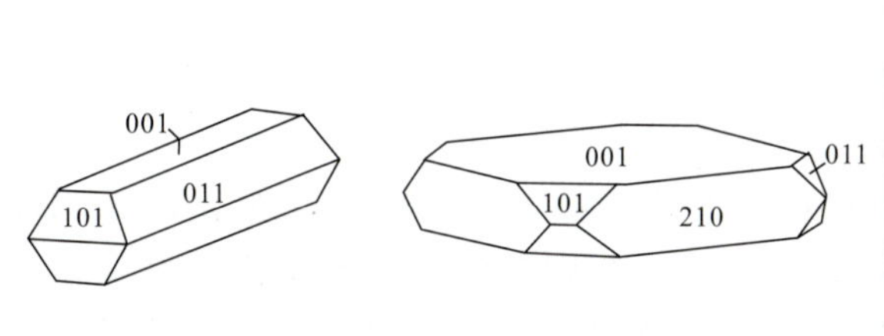

1.3cm×1.0cm×0.2cm

图 2-42 重晶石的晶形和晶体

重晶石为无色或白色,有时呈黄褐色、淡红色等,具玻璃光泽。解理完全—中等,解理面显珍珠光泽。硬度小于小刀,为 3~3.5,用大头针尚能刻划。摩擦时发出一种臭味,用火烧易炸裂。密度较大,在 $4.5g/cm^3$ 左右,为非金属矿物中密度最大者。性脆。

重晶石为典型的热液成因,在各温度阶段的金属矿脉中常与萤石和其他金属硫化物共生,也可呈单一重晶石脉出现。此外,沉积型的重晶石呈透镜状和结核状,多见于浅海沉积的锰矿床和铁矿床之中。

重晶石用于化工、医药等工业,还可作为 X 射线的防护剂,也可利用其密度大的特点作为石油钻探中因故障而封堵钻孔所用泥浆的重要组成。

（二）磷酸盐

磷灰石 $Ca_5(PO_4)_3(F,OH)$

磷酸盐矿物有近200种，但分布少，含量低，仅占地壳总量的0.7%，其主要矿物为磷灰石。

磷灰石的化学成分比较复杂多变，可以说，纯净的磷灰石几乎不存在。磷灰石的 Ca^{2+} 位置有9和7的配位，故离子半径较大的阳离子均可取代它，如稀土元素Ce和微量元素Sr等；此外 Cl^- 还可取代 F^-。

磷灰石为六方晶系，对称型为 $L^6 6L^2 7PC$。单晶常见，为标准六方柱状或六方厚板状（图2－43），集合体为致密块状。沉积岩中呈胶体状产出的磷灰石称为胶磷石，它常呈隐晶质结构或具胶状，且含有其他杂质。所以说，胶磷石实为以隐晶磷灰石为主的多种矿物的混合体。胶磷石集合体为结核状。

磷灰石的颜色多样，纯净者为无色或白色，粒小且少见，火成岩中以副矿物形式存在的磷灰石具无色透明的特点，也因颗粒细微而肉眼难辨。磷灰石晶体一般为黄绿色和蓝色，若 Mn^{2+} 置换 Ca^{2+} 位，磷灰石呈玫瑰红或紫色；若含有 Fe^{2+} 时为烟灰色；若有赤铁矿包裹体则呈暗红色。胶磷石聚集而成的磷块岩为灰黑色，这是其内含有机质的缘故。

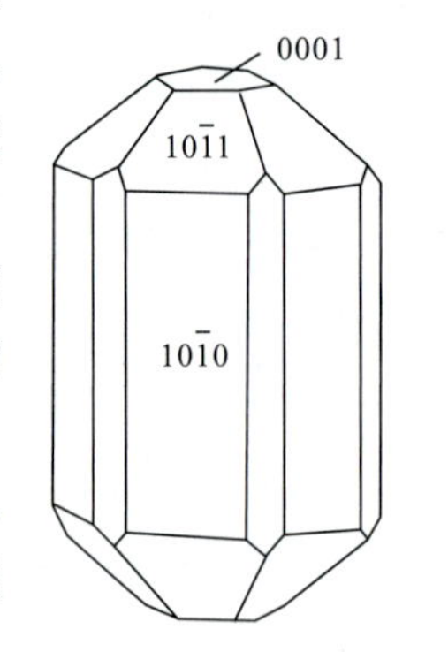

1.9cm×0.6cm×0.6cm

图2－43　磷灰石的晶形和晶体

晶质磷灰石具玻璃光泽。硬度略小于小刀，为5。解理{0001}不完全，断口参差不齐或呈贝壳状断口，此时显现油脂光泽。密度为2.9g/cm³。此外，在含胶磷石或磷灰石的岩石上滴钼酸铵和硝酸配制的溶液就会出现特征的黄色磷钼酸铵反应物，这也是鉴定岩石中含磷的有效方法。

在火成岩中磷灰石含量因岩性而异：镁铁质岩和碱性岩中磷灰石含量较高，有时可构成磷灰石矿床；在中酸性侵入岩中磷灰石含量较少，常呈规则的细小晶体，这是磷灰石作为副矿物最先结晶而呈自形晶的缘故。高温热液和伟晶岩脉的晶洞中也常见有粗大的磷灰石晶体产出。沉积岩或沉积变质岩中有经济价值的胶磷石富集层称之为磷块岩，它可构成大型的磷矿床。磷块岩具黄、白、灰白和灰褐等颜色，呈层状、鲕状、结核状。在元古宙—早古生代的某些黑色沉积岩系及其变质岩中也含有一定量的胶磷石矿层。

磷灰石和胶磷石是磷的重要矿物来源。

（三）碳酸盐

碳酸盐矿物由金属阳离子与碳酸根 CO_3^{2-} 结合而成，其金属阳离子有20余种，其中最主要的为 Ca^{2+} 和 Mg^{2+}，其次为 Na^+、Fe^{2+}、Cu^{2+}、Mn^{2+}、Pb^{2+}、Zn^{2+} 等。碳酸盐矿物分布极为广泛，由它们组成的碳酸盐岩石是许多工业部门需求的矿石原料。

碳酸盐矿物多为单斜和斜方晶系，其次为三方和六方晶系。碳酸盐矿物的颜色多为无色，也可因含色素微量元素而呈现多种色彩。硬度小于小刀，为3～4.5。

1. 无水碳酸盐

1)方解石 $CaCO_3$

方解石内常含 Mn 和 Fe，有时含有 Sr、Zn、Co、Ba 等。

方解石常具六方柱、菱面体和复三方偏三角面体的良好晶形，而且晶体的形态与其形成的温度条件有关(图 2-44)。聚片双晶发育，双晶结合面分别为$\{01\bar{1}2\}$和$\{0001\}$。集合体中的个体为粒状、纤维状，集合体呈花瓣状晶簇，多为钟乳状、结核状等。

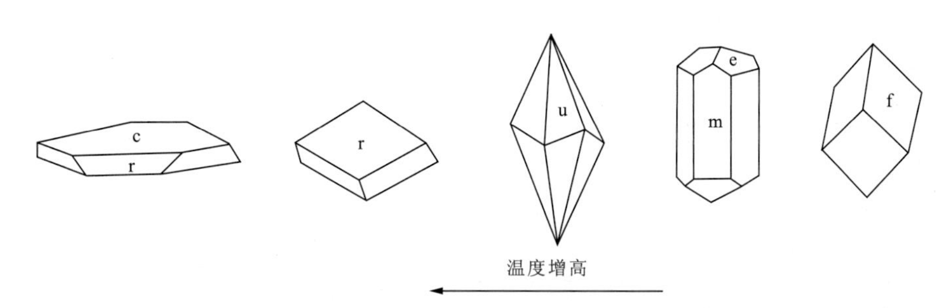

图 2-44 方解石的晶形与形成温度关系

c$\{0001\}$为平行双面；m$\{10\bar{1}0\}$为六方柱；

r$\{10\bar{1}4\}$和 e$\{10\bar{1}8\}$为菱面体；u$\{21\bar{3}1\}$为复三方偏三角面体；f$\{02\bar{2}1\}$为菱面体

(据赵珊茸，2011)

方解石一般为无色或白色，细粒聚集时呈灰色、深灰色(含有机质)，另外还有黄色、粉红色(含 Co 和 Mn)、绿色、蓝色(含 Cu)等，均为玻璃光泽。硬度小于小刀，为 3，$\{10\bar{1}1\}$三组解理完全，切记不能将解理面误认作晶面。鉴定方解石的有效方法是在标本上滴稀盐酸剧烈起泡。此外，方解石晶体光学的各向异性尤为突出，如垂直于 c 轴方向入射的光线表现出明显的双折射现象。为此，我们把这种具有特殊光学现象的无色透明的方解石块称之为冰洲石。

海洋中方解石以各种方式(包括生物作用和生物化学作用)晶出、聚集而形成广泛分布的自生颗粒，其中包括海相生物吸收方解石构建的介壳等。在陆地上的石灰岩溶洞中展示的石钟乳和石笋是方解石经历溶解迁移和沉淀的证据。此外，火成岩中也有由碳酸盐矿物为主要组成的岩石，称之为碳酸岩，注意名称中少一个“盐”字。

以方解石为主要组成的石灰岩是石灰、水泥等建筑材料的原料，它还可以作为冶炼钢铁的熔剂。

2)白云石 $MgCa(CO_3)_2$

该矿物常含有 Fe、Mn，有时含有 Co、Zn 等。含 Fe 高者且 Fe^{2+}/Mg 值为 1～2.6 时称之为铁白云石。

白云石单晶为$\{10\bar{1}1\}$的菱面体，其晶面常弯曲成马鞍形，有时为柱状$\{11\bar{2}0\}$和平行与$\{0001\}$的板状(图 2-45)。它的聚片双晶有两种成因：生长双晶有 3 组，双晶面平行于(0001)、$(10\bar{1}1)$和$(11\bar{2}0)$，而应力作用形

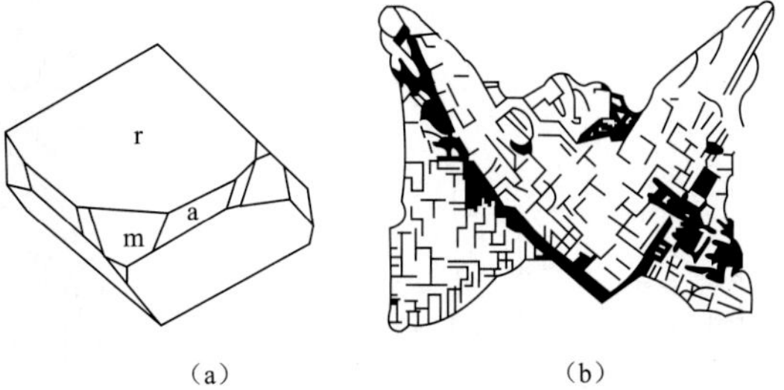

图 2-45 白云石晶形(a)和马鞍形晶体(b)

(晶面弯曲所致)

r$\{10\bar{1}4\}$和 m$\{10\bar{1}1\}$为菱面体；a$\{10\bar{2}0\}$为六方柱

成的滑移双晶面平行于$(02\bar{2}1)$。集合体中的个体具砂糖粒状,集合体为致密块状。

白云石为白色或无色,集合体的白云岩颜色要比石灰岩浅。含 Fe 白云石或铁白云石为褐色或黄褐色,含 Mn 高者为淡红色,具玻璃光泽。硬度为 3.5~4,略大于方解石。性脆。解理完全的解理面平行于$(10\bar{1}1)$,其表面有时还发生少许弯曲。密度为 $2.88g/cm^3$。此外,白云石滴稀盐酸不起气泡,而粉末微弱起泡。

白云石是白云岩的主要组成矿物,可直接形成于含盐度高的封闭海盆或潟湖中,多数白云石被认为是石灰岩受到含 Mg 溶液交代发生白云岩化形成的。

白云石和方解石易形成双晶,尤其是因应力作用形成的滑移聚片双晶十分常见(图2-46)。但两者应力双晶的聚片滑移方位有所不同,白云石沿$\{01\bar{1}8\}$,而方解石沿$\{01\bar{1}2\}$。沿这些滑移面常导致形成裂开,此时的裂开面与其解理面就很难区分了。

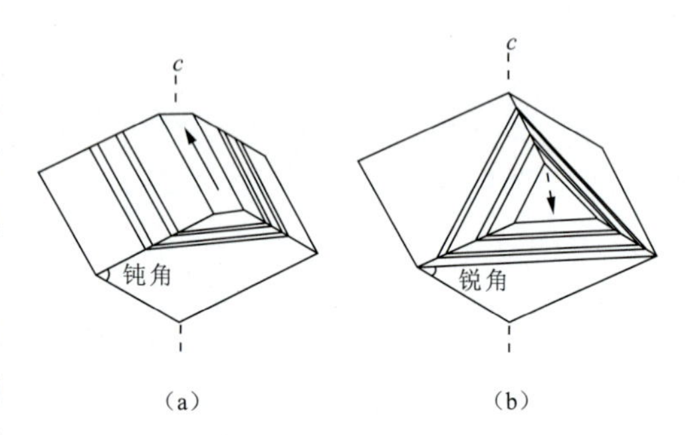

图 2-46 方解石(a)和白云石(b)的滑移聚片双晶

箭头所指为菱面体解理面上的双晶片滑移方向

根据两者滑移面的结晶学方位不同,也可以区分方解石和白云石。显然,在解理面上观察到平行菱形面钝角等分线方向的聚片双晶即为方解石;而在解理面上见到菱形面锐角等分线方向的聚片双晶则为白云石。只不过这些双晶现象用薄片在偏光显微镜下观察更有效一些。

白云石是上好的耐火材料,也是冶炼金属的熔剂,还可作为化工原料。

2. 含水碳酸盐

1)孔雀石 $Cu(CO_3)(OH)_2$

孔雀石内可含微量的 Ca、Fe^{3+}、Si 等。

孔雀石为单斜晶系,对称型为 L^2PC,单晶呈柱状、针状或纤维状,发育双晶,双晶面为(100)。集合体为钟乳状或结核状,有时见有针叶树丛状孔雀石(图 2-47c)。

孔雀石具有特征的孔雀绿(鲜绿)色,条痕为淡绿色,具金刚光泽或玻璃光泽,若为纤维状集合体则为丝绢光泽,结核状时光泽较暗。解理完全。硬度为 3~4,小于小刀。性脆。密度

图 2-47 孔雀石的晶形、晶体和针状集合体

除 m{110}为斜方柱外,其余均为平行双面,包括 a{100}、b{010}、c{001}和 r$\{10\bar{3}\}$

为 3.9～4.6g/cm^3。

孔雀石为典型含铜矿物风化和水化的产物，也可由含铜矿物形成硫酸铜溶液后再与碳酸钙及其溶液发生相互反应形成，故它是含铜矿物氧化带中常见的次生矿物。

孔雀石主要被当作玉石材料，如俄罗斯圣彼得堡冬宫内的孔雀大厅就全部是由孔雀石材料构建和装饰成的，极尽奢华。此外，它还可作为矿物颜料，同时也是寻找铜矿的指示矿物。

2)蓝铜矿 $Cu_3(CO_3)_2(OH)_2$

蓝铜矿为单斜晶系，对称型为 L^2PC。单晶为厚板状或短柱状。双晶少见。集合体为钟乳状、皮壳状。蓝铜矿以墨水蓝的深蓝色为特征，钟乳状集合体色稍淡，条痕为浅蓝色，具玻璃光泽。硬度小于小刀，为 3～4。性脆。解理完全。断口呈贝壳状。密度为 3.77g/cm^3。

蓝铜矿成因同于孔雀石，而且两者能相互转变，故在野外常见两者相互伴生。

蓝铜矿除作工艺观赏和矿物颜料外，也可作为找寻铜矿的指示矿物。

下篇

岩石学

第三章

火成岩

第一节 岩石和岩石学

一、岩石

岩石是天然产出的矿物和(或)其他天然物质(火山玻璃、生物骨骼、胶体和岩屑等)组成的固态集合体。如花岗岩由钾长石、石英和黑云母等矿物集合而成;玄武岩由橄榄石、斜长石和火山玻璃集合而成;礁灰岩则是由方解石矿物构成的生物骨骼堆积而成的。显然,岩石的基本组成单位是矿物,尤其是硅酸盐的造岩矿物。当然,其他天然物质自身的集合也可形成岩石,如松脂岩就全部是由火山玻璃组成的。岩石构成地球的岩石圈圈层,即使地球深部的软流圈也有一部分是固态岩石。除此以外,地外物质如陨石、月球和火星等也都是由岩石组成的。

岩石根据成因分为三大类,即火成(岩浆)岩、沉积岩和变质岩。

(一)火成(岩浆)岩

一般来说,火成(岩浆)岩通常指岩浆经冷凝固结形成的岩石,它经历了从熔融的液态岩浆因温度降低而发生向固态转化的全过程。在地球上,有一部分高温固态岩石自始至终可能未经历过岩浆阶段,但它又常与岩浆伴生或与之有密切的联系,因而将这类岩石称之为岩浆岩是不恰当的,故此使用“火成岩”的术语较为准确。显然,火成岩不仅包括全部岩浆成因的岩石,还包括一部分非岩浆成因且一直处于固体状态的岩石,如玄武岩中的二辉橄榄岩包体和变质岩区内的某些花岗质岩石。

(二)沉积岩

地球陆地上先期形成的岩石在表生的低温、低压条件下,历经风化、剥蚀、搬运、沉积和固结成岩而形成的岩石称之为沉积岩。当然,它也包括水盆地内自生颗粒(未经风化和剥蚀过程)经搬运、沉积和固结成岩所形成的那一部分岩石。

(三)变质岩

地球上已形成的岩石因构造运动和热事件影响使之所处的物理化学条件发生改变,从而导致原来岩石的成分(化学和矿物)、结构和构造变化所形成的新岩石称之为变质岩。形成变质岩的变质作用除少数情况以外基本上是在固态条件下进行的。

三大类岩石中，火成（岩浆）岩和变质岩多是由明显经历结晶过程形成的晶质矿物组成的，故此两者又称为结晶岩。

地球上的三大类岩石是可以互相转化的，究其原因是形成这三大类岩石的造岩作用之间具有密切的联系（图 3-1）。

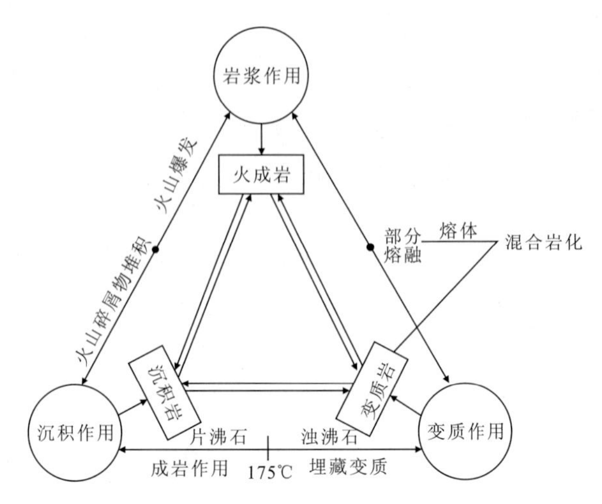

图 3-1　三大类岩石的相互转化和 3 种造岩作用的关系

沉积作用与变质作用之间是连续过渡的系列，两者之间并无截然的界线（温克勒，1976）。研究认为，沉积作用成岩阶段的标志矿物片沸石在 175℃ 可以转变形成浊沸石，许多变质岩石学家认为，浊沸石是埋藏变质作用形成的典型矿物。为此，人们把 175℃ 这个温度作为沉积作用成岩阶段的结束温度和变质作用埋藏变质的开始温度。

岩浆作用与变质作用之间是通过混合岩化作用有机地联系起来的。众所周知，混合岩化作用是区域变质作用的较高级阶段。此阶段深度变质的岩石会发生部分熔融，使原变质岩中的长石、石英熔化形成长英质熔体，然后再贯入残余的变质岩之中。由此说明，持续增温的变质作用可以使变质岩中一部分矿物熔化而转化为岩浆（部分熔融）作用，故混合岩化作用把岩浆作用和变质作用联系起来了。

岩浆作用和沉积作用看似毫无关联，但火山爆发之后的成岩过程则把岩浆作用和沉积作用联系起来了。火山爆发是岩浆体积骤然膨胀所致，其产物多为固态火山碎屑，显然它的物质来源是岩浆，但最为特征的是，这些固态火山碎屑物质堆积成岩的方式却具有沉积作用的特点。

（四）岩石的分布

1. 地球

1）地球圈层构造与岩石

地球从外向内分为地壳、地幔和地核。三者间均是根据地震波传播速度突变确定的不连续界面（带）划分的，它们分别为莫霍面（带）和康拉德面（带）。其中地壳又分为上、下地壳，上、下地壳和上地幔的一部分均由固态的岩石构成，只不过不同圈层的岩石类型是不相同的（图 3-2）。

板块学说认为，地球表面存在平均厚约 100km 的刚性岩石圈板块，其下为炽热塑性的软流圈，岩石圈板块犹如“浮冰”漂浮在软流圈之上，而该岩石圈的纵向范围包括地壳和上地幔上部的坚硬部分。需指出的是，大陆和大洋岩石圈的厚度是完全不同的。前者达 300km 左右；后者仅数千米，这是因为岩石圈上部的大陆地壳和大洋地壳的结构、厚度和岩石组成不同的缘故。大陆地壳较厚，它可划分为上部的硅铝壳和下部的硅镁壳，硅铝壳又称为花岗岩壳，主要为由长石和石英等矿物组成的花岗质结晶岩和沉积岩；硅镁壳主要为由暗色矿物和钙质斜长石构成的暗色结晶岩系。大洋地壳较薄，仅有硅镁壳而无硅铝壳，岩石多为玄武质岩石和镁铁质结晶岩。岩石圈下部的上地幔坚硬部分则为超镁铁质岩系，主要岩石为二辉橄榄岩、方辉橄榄岩和纯橄岩。

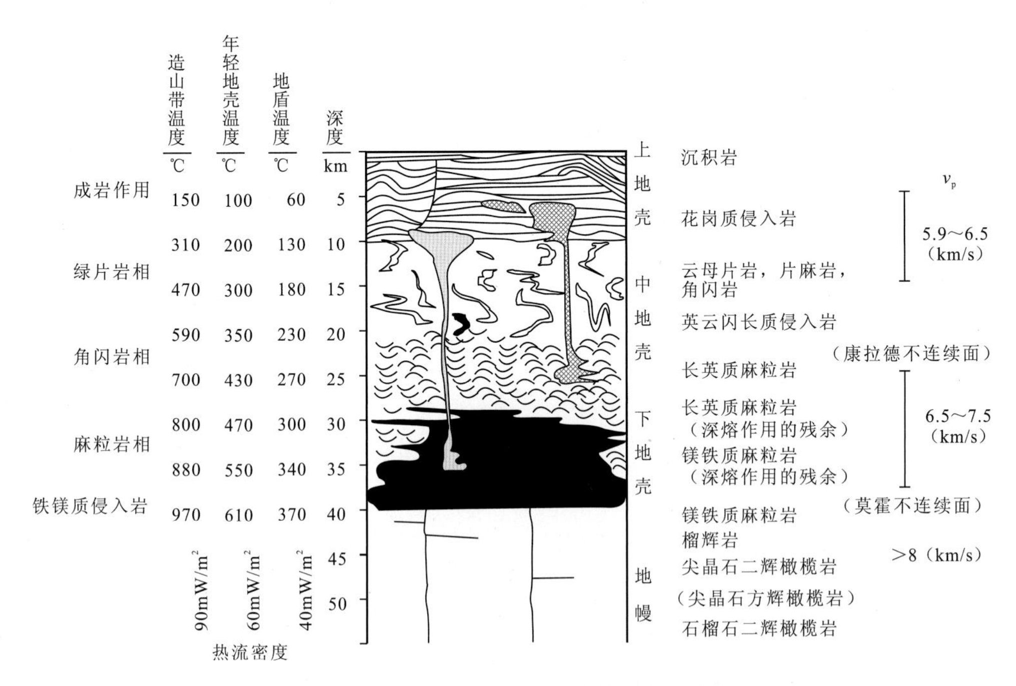

图 3-2 大陆岩石圈的纵向结构和岩石分布

（据 Wedepohl,1995）

岩石圈之下的软流圈是一高温塑性圈层，厚约 200km。该圈层内不仅有固态的岩石，而且还有固态地幔经部分熔融形成的熔体。地球表面观察到的火山及其喷发物质有可能源于此圈层。所以说岩石圈全部由岩石组成，而岩石圈之下的软流圈则是部分岩石圈岩石的母体。显然，它们都属于岩石学的研究范畴。

2)板块构造与岩石

地球表面岩石的分布十分复杂且不均一，各类岩石呈不规则镶嵌状展布。值得重视的是，各种岩石的组合与所处的板块构造背景有着密切的联系(图 3-3，表 3-1)。

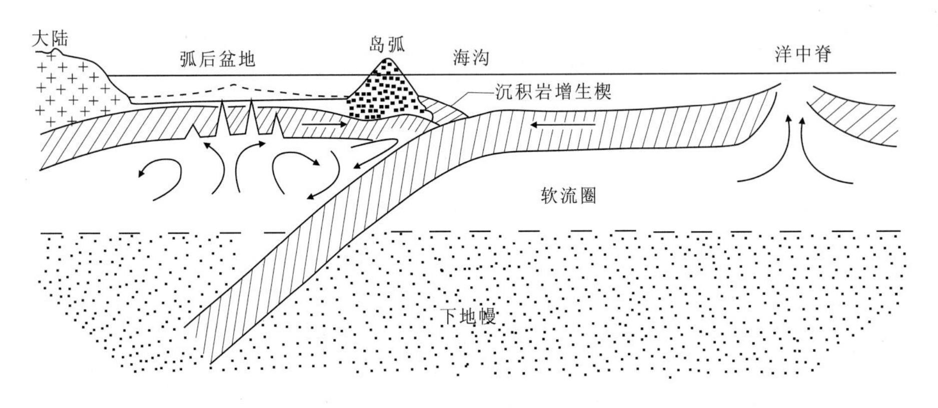

图 3-3 地球板块构造示意图

表 3-1 不同板块构造背景下的岩石分布和组合

应力状态	构造背景	火成岩	沉积岩	变质岩
扩张型(拉张)	大洋中脊	[洋壳(蛇绿岩)]、MORB-玄武岩(有时具岩枕)、基性岩墙(床)、层状超镁铁质—镁铁质岩体、变形蛇纹石化橄榄岩	页岩、燧石岩、硅质岩(含放射虫)、石灰岩	浅变质岩(埋藏变质),角闪岩、斜长角闪岩,糜棱岩,碎裂岩
	大陆裂谷	溢流玄武岩、双峰式火山岩、层状超镁铁质—镁铁质岩体、碱性岩、A 型花岗岩	砂岩、砾岩、页岩(河湖相)	基底深变质岩,片麻岩、麻粒岩,交代变质岩,蛇纹岩、云英岩
	弧后盆地	蛇绿岩岩石单元、似 MORB	角砾岩(少量)、硅质岩、石灰岩、页岩	低压变质相系的相关岩石
汇聚型(挤压)	岛弧	玄武岩-安山岩-英安岩-流纹岩、玻镁安山岩、蛇绿岩(残片)、辉长岩-闪长岩-花岗岩、幔源斜长花岗岩	含长石杂砂岩、砾岩、滑塌角砾岩、混杂堆积岩、沉积混合岩、礁灰岩、浊积岩	(高 p/T 和低 p/T 的双变质带岩石)、蓝片岩、榴辉岩、红柱石片岩、角闪岩、麻粒岩相变质岩
	造山带	(大规模的)中酸性火山岩、长英质火山碎屑岩、巨量花岗岩、过铝淡色花岗岩(陆内造山)、碱性杂岩、碱性花岗岩、钾玄岩系岩石	含长石砂砾岩页岩、沉积混合岩(成分复杂分选和磨圆差)	糜棱岩(其他同上)
板内(稳定)	洋岛	玄武岩、斜长花岗岩	硅质岩、沉积软泥	片麻岩、斜长角闪(片)岩、榴闪岩
	陆内	岩墙群、金伯利岩、钾镁煌斑岩、镁铁质岩体、碱性玄武岩、碱性岩、碳酸岩	碎屑物堆积体(未成岩)	灰色片麻岩(TTG)(陆核)、混合岩、麻粒岩、斜长角闪(片)岩(表壳岩系)、孔兹岩、大理岩

2. 地外物质

许多陨石和地外星球都是由岩石构成的。表 3-2 中的玻璃陨石具世界性(北美、北非、欧洲、澳洲和东南亚)分布,它由陨石冲撞地球致使地球表面岩石速熔而向地外溅射并淬冷形成。其水滴状、弹状形态和表面的凹坑、细长纹饰(图 3-4)证实这些溅射液滴经历了空中的旋转、运动和相互的撞击。

表 3-2　陨石、月球和火星的岩石组成

地外物质	类型		岩石所占比例(%)	岩石类型	矿物成分
陨石	石陨石	球粒陨石、普通球粒陨石、碳质球粒陨石	99	岩石质球粒和球粒间的隐晶质岩石	球粒:橄榄石和斜长石;球粒间:斜长石、橄榄石、辉石;碳质球粒基本同上,另加碳和有机物
		无球粒陨石	99	较粗粒岩石(类似于地球上的火成岩)	同普通球粒陨石
		玻璃陨石(Tektite)	100	全玻璃质岩石	斯石英、焦石英、玻璃物质
	石-铁陨石		50	岩石部分同无球粒陨石	岩石部分同无球粒陨石
	铁陨石		＜10	同上	同上
月球	月壤		100	冲击角砾和隐晶质颗粒、冲击熔融角砾	未固结
	月海		100	玄武岩、显微辉长岩、克里普岩(KREEP)	橄榄石、辉石、斜长石
	月球高地		100	玄武岩、斜长岩(辉石斜长岩)、苏长岩、橄长岩(尖晶石橄长岩)、纯橄岩、上述岩石的角砾岩	橄榄石、斜方辉石、单斜辉石、斜长石
火星			40	安山玄武岩	斜长石、辉石

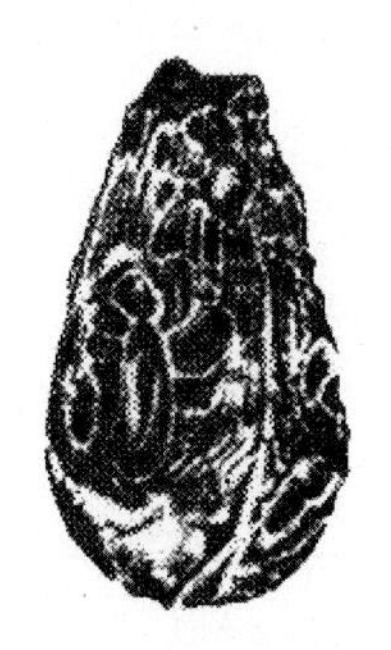

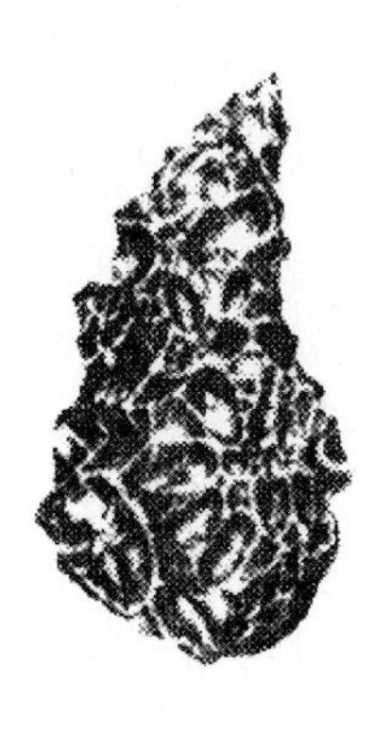

图 3-4　部分完整形状的玻璃陨石(俗称雷公墨)

海南文昌蓬莱,1∶1

(邬金华绘,1984)

二、岩石学

（一）研究内容

岩石学是地质科学的重要分支学科，也是野外地质工作的三大支柱学科之一。从研究范畴来看，岩石学分为岩相学和岩理学。从岩石的成因特点研究来划分，岩石学又分为火成（岩浆）岩岩石学、沉积岩岩石学和变质岩岩石学。岩石学中的岩相学主要研究岩石的成分、结构和构造特征，岩石的分类和命名，以及岩石的产状和相特点。岩理学主要涉及岩石成因和形成条件的研究。

岩石学的研究方法随研究手段精细程度的提高在不断地深化，如肉眼观察岩石、显微镜下的岩石薄片分析、矿物微区的成分分析、实验岩石学、岩石的同位素年代和示踪研究等。需要说明的是，无论岩石学的研究方法如何高、精、尖，岩石学的理论如何现代化，岩石学最基础的工作还是岩石的肉眼观察和薄片分析。

岩石学学习的预备知识为化学、普通地质学和矿物学，与岩石学密切相关且向外拓展的学科有地球化学、矿床学、构造地质学、地层古生物学和与之相关的地学应用性科学。

（二）研究意义

1. 勘查矿物和能源资源

寻找矿产资源是岩石学学习的传统功能。许多资源并非独立大量出现，它们多存在（生长）于岩石之中，而且含量很少。因此常言的“找矿必须先找相关的岩石”并不为过。当然，这种岩石或为某种资源型矿物的母岩，或在成生上与其有着密切的联系，所以人们有必要根据岩石的特征来追溯找寻相应的资源型矿物。例如金刚石（宝石级的又称为钻石）仅在金伯利岩和钾镁煌斑岩中存在，也即它们是金刚石少有的母岩，所以人们在找寻金刚石时首先得找到金伯利岩和钾镁煌斑岩。又如近来人们在玄武岩中发现有石油，这应该是一个很大的突破。在传统认识上，玄武岩是火成（岩浆）岩而石油仅产于沉积岩之中，两者可谓水火不相容。显然，玄武岩层绝非生油层，其内的气孔和显微裂隙可成为石油储存的重要空间，因此，在石油钻孔中采到玄武岩岩芯一定要加以仔细研究。

2. 寻找水资源

岩石是水系的载体。水体可以切穿岩石，也可以赋存于岩石的显微裂隙和孔洞之中，它们的存在和运动与岩石的性质密切相关。不同类型和不同种属的岩石具有不同的化学成分、矿物成分、结构和构造特征，这又将影响岩石的溶解度、储水性和透水性。

在某些深成侵入岩和变质岩地区，其内岩石的原始状态为矿物颗粒大小均匀、彼此镶嵌紧密且无孔隙存在，具块状构造。若这种岩石分布区无后期裂隙发育，那么岩石本身既不具储水性又不具透水性，故在这类岩石的分布区找寻地下水是十分困难的，这些岩石的分布区也是贫水区；若该岩石后期经历了某种构造运动或处在拉张伸展构造背景条件下，这种岩石也会发育裂隙、断层和破碎带，因而它们具有一定的储水和透水性能，散布的水汇聚在一起时便会在破碎带和断层中形成流动的水体，因此在这些岩石的局部地段会找到地下水，如在这样的花岗岩分布区有时会找到含多种微量元素的矿泉水源。

在火山喷出岩地区，岩石常具气孔构造和柱状节理，所以岩石的透水性较好，储水量也增大。这种地区的地下水资源会出现两种极端的情况：若火山岩之下存在有隔水层岩石，那么该地区的水资源情况尚好；若火山岩之下无隔水层岩石，则该地区的水资源会极度贫乏，因为岩石较好的透水性会使水大量流失，如我国海南岛的琼北地区就属严重的贫水地区，当地群众需在数百米深的水井里才能取到含盐度较高的饮用水。显然，该地区分布的气孔状玄武岩使得天然降水流失而不能保存，相反，海水却通过这些孔隙渗透进入水井中。

在沉积岩的碎屑岩分布区，碎屑岩碎屑颗粒的大小、形状、分选性、支撑类型、胶结类型和胶结物成分会影响岩石的孔隙度，进而影响岩石的透水性（渗透性）和储水性。一般来说，砾岩多漏水且储水性差，水体不易在其内保存和流动，该岩区属于典型的缺水地区。但在我国云南丽江的巨砾岩具硅质胶结物，这种胶结物的致密性也改变了原巨砾岩易透水的性质。在丽江县城内我们常看到"家家有流水，户户有柳荫"的人与自然的和谐美景，这是因为巨砾岩的硅质胶结物降低了砾岩原有的透水性，而使河床不至于漏水的缘故。在砂岩地区，砂岩具均一的孔隙，因而具有良好的渗水性，并能对水体进行过滤，所以砂岩地区的地下水一般水质较好。泥质岩不具透水性，常成为良好的隔水层。在我国一些具向斜构造的沉积岩高山区常有定居乡村，当地人民群众赖以生存的基本条件就是有饮用水源，这是因为向斜构造能使水聚集，而泥质岩的不透水性会使聚集的水保存下来。

在碳酸盐岩分布区，由于这类岩石的溶解度较大，它们极易被流水溶蚀。因此，在水平方向上可形成地下河流和溶洞，在垂直方向可见天坑景观，当上覆碳酸盐岩层被溶解淘空后又易垮塌堆积，这些都说明碳酸盐岩层是最大的漏水层。如我国南方的碳酸盐岩分布区发育的喀斯特地貌能成为美丽的旅游风景区，但是这里有些地方却是不适宜人类居住的经济不发达地区，其中最重要的原因就是缺水。因此，在我国碳酸盐岩地区找水是一个很难的命题。

我国地广人多，北方地区常年干旱，就是南方也因特别极端天气而偶发长时间无降雨，从而导致人民群众基本饮水的困难，为此找寻地下水已成为我们地质工作者的光荣任务，这其中岩石学的学习是十分重要的。

3. 工程地质工作基础

工程地质研究的对象就是岩石和土壤，除了部分涉及岩石的化学性质外，主要的研究范围为岩石的物性，它包括岩石的密度、岩石的强度、岩石的弹性和韧性等力学性质。岩石的物性取决于岩石的矿物成分和结构构造，综合考虑则是取决于岩石的类型。除此以外还涉及岩石的产状、岩石间的相互关系以及岩石受后期构造作用的变形，尤其要重视岩石的构造样式、规模、尺度、变形的几何学和力学性质。

在重大的工程建设中几乎都离不开对岩石的研究，其目的是要评估该工程所在地的稳定性和抗震性。例如在花岗岩区建立储油库就是一个很好的选择。这是因为花岗岩结构均一且致密坚硬，抗压强度高，岩体巨大且中间无相对软质岩石夹层，不易坍塌，对施工也有利。另一个重要的例子是长江三峡大坝的坝址选定。最早有人将坝址选定在宜昌南津关，认为南津关是长江三峡的峡口，长江江面宽度在此由窄变宽，水流速度由快变慢，在此建坝对于截流施工是有利的。持这种认识的人显然没有考虑该区的岩石因素，这个地区分布的是沉积岩，包括砂页岩和碳酸盐岩，其岩性复杂且岩层较薄，岩性的差异致使层间联系薄弱而具渗水性，再加之碳酸盐岩自身具较好的溶解度，易形成溶洞的不利因素，应该说在南津关建三峡大坝存在潜在的危险。此外，南津关地处黄陵背斜的东翼，沉积岩岩层向东倾斜，前述岩石的不均一性和岩层间的薄弱连接会使重负荷下的岩层出现层间向东滑移，这种层间的哪怕是微小的移动都会对负载其上的大坝带来灾难性的后果。最终，大坝坝址定在了南津关上游的三斗坪。这里虽位于三峡峡区内，且水深流急，但该区地质上处于黄陵背斜核部稳固的花岗岩岩基，花岗质岩石均匀致密和坚固的特征成为大坝坝址的最优选择，难怪外国人感叹称“黄陵花岗岩是上帝赐给中国人的最好礼物”。

大的建筑工程如此，大的桥梁、道路、机场、厂房和居民区的修建都需考虑岩石特性的影响。在沉积岩和变质岩分布的山区，岩层的面理产状和岩性的差异程度有时能决定公路走向的选线。在面理产状平缓时，选线主要考虑地形和工程量；在面理产状较大时，切忌公路延伸方向与岩层产状一致。在均一块状的火成岩区，岩体往往发育构造裂隙，这种裂隙的组数和面理方向也会与沉积岩面理一样对公路和铁路选线起着重要的制约作用。此外，岩性的差异也是建筑施工要考虑的因素，岩性相似地区的地基较稳定，岩性差异较大时就会影响地基的稳定性，尤其是硬质岩石间夹有软性岩石时不易施工建筑，如变粒岩中夹有薄层绿泥石片岩、绢云母片岩变质岩区的建筑物有可能会垮塌。

4. 研究地球的组成和演化

研究地球的组成和演化离不开岩石学学科。众所周知，地球岩石圈包括地壳和上地幔的上部，它们由固态岩石组成。一般来说，地球上暴露出来的岩石多为地壳的中、上地壳部分，而下地壳和上地幔的上部样品还需通过特殊的途径获得：①地球的岩石探针。据研究，火山喷出的岩浆源于下地壳或上地幔，所以火山岩可以作为探测地球内部物质组成的探针，其内常携带有下地壳和上地幔的岩石包体，这为我们研究地球深部组成提供了直接样品。②构造抬升的地体和深部残片，如蛇绿岩中的橄榄岩岩石单元和片麻岩中的榴辉岩岩块。

岩石是地质历史的记录，最古老的太古宙地壳为灰色片麻岩(TTG)和紫苏花岗岩，其表壳岩多经历麻粒岩相和角闪岩相的变质，而此时发育的火山岩为科马提岩；元古宙地壳多出现块状斜长岩、更长环斑花岗岩，其表壳岩石往往经历了角闪岩相、绿片岩相的变质，此时喷发的火山岩为大洋拉斑玄武岩；显生宙多为沉积岩，其中的古生代多为海相沉积岩，中生代为由海向陆转化的沉积岩，并伴随大量的花岗质岩浆活动。

岩石也是地质事件发生的证据。太古宙灰色片麻岩(TTG)代表有古老的大陆陆核存在；蛇绿岩记录了大洋洋壳形成和洋-洋(陆)碰撞作用发生；新生代碱性玄武岩形成于大陆板块的伸展和拉张。玻璃陨石(tektite，一种全玻璃质岩石)被认为是地外小行星撞击地球形成的溅射物质。

第二节 岩浆和火成岩

一、岩浆

在近代活火山(如夏威夷的基拉韦耶火山)常见有炽热熔融的物质犹如铁水般从火山口溢流出来，这种高温熔融流动的物质称之为熔岩流，它就是我们直观理解的岩浆。

岩浆(magma)是指形成于地球深部、以硅酸盐成分为主的含有挥发分气体和悬浮状晶体的高温黏稠的熔融体。岩浆产生于固态岩石的熔化，熔化的主要方式为部分熔融和全部熔融，而达到这种条件则需处在较高温度状态的上地幔和下地壳，尤其是软流圈位置。有时中地壳的岩石也能达到一定的变质程度，在水饱和时也会使变质岩中的长英物质熔化(部分熔融)形

成长英质的熔体。绝大多数岩浆主要为硅酸盐成分,但也有极稀少的岩浆以碳酸盐、硫化物或铁的氧化物成分为主。

(一)岩浆的结构

岩浆的结构是先将岩浆快速淬火冷却成天然火山玻璃的样品,然后再利用 X 光衍射等技术进行研究获得(图 3-5)。显然,岩浆主要由长程无序和短程有序排列的硅-氧四面体构成,其间由阳离子以不同方式连接,且其内还充填有大半径的阴离子、络阴离子和中性原子。

图 3-5　岩浆的内部结构
空心圆为中性原子;圆内正、负号分别为阳离子和阴离子

(二)岩浆的物态

岩浆是液、气、固 3 相混合体。主体是液态的熔体,其内含有挥发性气体和少量晶体,所以说岩浆并不等于全液态的熔体。岩浆中的气体在岩浆流出地表后逸散至大气之中;侵位于地下深部岩浆中的气体虽难逸散,但会在一定的岩浆结晶阶段或脱离岩浆体,或在其附近聚集。所以我们现在看到岩浆结晶的岩石并不完全等同于原来的岩浆。岩浆中的悬浮状晶体形成于岩浆从深部上升路径中的滞留阶段,如在基拉韦耶火山口熔岩湖中常见的橄榄石晶体就是如此。

(三)岩浆的温度

岩浆的温度是极高的,确定岩浆温度的方法主要有 3 种。

1. 直接测量

用遥控装置和高温温度计直接测量的岩浆温度范围为 900～1 200℃,其中 SiO_2 含量高的岩浆温度较低;SiO_2 含量较低的岩浆温度较高。岩浆温度的分布是不均一的,对基拉韦耶火山口熔岩湖的温度测量发现,其表面以上 4m 处温度高达1 300℃,这是岩浆表面与大气接触发生氧化并放热引起的;直至熔岩湖面以下 1m 左右,岩浆温度逐渐降至 850℃这一最低点;此后,随熔岩湖深度加大岩浆温度又逐渐升高(图 3-6)。这里需特别指出的是,我们在地表测得的熔岩湖(流)的温度并不能代表地球深部岩浆的真正温度,因为压力的增大还会增高岩浆的温度。

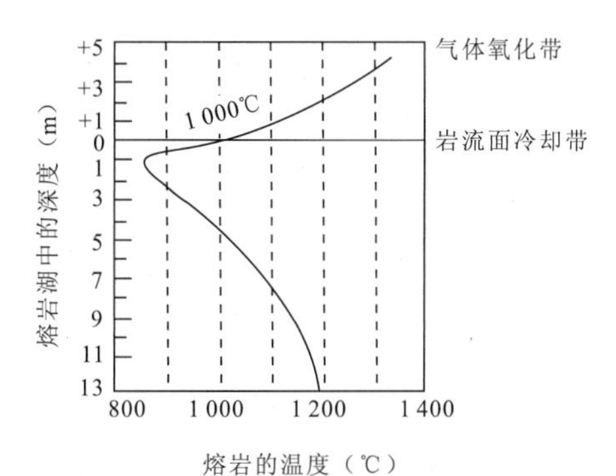

图 3-6　熔岩湖垂向深度的温度变化
(夏威夷基拉韦耶火山)

2. 熔融实验

人们可以在实验室中通过熔化已知岩石的熔融实验来确定岩浆的温度。需说明的是,这种熔融实验将获得多个温度值(图 3-7)。所以说,通过此方法获取的岩浆温度并不确切,因为它包括岩石开始熔化形成第一滴岩浆的固相线温度(在图 3-7 中 *a*

线上)、岩石全部熔化形成岩浆的液相线温度(在图3-7中b线上)和岩石部分熔融的温度,也即岩浆(L)和残余固相(S)平衡共存的温度(在a线和b线之间),而且后者的温度值又有一个可变化的范围。所以说,实验室里确定岩浆的具体温度值应仿真天然的地质和岩石条件才是。这里需指出,即使实验室较易掌握和控制该熔融实验,但是它仍很难与天然岩浆形成的边界条件完全吻合。另一方面,酸性岩浆的黏度很大,在实验室的熔融实验中也很难准确测定它的固相线和液相线温度。

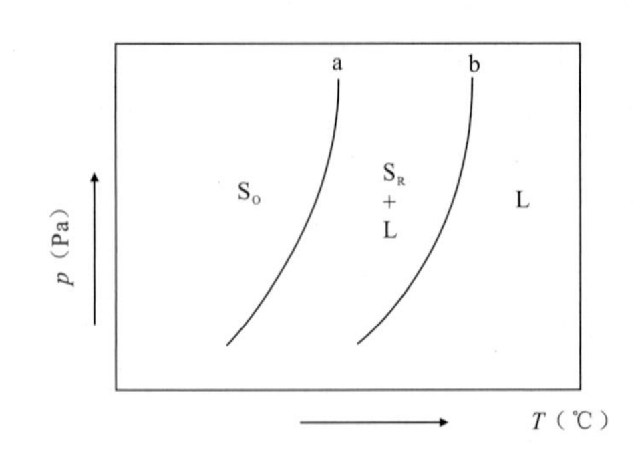

图3-7 干系统下固相岩石熔融的p-T示意图

a. 固相线;b. 液相线;S_o为原始固相;S_R为残留固相;L为熔体

3. 地质温度计估算

许多岩石学家以物理化学理论为基础,利用熔岩中两平衡相(矿物或/和熔体)间共有组分的分配关系是温度的函数这一规则来估算熔岩形成的温度。这里特别需要强调的是,利用这种方法估算岩浆的温度需满足两个条件:①这种熔岩含有的两斑晶矿物相是唯一的。②此两斑晶矿物相在岩浆中含量极少。否则,用这种方法估算的温度就不是岩浆的固相线温度,而有可能是固相线下的岩石结晶的温度。以此类推,侵入岩利用这种方法估算的温度并不代表此岩浆的温度,而仅是某两矿物相平衡结晶的温度。

(四)岩浆的黏度

火山口流出的岩浆可以位移一定的距离,这说明岩浆具有流动性。从物态看岩浆是一种液体,但根据黏稠性更类似于沥青。

岩浆的黏度(η)是岩浆流动性的倒数,它在数值上等于流动物体单位面积(A)承受的剪切应力(F)与其应变速率的比值$\left(\eta=\frac{F/A}{d\theta/dt}\right)$(图3-8),黏度的单位为帕·秒(Pa·s),1Pa·s相当于20℃水黏度的1 000倍。影响岩浆黏度的因素是多方面的。

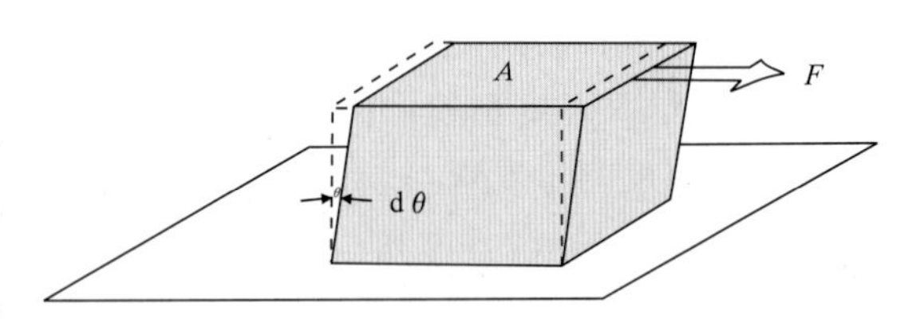

图3-8 物体黏度的表示

阴影部分为原物体形态

1. 岩浆成分的影响

岩浆的黏度受岩浆中SiO_2和H_2O含量的制约。前述岩浆结构特征进一步说明,岩浆流动性(黏度的倒数)与其内硅-氧四面体的拆离(解聚)性直接相关。若硅-氧四面体的密度愈低,这种解聚能力会愈强,岩浆流动性会愈大,其黏度将降低;反之则相反。显然,岩浆成分中的SiO_2含量可以间接地反映岩浆内部结构中硅-氧四面体的密度。岩浆中SiO_2含量愈高,金属阳离子含量则愈低,那么硅-氧四面体之间的连接会更加紧密而不易解聚,岩浆的黏度也增高;若岩浆中SiO_2含量较低,金属阳离子的含量就会相对较高,那么熔体中的硅-氧四面体之间的连接相对松散,彼此也较易被解聚,岩浆的黏度也降低。由此说明,岩浆的黏度与其SiO_2含量呈正相关关系(图3-9)。火山岩区SiO_2含量高的流纹质熔岩常聚集于火山口附近就是因其黏度大、流动性小的缘故。

H_2O 对岩浆黏度的影响表现为水对岩浆中硅-氧四面体的解聚作用。H_2O 使硅-氧四面体中的 O 变为 OH^-，从而使原来带负电荷的硅-氧四面体成为中性的 $Si(OH)_4$，由此降低了硅-氧四面体的聚合能力而增强了硅-氧四面体的解聚作用，最终降低了岩浆的黏度，所以说，岩浆中 H_2O 含量与该岩浆黏度间呈负相关关系(图 3－10)。

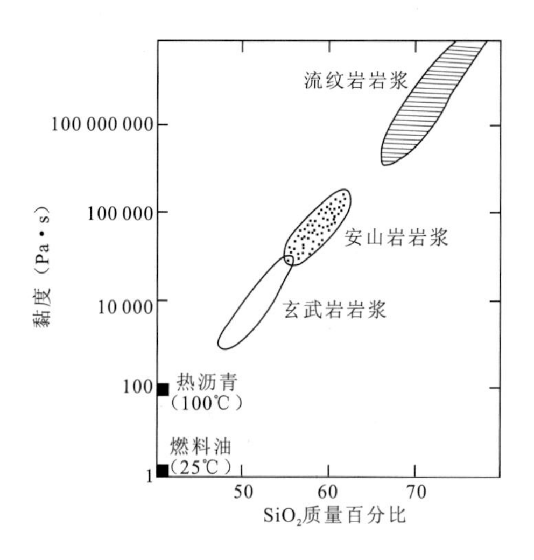

图 3－9　岩浆黏度与 SiO_2 含量的关系

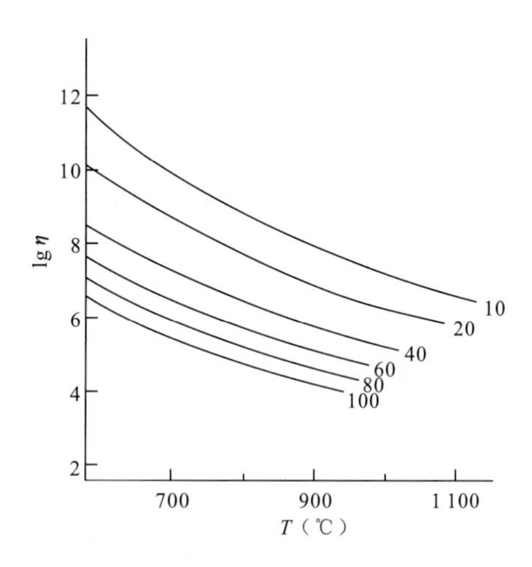

图 3－10　流纹质熔体中含水量对黏度的影响

图中数字为水含量的百分数，纵坐标 η 单位为 1 000Pa·s

2. 岩浆温度的影响

随着岩浆温度增高，其黏度降低；反之，岩浆黏度升高(图 3－11)。这是温度升高导致岩浆中硅-氧四面体解聚作用增强的缘故。显然，温度增高将增加岩浆中硅-氧四面体的解聚作用，而使其黏度降低；相反的情况则会加剧岩浆中硅-氧四面体的聚合作用，从而增加了岩浆的黏度。这种温度变化对岩浆黏度影响进而改变岩浆流动性的例证在野外火山岩研究中常见，一般来说，高温的近火山口岩浆(熔岩流)黏度低而使其流动速度较快，流动构造明显；远离火山口的熔岩流因温度较低致使其黏度较高而减缓了其流动速度，故岩石多表现为块状构造。

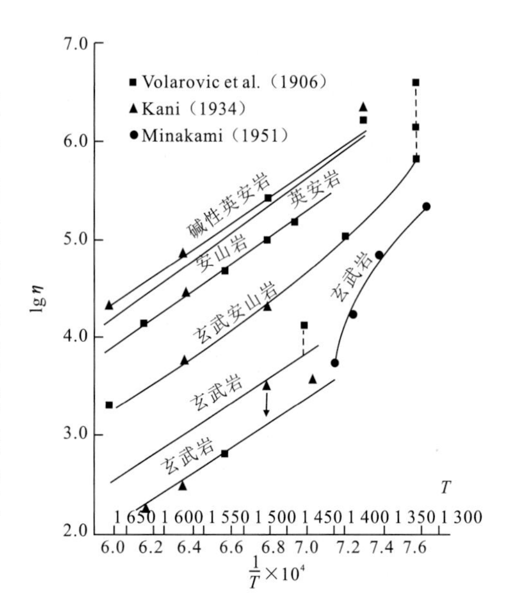

图 3－11　各种岩浆的黏度随温度变化的关系

(据丛柏林，1978)

纵坐标 η 为 1 000Pa·s；横坐标为温度 T(℃)

二、火成岩

火成岩包括岩浆成因的火成岩和非岩浆成因但与岩浆作用有关联的高温固态岩石，后者又称为非岩浆成因的火成岩。

岩浆成因的火成岩常是岩浆沿岩石圈薄弱地段上升经冷凝固结形成的，它经历了熔融的液态岩浆向固态岩浆岩的转变过程。若岩浆上升未到达地表而是在地壳内固结成岩称之为侵入岩，侵入的术语有液态岩浆穿插进入固态围岩之意。侵入岩根据形成深度分为(中)深成岩和浅成岩，(中)深成岩的侵入深度超过地表以下 3km，其岩体体积较大，当然，体积小的深成岩体也是不乏存在的；浅成岩形成的深度在地表以上的 3km 范围内，其侵入体的规模通常较小。岩浆沿裂隙上升并通过火山通道到达地表或其附近而凝固形成的岩石称之为火山岩。火山岩的类型较复杂，岩浆宁静地连续喷出溢流形成的火山岩称之为喷出岩或熔岩；岩浆在地下因内压力增大或体积膨胀而强烈爆发并使自身和周围的岩石碎屑化，后经过特殊的运动和堆积方式再固结成岩的火山岩称之为火山碎屑岩。

非岩浆成因的火成岩是指未经历岩浆阶段而一直处于固体状态的岩石，它虽未经历从液态岩浆向固态岩石的转变过程，但它又常与岩浆作用有着密切的关系。如地幔橄榄岩在地幔内就早已存在了，它或者呈小尺度的包体形式被玄武质岩浆携带上来，或者呈较大的岩块或断片构造就位于地壳内。后一产状若使用“侵入”的术语就不太合适而多称为“侵位”。

第三节　火成岩的基本特征和分类

一、火成岩的物质成分

(一)火成岩的矿物组成

与其他岩石一样，火成岩也是天然物质的集合体，其物质组成的特殊之处在于除具矿物外，还可能含有火山玻璃和岩屑等物质。

认识和鉴定火成岩是先从岩石的矿物组成入手的。重要的是，我们还可以通过火成岩中的矿物组合和含量来确定火成岩的化学成分特征。火成岩中的许多矿物种类在后述的沉积岩和变质岩中也常出现，为此我们把这些矿物统称为造岩矿物。火成岩中主要造岩矿物的平均含量列于表 3-3。

表 3-3　火成岩中造岩矿物的种类及平均含量(体积百分比)

矿物种类	含量(%)	矿物种类	含量(%)
石英	12.4	白云母	1.4
碱性长石	31.0	橄榄石	2.6
斜长石	29.2	霞石	0.3
辉石	0.3	不透明矿物(如 Ti-Fe 氧化物)	4.1
普通角闪石	1.7	磷灰石、榍石及其他	1.5
黑云母	3.8	总计	100.0

从表 3-3 可知，火成岩中主要的造岩矿物种类并不多，常见的也就十来种，其中两种长石的总量最高，达 60%，其次为石英和辉石，各为 12%左右，其他的造岩矿物均只占少数。

1. 造岩矿物的属性划分

1)按岩石中含量多少划分

(1)主要矿物。在岩石中含量较多(>10%),它们的存在是确定岩石大类的依据,如花岗岩中的钾长石和石英。

(2)次要矿物。在岩石中含量较少(<10%),它们是确定岩石具体种属的依据,如黑云母花岗岩中的黑云母。

(3)副矿物。岩石中含量极少(1%左右),但在各类岩石中又普遍存在,它们通常是某种稀有元素的赋存矿物相,如锆石(Zr)、磷灰石(P)、榍石(Ti)和钛铁氧化物(Ti)等。

2)按矿物成因划分

(1)原生矿物。由岩浆直接结晶形成的矿物或未经岩浆结晶而一直呈固体状态存在的矿物,前者如辉长岩中的辉石和斜长石,后者如地幔橄榄岩中的辉石。

(2)次生矿物。已经结晶的矿物在表生和热液作用下发生变化而形成的新矿物,它们又称蚀变矿物,如钾长石的高岭石化,角闪石的绿泥石化,这其中分别形成的高岭石和绿泥石均为次生或蚀变矿物。

(3)它生矿物。又称混染矿物,这是一类被外来物质混染的岩浆结晶出来的矿物,且它在正常岩浆岩中一般不会出现,如花岗岩体边缘常发现的堇青石、红柱石等。

3)按岩浆结晶阶段划分

(1)岩浆矿物。类同于前述原生矿物,略有不同的是,岩浆矿物还包括岩浆与先期结晶的原生矿物相互反应形成的新矿物,如橄榄石外围被斜方辉石包围,这种斜方辉石就是橄榄石与岩浆反应新形成的,它也是岩浆矿物。

(2)岩浆期后矿物。岩浆已基本固结之后,残余的热液可能相对富集,它们会影响一些特殊的矿物结晶出来,如伟晶岩中的白云母片、电气石、黄玉和绿柱石等。

(3)成岩矿物。已结晶的均一固相矿物形成后因物理化学条件改变(温、压降低)而发生固相转变所形成的新矿物。这其中有一个矿物相转变为另一个矿物相的形式,如高温β-石英转变为低温α-石英、透长石转变为正长石等;也有一个矿物相转变为另外两个矿物相的形式,如均一相的钾-钠长石变为两相交生的条纹长石。上述α-石英、正长石和条纹长石即属成岩矿物。

4)按矿物颜色划分

(1)淡(浅)色矿物。又称硅铝矿物,颜色较浅,为灰色、灰白色和浅肉红色,其主要成分为Si、Al,且不含Mg、Fe,如长石和石英等。

(2)暗色矿物。又称镁铁矿物,颜色较深暗,黑色者居多,主要成分为Mg、Fe,如辉石、角闪石和黑云母,此外还包括颜色较浅的橄榄石和白云母等。这里需特别强调的是,镁铁矿物中同样可含有Si和Al,因为上述矿物均是以硅-氧四面体为基本组成单位的硅酸盐矿物;不同的是,硅铝矿物中不含Mg、Fe成分。在全晶质的火成岩中我们把暗色矿物占全岩的体积百分比称之为色率,如色率50表明岩石中暗色矿含量为50%。

2. 造岩矿物的共生组合

火成岩中各造岩矿物并非是任意共生在一起的,某些矿物能否共生取决于岩浆的成分、造岩矿物的结晶温度和岩浆结晶的速率。美国著名的岩石学家鲍文(1928)曾将玄武岩熔化,然后将其缓慢冷却结晶，由此获得著名的鲍文反应原理。此原理的基本构架（图 3－12）是：左边为暗色矿物结晶系列；右边为浅色矿物结晶系列；处在同一结晶温度范围（近水平线附近）的硅酸盐矿物同时结晶且可以共生（用实线连接）并形成各种代表性岩石。

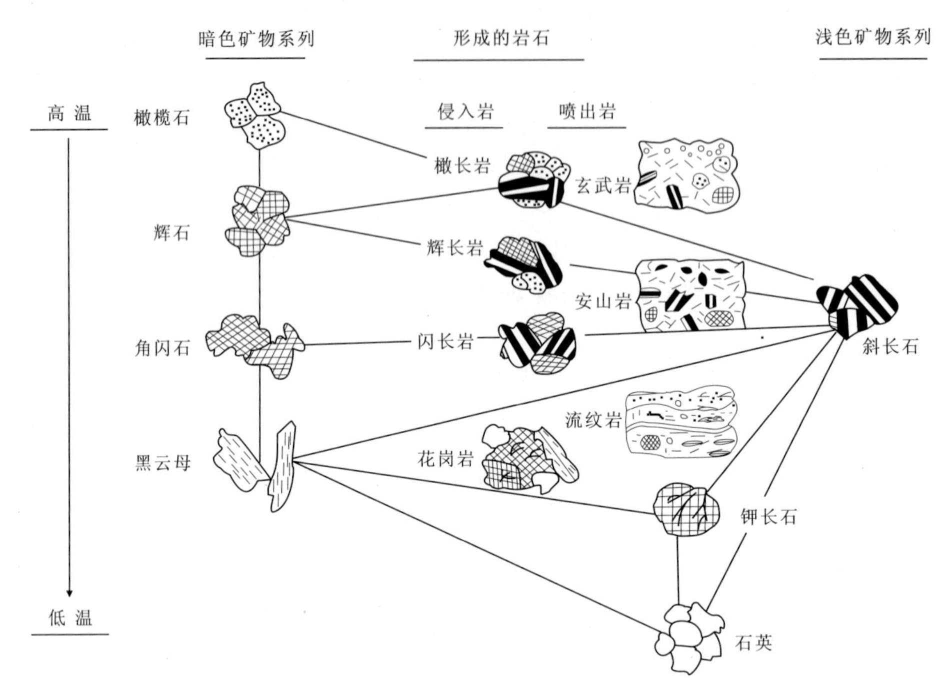

图 3－12　鲍文反应原理表现的造岩矿物结晶系列、共生关系及其形成的代表性岩石

（二）火成岩的化学成分

火成岩的化学成分必须通过化学检测才能准确得知。据分析，火成岩含量较多的元素有O、Si、Al、Fe、Mg、Ca、K、Na 等，其中 O 的含量最高，占火成岩总量的 46％以上，含量较少的元素为 P、Ti、Mn、H、C 等。

火成岩和其他类型的岩石一样，在研究化学成分特征时都是用氧化物的质量百分数（％）表示，而较少使用单元素的百分比形式。统计大量火成岩化学成分后获得的平均数据列于表 3-4。由该表可知，火成岩主要由 SiO_2、Al_2O_3、Fe_2O_3、FeO、MgO、CaO、Na_2O 和 K_2O 八种氧化物组成，其总量占岩石质量百分数的 98％以上。火成岩中最主要的氧化物 SiO_2 的含量范围一般为 34％～75％，也有极少数超过这一范围。火成岩中 SiO_2 最低含量可为 25％左右（碳酸岩除外），其 SiO_2 的最高含量可达 80％。其他氧化物含量 Al_2O_3 为 10％～20％；MgO 为 1％～25％，显然，它的变化范围最大；CaO 为 0～15％，氧化铁的变化范围为 0.5％～15％，其中 FeO 的含量大于 Fe_2O_3；Na_2O、K_2O 均为 0～15％。在许多地壳岩石中 K_2O 含量大于 Na_2O，但总体火成岩平均的 Na_2O 含量却大于 K_2O，说明岩石圈内多数岩石的 Na_2O 含量还是要比 K_2O 高。火成岩的 H_2O 一般不高于 2％，样品分析时常出现 $H_2O>2\%$ 的情况，这可能是由岩石次生变化引起的。

表 3-4 火成岩的平均化学成分

质量百分数(%)				质量百分数(%)		
氧化物	世界火成岩总平均值	诺科尔兹(1954)	黎彤等(1963)	元素	尼格里(1938)	费尔斯曼(1939)
SiO_2	57.03	61.67	63.03	O	46.60	49.13
TiO_2	1.05	0.67	0.90	Si	27.70	26.00
Al_2O_3	15.02	14.87	14.62	Al	8.13	7.45
Fe_2O_3	2.90	2.13	2.30	Fe	5.00	4.20
FeO	4.63	4.07	3.72	Ca	3.63	3.25
MnO	0.14	0.10	0.12	Na	2.83	2.40
MgO	5.06	3.47	2.93	K	2.59	2.35
CaO	6.13	5.17	4.04	Mg	2.09	2.35
Na_2O	3.50	3.47	3.61	H	0.13	1.00
K_2O	2.45	2.83	3.10	Ti	0.44	0.61
H_2O	1.25	0.67	0.92	C	0.03	0.35
P_2O_5	0.26	0.26	0.31	N	—	0.04
CO_2	0.15	—	—	P	0.08	0.12
总计	99.74	99.68	99.60	总计	99.25	99.25

由于 SiO_2 是火成岩 13 项氧化物中最重要的一种，因此人们常以此来划分火成岩化学类型(表 3-5)。

表 3-5 火成岩的 SiO_2 含量分类

岩石类型	超基性岩	基性岩	中性岩	酸性岩
SiO_2 含量(%)	<45	45～53	53～66	>66

火成岩中各氧化物含量间具有十分密切的关系且显示有规律的变化。从图 3-13 可知，随 SiO_2 含量增加，其他氧化物的变化趋势大致分为 3 类：①FeO 和 MgO 含量显著减少；②K_2O 和 Na_2O 含量缓慢增加；③Al_2O_3 和 CaO 含量开始增加，到一定的峰值逐渐降低。根据上述 3 组氧化物含量的比值及其变化可知：①从超基性岩到基性岩 MgO/FeO 值均大于 1；随 SiO_2 含量逐渐增加，在中基性岩处(SiO_2=57%左右)MgO 和 FeO 的变异曲线相交，此时 MgO/FeO 的值等于 1；到了中性和酸性岩，MgO/FeO 值小于 1，且随 SiO_2 含量增加，该值继续降低。②在超基性岩处 CaO 和 Al_2O_3 极低；随 SiO_2 含量增大两氧化物含量急剧增加，且表现为 CaO/Al_2O_3 值大于 1；两者在基性岩成分处(SiO_2=46%)相交，此时 CaO/Al_2O_3 值等于 1；此后的中性岩和酸性岩处 CaO/Al_2O_3

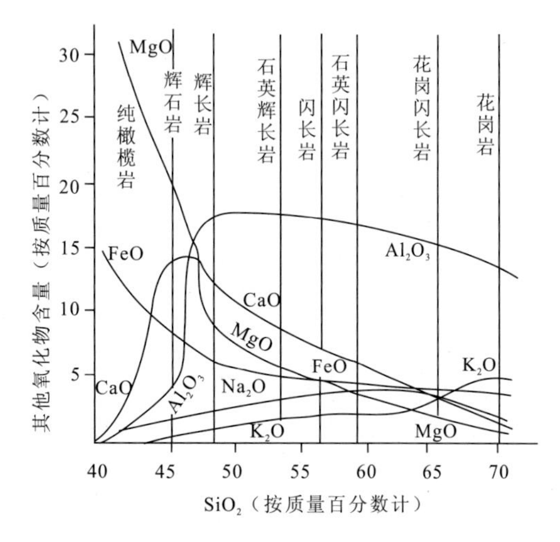

图 3-13 火成岩中 SiO_2 含量与其他氧化物间的协变

(据邱家骧，1985)

值均远小于1且近于恒定。③K_2O和Na_2O含量在超基性—基性岩处极低；随SiO_2含量增加，两者均缓慢增加，且Na_2O/K_2O值均大于1；直到达到酸性岩处(SiO_2=67%)，两条曲线相交，表明其Na_2O/K_2O值等于1；此后，Na_2O/K_2O值变为小于1。

(三)火成岩矿物组成与化学成分的关系

火成岩的矿物组成是火成岩化学成分的反映，火成岩的化学成分也决定了火成岩的矿物组成。从认知的角度看，火成岩的化学成分用肉眼是无法确定的，而我们能直接观察到的便是火成岩的矿物组成。因此，我们常利用火成岩的矿物组成来推断岩石的化学成分范围。

1. 岩石的硅酸饱和程度与矿物组合

习惯上，我们将岩石的SiO_2饱和性称之为岩石的硅酸饱和程度，而岩石这种化学性质的标志是是否出现石英(游离态SiO_2)。另一方面，火成岩中的不同造岩矿物还具有能否与游离态SiO_2(石英)反应形成新矿物的差异。为此我们可以用这类矿物和石英在岩石中的组合来指示岩石的硅酸饱和程度。现以下列反应式来说明：

$$Mg_2SiO_4 + SiO_2 = 2MgSiO_3$$

镁橄榄石　　石英　　顽火辉石

根据该反应式可将上述矿物划分为以下3种类型。

(1)SiO_2不饱和矿物。能与岩石中游离态SiO_2起反应形成新矿物且不能与石英共生的矿物，如上式中的镁橄榄石，除此以外还有霞石和白榴石等。

(2)SiO_2饱和矿物。不能与岩石中游离态SiO_2起反应形成新矿物而能与石英共生的矿物，如黑云母、角闪石、辉石和长石类。

(3)石英或岩浆中的SiO_2。

上述3类矿物在火成岩中的不同组合能帮助确定火成岩的硅酸饱和程度(表3-6)。从上述反应式可知，若岩石中含有石英是不可能出现镁橄榄石这种SiO_2不饱和矿物的，石英在岩石中的存在表明该岩石有富余的游离态SiO_2，为硅酸过饱和类岩石；若岩石中含有镁橄榄石等SiO_2不饱和矿物，那么该岩石也不可能出现石英，说明该岩石缺失游离态SiO_2，为硅酸不饱和类岩石；若岩石既不含石英也不含镁橄榄石等SiO_2不饱和矿物，表明该岩石为硅酸饱和类型。

表3-6　矿物SiO_2饱和性与岩石硅酸饱和程度的关系

SiO_2不饱和矿物		SiO_2饱和矿物	石英	岩石硅酸饱和程度划分的类型
镁橄榄石、霞石、白榴石		角闪石、钾长石、辉石、斜长石、黑云母		
岩石内是否出现	出现	有	不出现	硅酸不饱和岩石
	不出现	有	不出现	硅酸饱和岩石
	不出现	有	有	硅酸过饱和岩石

2. 岩石SiO_2含量与矿物组成

火成岩SiO_2含量制约其矿物组成，而火成岩的矿物组成也是岩石SiO_2含量的反映。从图3-14可明显看到，火成岩SiO_2含量增加时矿物组成的变化(表3-7)。

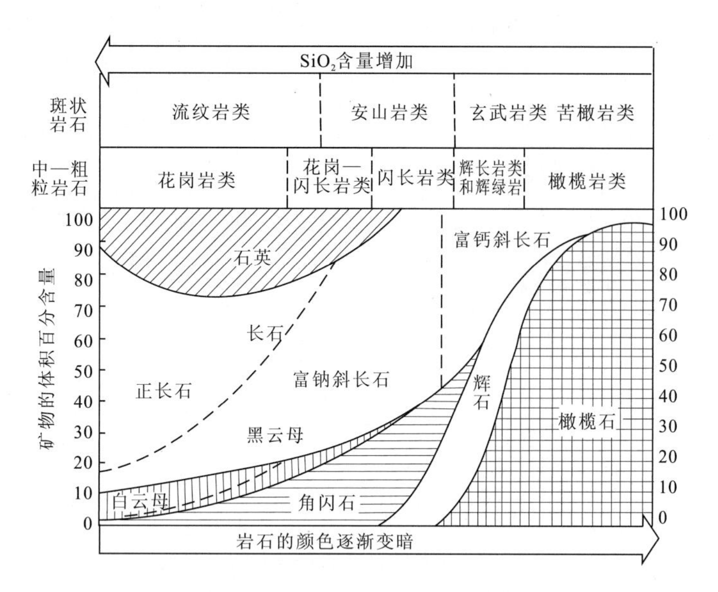

图 3-14 全晶质火成岩 SiO_2 含量与矿物组成的关系

斑状结构的岩石以斑晶含量总量为 100%计算

表 3-7 火成岩 SiO_2 含量与岩石矿物组成的关系*

SiO_2含量划分的岩类	超基性岩（SiO_2<45%）		基性岩（SiO_2=45%～53%）		中性岩（SiO_2=53%～66%）	酸性岩（SiO_2>66%）
石英	无		无		少量	较多
长石	无		斜长石		斜长石、钾长石	斜长石<钾长石
暗色矿物	橄榄石 辉石		辉石 （橄榄石、角闪石、黑云母）**		角闪石 （黑云母、辉石）	黑云母、角闪石 （辉石）
色率(%)	多数>90	少数<90	少数>90	40～90	15～40	<15
色率划分的岩类	大多数超镁铁质岩	碳酸岩等	一部分超镁铁质岩	镁铁质岩	中性岩	长英质岩

注：* 本表适用于全晶质（粗粒、中粒、细粒和似斑状）结构的岩石； ** 括号内的矿物是指岩石中含量相对少的。

二、火成岩的产状与结构构造

(一)火成岩的产状

火成岩的产状是指火成岩形成时的原始产出状态，它包括火成岩初始的形成方式、所处深度和形态大小。火成岩的岩石往往聚合构成一个三维形体，即火成岩体，它或产于地球内部或见于地表，这都是指当时定位的位置而非为现在所处的位置。这些火成岩体可能因构造抬升和下降而改变原始的产状，导致原产于地壳内部的火成岩现可能被暴露于地表，原覆盖在地表的火成岩现可能埋于地壳的内部。研究火成岩体的原始产状不仅有助于确定火成岩形成的条件并对火成岩进行有效的分类，而且对地质找矿、矿产勘探、找寻地下水和工程施工具有一定的指示意义。**火成岩体原始产状最直观的分类是产于地下(侵入)和产于地面(火山)**(图 3-15)。

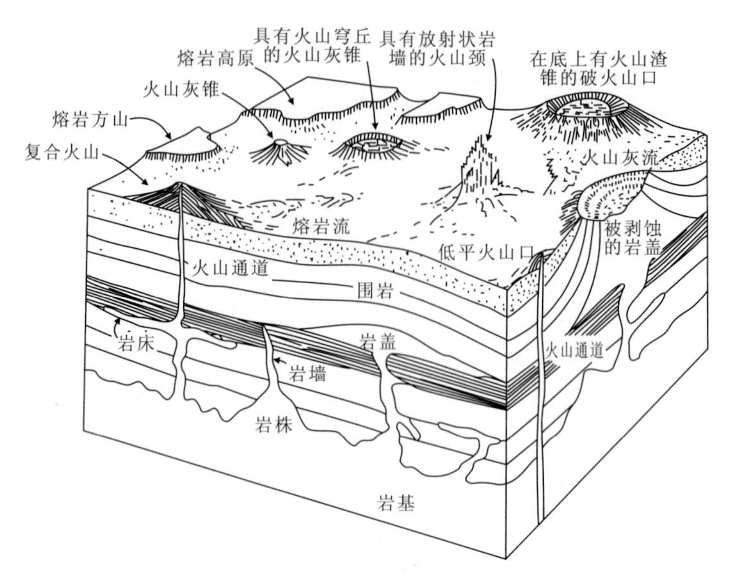

图 3-15 火成岩的各种产状立体示意图

1. 侵入体的产状

侵入体是指地球深部的岩浆进入和充填于地壳内部各种存留空间后经历冷凝固结形成的一种固态形体，又称岩体，如图 3-15 中地表以下的所有岩体。侵入体的产状是指岩体的大小、形态以及与围岩的接触关系。侵入体的产状直接影响岩浆结晶的热状态和凝结过程，这些又可以通过岩石的外貌特征结构和构造反映出来。所以，研究岩体的产状并非必须“挖地三尺”，而只需从岩石露头和岩石手标本中观察到的外貌特征就可予以推断。本教材改变以往传统的按形成深度划分侵入体产状的办法而使用按规模大小划分为小型、中型和大型侵入体的产状分类方案，这也是为了纠正“脉岩即为浅成”的传统认识(详见本章后述“结构的解释”章节)。这些侵入体的几何形状和与围岩的接触关系列于表 3-8。

表 3-8 中所谓的围岩均是指具有叶理或面状构造的层状岩石，如沉积岩或大部分变质岩。表 3-8 使用了“板状侵入体”(sheet intrusion body)的概念，它是形体呈二向延伸的侵入体的总称，事实上，它也是众多小规模侵入体的主体形态。使用板状侵入体概念有助于澄清一向延伸“岩脉”概念的歧义，而仅将其归属于板状侵入体中的一种类型而已。倘若板状侵入体产于块状构造的火成岩之中，那就无所谓表 3-8 的详尽划分了，此时则统称为岩脉。板状侵入体并非孤立存在，它往往成群出现且具一定的组合形式而构成板状侵入体群。

2. 非岩浆侵入体的产状

非岩浆侵入体的产状是指非岩浆成因形成的火成岩的产状，它们主要有构造侵位、包体和渐变接触等类型。

1)构造侵位

构造侵位是指受构造作用而抬升的岩块和断片挤身于狭长的构造带之中且与围岩呈断层接触的产出状态。该岩块或断片大者达数十平方千米，小者仅标本尺度大小，它们自身或破裂或强烈蚀变，如阿尔卑斯型橄榄岩和蛇绿岩中的各岩石单元。

2)渐变接触

渐变接触多为存在于造山带内一类同造山的古老花岗质岩体或经混合岩化形成的混合花

岗岩。它是与围岩(尤其是具面理构造的围岩)间无明显界线而呈渐变过渡的一种产出状态。该岩石分布广、规模大,其组构与造山带构造方向基本一致,如我国黄陵背斜核部中元古代崆岭岩群内的秭归九曲垴同造山石英闪长岩体。

表 3-8 侵入体的产状类型和特点

产状划分			与围岩关系及形态示意	特 征
小型侵入体(深成、浅成)	板状侵入体	岩床	与围岩产状协调一致	厚度稳定,界面平直
		岩盆	与围岩产状协调一致	厚度较稳定,中心下凹
		岩盖	与围岩产状协调一致	厚度不一,中央厚而边缘薄
		岩鞍	与围岩产状协调一致	厚度不一,产于褶皱的转折端
		岩脉	泛指与围岩产状不协调并切割围岩的板状侵入体	厚度均一,界面平直
		岩墙	产状直立,而且在地形上有相对的突出和凹下	厚度均一,界面平直,常见于大、中型侵入体内。席状岩墙为低角度产出的板状侵入体(群)
中型侵入体(中、深成)	岩株		与围岩产状不协调且界线明显	平面近圆形,面积＜100km^2
大型侵入体(深成)	岩基		由多个岩株组成,或与围岩有明显界线,或与围岩呈过渡关系,分布于褶皱区的隆起带,延伸方向与褶皱轴向一致	不规则状,面积＞100km^2,底面深度为 20～30km

3)包体

包体的涵盖范围很广,这里仅限于岩浆成因的火成岩中所含的各种成因的异类岩石团块。它的分布较局限、规模较小,仅限于露头和标本尺度;个体浑圆或不规则;与寄主岩界线截然或模糊不清,前者如玄武岩中的二辉橄榄岩包体(图3-16),后者如花岗质岩石中的析离体。

图 3-16 玄武岩(黑色)中的 3 个二辉橄榄岩包体(黄色)

3. 火山的产状

火山的产状涉及火山喷发的方式、火山物质堆积体形状和火山喷发形成的火山类型,它们又多取决于岩浆的性质(尤其是黏度)和喷发的环境。火山的产状不同于火山岩的产状,后者强调火山物质的堆积方式和形成环境(见后述第六章第二节内容)。

火山喷发的基本方式有爆发(猛烈冲出)、溢流(平静流出)和侵出(挤出)三大类。其中的爆发方式又分为蒸气爆发和岩浆爆发,后者较易理解,前者则是岩浆遇水体(冰层)而发生以蒸气化为主和碎屑化为辅的一种爆发作用,如日本御岳山 2014 年 9 月 27 日的爆发。黏度小的基性岩浆流动性强,故多呈宁静状态溢出,形成熔岩被或熔岩流。熔岩被是一种面积分布大但厚度较小的被状形体(图 3-17)。熔岩流则是岩浆沿着一定的通道流动形成的[图 3-18(a)],

而熔岩瀑布则是存在有落差的熔岩流[图 3-18(b)]。许多火山物质是从多条裂隙构成的裂隙带中喷出的,此时的火山喷发无论是喷发方式还是喷发的火山物质都是十分复杂多样的。中心式喷发是岩浆沿着管状通道喷出且其管状通道与地表交汇成点状。这里需说明的是,裂隙式喷发较难保存火山的原始形态,而中心喷发的火山可依据喷发的特点划分为许多类型(表 3-9)。

图 3-17 冰岛拉基火山群形成的熔岩被

火山喷发中心呈线状排列表明其下为裂隙式火山通道

(a) (b)

图 3-18 黑龙江五大连池熔岩流(a)和熔岩瀑布(b)

(据乐昌硕,1984)

表 3-9 火山类型及其特征

火山类型	形态示意*	火口形状	火山稳定坡角	分布规模(方圆直径)	火山物质特点(例证)
盾火山		"U"字形	缓,6°~12°	大(<15km)	基性熔岩(新疆清河)
渣火山		外形为锥状,火口为"V"字形	适度,<30°	小(0.25~2.5km)	浮岩、熔渣、火山弹、火山砾、火山砂、火山灰(五大连池)
层火山(复式火山)		上凸的弧形	很陡峻,15°~33°	大(0.6~22km)	熔岩层与火山碎屑岩层互层(日本富士山)
低平火山		下凹的开阔弧形,深切到围岩	较平缓	小(<1km)	上部具块状层的层状火山碎屑岩组合(浙江景宁)
破火山		四周陡峻,火口底部平坦,但因上部塌陷而崎岖不平	适度,具稳定坡角	大(几千米至几十千米)	非原生火山,因崩塌和沉陷形成(江西广丰)
火山穹隆		"A"字形,由多个火山机构组合,单一火山口被侵出相堵塞	适度,具稳定坡角	大(几千米至几十千米)	中、酸性熔岩和火山碎屑岩堆积(江西玉山)

注:* 形态示意无比例关系。

（二）结构

火成岩的结构包括结晶程度、矿物颗粒大小、矿物自形程度和矿物之间的相互关系。在手标本肉眼观察条件下，矿物的自形程度和矿物之间的相互关系，尤其是后者的结构特点是较难确认的。

1. 结晶程度

结晶程度是指岩石中的结晶矿物和非晶质火山玻璃的共处性，结晶程度的结构形式有3类。

（1）全晶质结构。全部由结晶矿物组成而无火山玻璃存在的岩石结构，意指火成岩标本上的任何部分都是结晶的矿物。初学者一开始难以确认岩石中的晶质矿物，更难理解全晶质结构的含义。他们习惯于把之前矿物学习阶段认知的粗大、规则的矿物晶体用于岩石学的学习之中，殊不知，岩石中的矿物因彼此相嵌而不尽完美，因成岩的结晶条件限制而颗粒细小。为此，我们提出识别晶质矿物的方法供观察岩石手标本时参考：①手触感觉。岩石表面具麻粒感，存在明显的凹凸不平。②观察颜色。每个晶质矿物有封闭的轮廓外形，轮廓内的颜色均匀一致，轮廓之外具有不同的颜色。不同的晶质矿物具有不同的颜色，但也有可能具相同的颜色。③确定解理。标本上存在方向各异的许多光滑闪亮的小平面，此为解理面，这是因矿物种类不同或同种矿物具有不同的生长取向而导致解理面方向不同。④粒度细小。由前述颗粒的大小、封闭轮廓均匀颜色的范围和解理面的尺度测量得知，岩石之中晶质矿物的粒径都很小，仅以毫米计。

（2）玻璃质结构。岩石全部由非晶质的天然火山玻璃组成而无任何晶质矿物的一种岩石结构。同样地，初学者也很难认知火山玻璃，为此提出观察火山玻璃的方法：①无颗粒感。质地均一，块状构造。②颜色变化。不同成分的火山玻璃具有不同的颜色，同标本上的同一种火山玻璃也会有色调深浅的渐变，表现为色调不同并无明显的分界且为无定形状。③贝壳状断口。全玻璃质岩石的自然断面上往往具有近弧形密集错落的纹饰线。④玻璃光泽。有时具油脂光泽。

（3）半晶质结构。岩石由结晶的矿物和非晶质的火山玻璃两部分组成。这里的“半”字易造成误解，在岩石学上只要是由上述两部分构成的火成岩都称为半晶质结构，这里并不计较这两部分的含量是多少。

2. 矿物的颗粒大小

矿物颗粒的大小是通过直接测量获得的。被量度的矿物应选择三维等长的粒状矿物，故在岩石上或测定长石（含长石的岩石）或测定主要的粒状矿物（不含长石的岩石）。长石矿物颗粒需在解理面上测定，在无解理的矿物上测量时只能依据矿物的边界轮廓。矿物颗粒大小的结构划分为矿物相对大小的结构和矿物绝对大小的结构两种。

1）相对大小

火成岩中矿物的相对大小是指同种矿物相比较而言，由此划分的结构类型有等粒结构、不等粒结构、斑状结构和似斑状结构等。

（1）等粒结构。指岩石中同种主要矿物或长石的粒径大小近相等。

（2）不等粒结构。指岩石中同种主要矿物或长石的粒径大小是不相等的，且有大、中、小的不同粒径。初学者易误用不同矿物来比较颗粒大小，结果导致误判岩石大多为不等粒结构，这是需要纠正的。

(3)斑状结构。岩石大体由晶体矿物与隐晶物质和(或)火山玻璃组成,其矿物晶体称之为斑晶,其隐晶物质和(或)火山玻璃称之为基质。所以斑状结构又称基质为隐晶质和(或)玻璃质且具有斑晶的岩石结构。

(4)似斑状结构。同种矿物有大、小之分的岩石结构,大的称之为斑晶,小的同一种矿物称之为基质。显然,似斑状结构中的基质是肉眼能辨别的(显晶质)。简言之,基质为显晶的斑状结构即为似斑状结构。

2)绝对大小

矿物颗粒的绝对大小是在矿物颗粒为相对大小之等粒结构的前提下划分的,有粗粒、中粒、细粒和微粒等结构,粒径标准列于表 3-10。

表 3-10　矿物颗粒绝对大小的结构类型和粒径标准

颗粒绝对大小的结构	矿物颗粒的粒径(mm)	肉眼分辨性
巨(伟)晶结构	>10	显晶质、易分辨
粗粒结构	5～10	显晶质、可分辨
中粒结构	2～5	显晶质、可分辨
细粒结构	0.2～2	显晶质、可分辨
微粒结构	<0.2	隐晶质、不能分辨

隐晶质结构是指岩石中的矿物颗粒很细小,其粒径在微粒范围,以至用肉眼或放大镜都难以分辨和鉴定。这种结构常与玻璃质结构难以区分(表 3-11),尤其是两者共同作为岩石的基质存在时就更加难以确认了。

表 3-11　隐晶质结构和玻璃质结构的区别

特征结构类型	隐晶质结构	玻璃质结构
结晶状态	晶质矿物集合体	未结晶的火山玻璃
结晶程度的结构类型	全晶质结构	玻璃质结构
物性	韧性	脆性
光泽	玻璃光泽不强,具星点状光泽	强玻璃光泽,有时具油脂光泽
断口	瓷状断口	贝壳状断口
手触	断口粗糙,有颗粒感	断口较平滑
晃动标本观察	有时能见到闪烁的反光面	不能见到闪烁的反光面

3. 矿物的自形程度

矿物自形程度的结构并非是指单个矿物晶体发育的完整性,它应是不同矿物自形程度差异的一种综合表示。在岩浆充分结晶时,矿物的自形性一般取决于矿物结晶的早晚次序,结晶温度高的矿物相对早结晶,自形程度好。因此,许多火成岩中出现暗色矿物比浅色矿物自形程度高,而浅色矿物中长石自形程度又比石英好;在小型侵入体中,岩浆结晶速度较快,这时矿物的自形程度还取决于岩浆中镁铁组分与硅铝组分的相对浓度。由各类矿物自形程度差异而组合形成的结构类型有以下几种,而且在手标本上也有可能观察得到。

(1)辉绿结构。小型侵入体岩石中浅色矿物比暗色矿物自形程度高,标本上能看见条状斜长石三角架中充填有自形程度差的暗色矿物(辉石)。这是岩浆中硅铝组分的浓度较之镁铁组分略高或近于相等时岩石常见的结构类型。辉绿结构也可见于较大型镁铁质侵入体的边缘岩石之中。

(2)煌斑结构。小型侵入体岩石中暗色矿物较之浅色矿物自形。标本上常见自形的黑云母片(假六方)或角闪石(长柱状)[见图 2-16(c)],若为黑云母时,其浅色矿物显得含量较少,这是因它易被片状黑云母遮盖的缘故。显然,该岩浆的镁铁组分浓度要高于硅铝组分。

(3)他形粒状结构。又称砂糖状结构,为小型侵入体的细粒花岗质岩石所特有的结构,表现为长石和石英矿物颗粒细小且均为等轴他形,岩石中几乎全部为硅铝组分。

4. 矿物之间相互关系

矿物之间相互关系的结构多限于显微尺度的观察,除文象结构外,其他结构类型在手标本上是比较难观察到的。

文象结构是指石英在钾长石晶体内呈规则交生形成的结构,由于石英嵌晶形似古希伯来文字而得名(见图 1-20)。文象结构多发育于伟晶岩、花岗质侵入体的边缘和岩浆演化的晚期。此外,条纹结构和环带结构肉眼有时可辨,其识别方法可参考第一章第一节有关“交生”的内容。

(三)结构的解释

火成岩结构的特点受岩浆的热状态和冷凝条件制约。确切地说,火成岩粒度大小的结构主要与岩浆体的规模大小直接相关,其次才涉及岩浆体所处的深度条件。火成岩结构类型是岩浆结晶能力的表现,而岩浆冷凝条件则用岩浆所处的过冷程度来描述。因此,火成岩结构的解释需讨论岩浆过冷度与岩浆结晶能力的关系。

1. 过冷度(ΔT)

实验证明,岩浆开始结晶并非恰好处于其内矿物的结晶温度(液相线温度),而往往低于此温度,这是由两方面的原因造成的:一是在地质条件下,岩浆所处的热状态难以保证无限缓慢结晶(即长时间处于液相线温度);二是矿物结晶以后释放的结晶潜热使已经结晶的矿物又重新熔化,岩浆温度又回到过液相线温度。因此,在此引用过冷度的概念,它意指岩浆结晶的理论温度(T_A)与岩浆结晶的实际温度(T_B)的差值,表达式为:

$$\Delta T = T_A - T_B$$

这里,岩浆结晶的理论温度也即岩浆的液相线(见图 3-7 中 b 线)温度。显然,ΔT 值越大其过冷度也越高,表明岩浆结晶的理论温度(液相线温度)与实际所处结晶温度的差值越大,这时岩浆处在喷出的环境或呈小型侵入体产状,通俗地说,岩浆冷却得很快;若过冷度低,ΔT 值小,表明岩浆体规模为大型,也即岩浆冷却得较缓慢。

2. 岩浆结晶能力

岩浆结晶动力学研究认为,岩浆的结晶能力取决于岩浆内结晶中心(晶芽)的成核速度($v_{核}$)和围绕结晶中心晶体的生长速度($v_{生}$)。若成核速度大而生长速度小,岩浆结晶的矿物颗粒粒径细小;若成核速度小而生长速度大,岩浆结晶的矿物颗粒粒径粗大。

3. 泰曼曲线

用以表达岩浆结晶能力与过冷度关系的曲线称为泰曼曲线(图 3-19)。从该图可知,随过冷度(ΔT)增大，无论是成核速度曲线还是晶体生长速度曲线都表现为从小增大直到峰值，然后逐渐降低的变化趋势，只不过两曲线的变化并不完全同步而在ΔT_2位置相交。

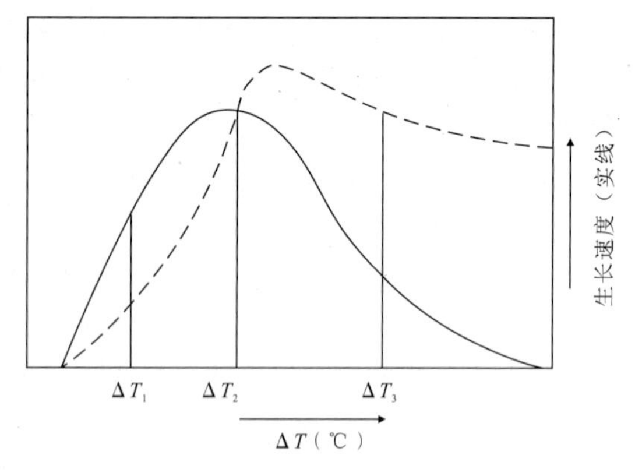

图 3-19　过冷度(ΔT)与成核速度(虚线)和晶体生长速度(实线)曲线的关系

(据路凤香等，2002)

4. 结构的解释

(1)中粗粒结构。在ΔT_1时，过冷度值小，岩浆的液相线温度与岩浆所处的实际温度差异不大，在地质上大型的深成岩浆体具有如此状态的过冷度，尤其是该岩浆体的内部。在此热状态下，晶体的生长速度要大于结晶中心的成核速度，岩浆缓慢冷凝而充分结晶，结晶中心成核速度相对小而晶体的生长速度快。此种热状态不仅提供了缓慢冷却的外部环境，而且还给予晶体充分生长的空间，故大型侵入体尤其是其内部的岩石多具有中粗粒结构。

(2)细粒结构。在ΔT_2时，过冷度值适度，岩浆的液相线温度与岩浆所处的实际温度有一定的差值。较小规模的岩浆体或大型岩浆体的边部符合此过冷度状态，此状态下结晶中心的成核速度曲线与晶体的生长曲线相交，说明结晶中心成核速度等于晶体的生长速度，成核速度适度地限制了晶体持续生长的空间，故小型侵入体或大型侵入体的边缘岩石形成细粒结构。

(3)隐晶质结构。在ΔT_3时，过冷度值很大，岩浆所处的实际温度与岩浆的液相线温度相差很大，即岩浆实际结晶的温度远小于岩浆的理论结晶温度，这时岩浆体规模最小或处在喷出的状态，其结晶中心成核速度远高于晶体的生长速度，此状态下岩浆形成许多结晶中心，但生长速度有限，故多形成隐晶质结构。显然，岩浆火成岩的细粒和隐晶质结构并非完全由产状较浅所致，根本原因应是岩浆体处于过冷度极大的环境。地球内部的小型侵入体(无论深浅)、喷出地表的岩浆，还有深部大型岩浆体与围岩接触的边缘均属此热状态，故深成和浅成的小型板状侵入岩石、喷出的岩石和深成侵入体边缘的岩石均可形成这种结构。

(4)斑状或似斑状结构。根据上述结构解释我们可以推断斑状结构和似斑状结构的形成过程。若岩浆的过冷度由ΔT_1变化到ΔT_3，则可形成斑状结构；若岩浆的过冷度由ΔT_1变化到ΔT_2，则可形成似斑状结构。同样地，我们可利用岩浆过冷度与岩浆结晶能力之间的关系能很好地解释同一侵入体中央部位岩石粒度较粗大而其边缘岩石粒度较细小所表现出岩体的相带性特点。这也是岩体中央过冷度小而岩体边缘过冷度较大的缘故。

(四)构造

火成岩的构造意指矿物(还有火山玻璃)集合、堆积、排列和充填的方式。它是岩浆结晶和凝结过程以及状态的反映，因此火成岩的构造描述具有很重要的产状指示意义。

1. 侵入岩的构造

(1)块状构造。岩石的颜色、矿物组成和粒径大小分布均一且排列无定向性。这是火成岩中最为常见的一种构造类型，火山岩也可具块状构造，且其中的火山玻璃的分布也是均匀的。

(2)斑杂构造。岩石的颜色、矿物组成和其粒径大小分布不均一，常呈无截然界线的斑块状[图 3-20(a)]。这种构造多见于侵入体的边部,有时在侵入体内部也有发育。前者形成于岩浆的同化混染,后者可能是暗色矿物聚集或堆积体出现破裂和分离所致。

(3)条带状构造。全晶质的岩石中因矿物颜色深浅不同和矿物粒度大小差异而构成相间排列的条带[图 3-20(b)]。条带状构造是岩浆房中固结岩石的典型构造,它常呈以斜长石为主要矿物的浅色条带和以辉石为主要矿物的暗色条带相间排列。

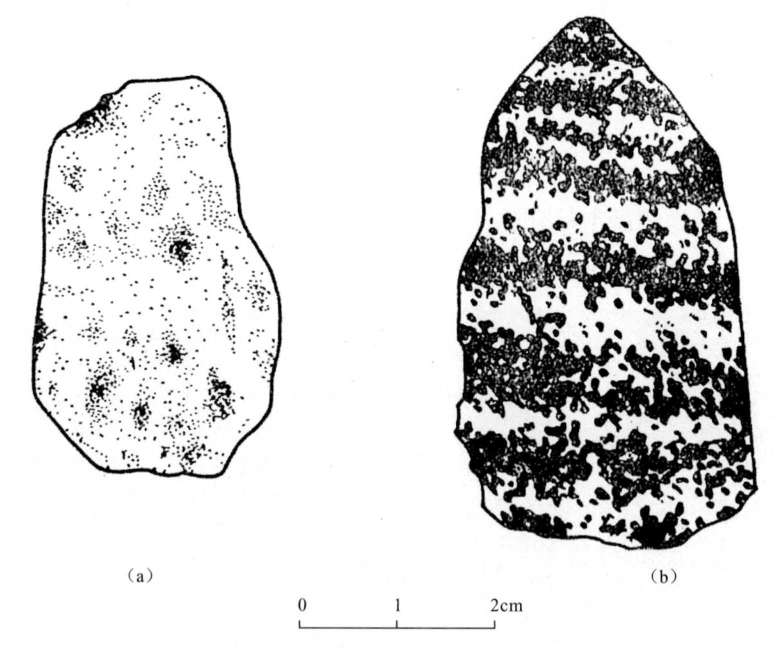

图 3-20 侵入岩的斑杂构造(a)和条带构造(b)
图中黑色示意暗色矿物
(据邱家骧,1978)

(4)流线和流面构造。流面构造是指侵入体边缘因岩浆缓慢运动而使那些已结晶的片状矿物和扁平的包体(尤其是浆混体)沿着侵入体与围岩接触面内侧平行定向排列(图 3-21,P 面)。这种构造的识别有助于判定岩浆体上侵的方向和侵入体的边缘轮廓。流线是岩体边缘柱状矿物和具一向延长的包体定向排列构成的构造(L 方向),它同样可以反映岩浆体上侵的方向。

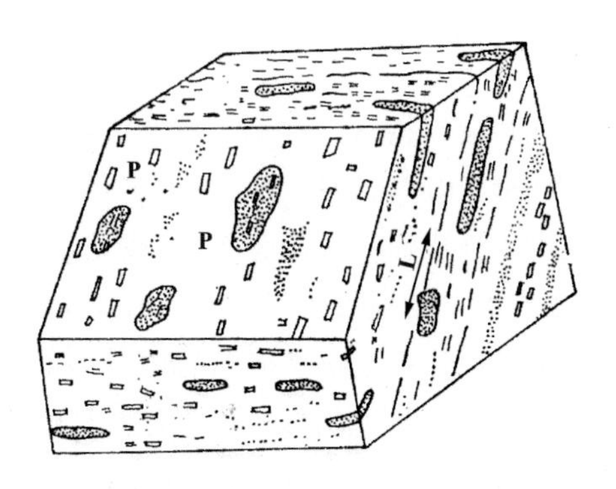

图 3-21 侵入体流线(L)和流面(P)的立体示意图
(据乐昌硕,1984,本次略有修改)

流线和流面构造都是岩浆上侵流动形成的。流线通常分布于流面内,所以在研究侵入体岩浆流动时需先判定流面,然后再确定流线,并分别测量。需知,流线、流面并无确定的方向性,也即指流向具正反双向性。一般来说,流面倾向的反方向代表了岩浆体流动方向。

2. 火山岩的构造

(1)气孔和杏仁构造。这是喷出(熔)岩常见的构造,当岩浆喷溢到地表时,其内所含的气体会从岩浆中分离出来并逸散到大气中,在此过程中若岩浆迅速冷凝固结就会保留下气体逸散形成的空洞[图 3-22(a)]。气孔的形状和孔壁的粗糙性与岩浆的黏度有关,黏度小的基性岩浆喷出形成的气孔为圆—椭圆状,气孔壁光滑;黏度大的酸性岩浆喷出形成的气孔被拉长呈一条延长的细缝,气孔壁粗糙。在同一岩流中气孔大小和分布密度与岩流的垂向位置有关。以玄武岩岩流为例,在岩流的顶部,气孔细小而密度大;在岩流的中部,气孔很少而常呈致密块状;在岩流的底部,气孔大而稀疏。杏仁构造是气孔形成后(也即岩石固结后)外来化学物质在其内充填形成的杏仁状体态,它多为隐晶的硅质和碳酸盐矿物集合体[图 3-22(b)]。杏仁体有时与岩石的浅色矿物斑晶不易分辨,前者为圆—椭圆状,因是矿物集合体而不见解理反光面;后者因是单晶矿物而具平直的边界,且常具解理反光面。

(a)　　(b)

图 3-22　喷出岩(熔岩)的气孔构造(a)和杏仁构造(b)

杏仁成分主要为方解石

(2)流纹构造。常见于酸性熔岩,它是不同颜色的火山玻璃和隐晶物质与拉长的气孔不规则弯曲且相间排列构成的一种岩浆流动的构造类型(图 3-23),这种熔岩的构造因岩浆黏度大、流动性小而分布十分有限,或见于火山通道内,或见于火山口附近。在野外工作中,有时在远离火山口的地方也发现有一种类似流纹构造的岩石,而且分布很广。显然它不是酸性熔岩的流纹构造,而是火山碎屑岩中熔结凝灰岩构成的假流纹构造。

(3)石(球)泡构造。这也是酸性熔岩常见的构造类型,它是酸性岩浆停止流动定位后气体逸出而留下的近于封闭的球状空腔,可反映岩浆沸腾和发泡的炽热状况(图 3-23)。石(球)泡构造可见于全玻璃质的酸性熔岩和流纹岩之中,我国浙江省雁荡山火山岩区均可见到这种构造。

(4)球珠构造。该构造也多见于酸性熔岩中,它是颜色不同的火山玻璃呈球珠状分布于另一种火山玻璃之中,这种球珠是实体而区别于前述空腔的石(球)泡。据研究,球珠构造形成于岩浆的液态不混溶作用而非岩浆中气体的逸出。

(a)

(b)

图 3-23　球泡流纹岩的流纹构造和球泡构造

球泡直径为 10mm 左右；(b)图为(a)图球泡的放大形态

（浙江雁荡山）

(5)枕状构造。这是水下基性岩浆喷溢时特有的构造类型，形成于炽热岩浆遇水体高度收缩而呈球状形体堆积，固结后状似枕头而称之为岩枕[图 3-24(a)]。枕状构造中的单体岩枕大小不等，最大者达 2m 以上，小者仅 10～20cm。其底面相对平坦，但在枕间空隙尚保存上层岩枕向下的突起，岩枕顶面为向上弯曲的圆滑弧形。岩枕内部具特征的分带性[图 3-24(b)]，边缘为淬火形成的玻璃壳；向内为气孔带且常发育放射状裂隙；核心多有一个不规则空腔。只有根据这种内部分带才能确认为岩枕，千万不要把球形风化形成的实心球体当做岩枕。岩枕构造多见于海底火山喷发形成的玄武岩层之中，但在陆相的玄武岩中也有发现，如我国汉诺坝玄武岩岩层中也见有枕状构造。

(a)

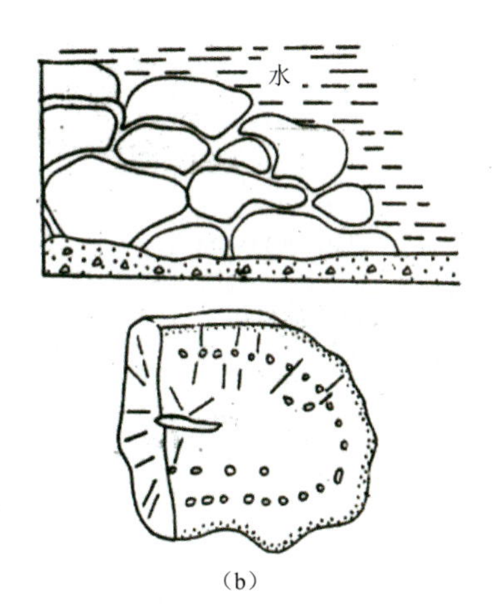

(b)

图 3-24　水下玄武岩的枕状构造(a)和岩枕个体的内部分带(b)

(6)柱状节理构造。这是陆相火山岩中常见的一种原生节理构造(图 3-25)，为均匀的具一定厚度的岩浆在地表定位后因缓慢冷凝收缩而规则破裂形成的柱体。完美的柱体截面呈正六边形，但也见有五边形或四边形，柱体长达 3～4m，短者仅数十厘米，其柱体长度取决于均匀岩浆的原始厚度和冷凝速度的均一性，其内的气孔构造会阻止节理的纵向延伸而影响柱体长度。柱状节理的产状多垂直于熔岩的层面，但在火山口的柱体往往呈扇状排列，在火山通道内所见的柱体有时还呈平卧状。柱状节理多见于玄武质岩石内，另外在熔结凝灰岩和流纹岩中也有发育（江西上饶黄源水库）。

图 3-25　玄武岩的柱状节理

（北爱尔兰巨人之路；据 en. wikipedia. org）

（五）火成岩结构构造与产状的关系

火成岩产状是火成岩研究必须面临的问题，因为它在解决火成岩分类命名、探索火成岩的成因和查找矿产资源中起着重要的作用。火成岩产状涉及火成岩三维空间的展布，所以要想掌握火成岩产状全貌是十分困难的。但是，火成岩的产状能决定火成岩的结构构造，反过来我们可根据岩石标本和露头观察到的结构构造来推断它的产状。现将火成岩结构构造的产状属性总结于表 3-12。

表 3-12　火成岩不同产状的结构构造

火成岩体类型	中、大型侵入体	小型侵入体	熔岩流	火山碎屑体
结构	一般为全晶质结构、似斑状结构（基质为显晶质）、中粒等粒结构、粗粒等粒结构；其边缘具类似于小型侵入体的结构	全晶质结构、斑状结构（基质为隐晶）、似斑状结构（基质为显晶）、细粒等粒结构、霏细结构、他形粒状结构、煌斑结构、辉绿结构、伟晶结构（文象结构）	半晶质结构、玻璃质结构、斑状结构（基质为玻璃质）、斑状结构（基质为隐晶—玻璃）	集块结构、火山角砾结构、凝灰结构、熔结结构、胶结结构
构造	块状构造、斑杂构造、条带状构造、流线构造、流面构造	块状构造、对称构造、流线构造	块状构造、气孔构造、杏仁构造、流纹构造、石（球）泡构造、球珠构造、枕状构造、柱状节理构造	块状构造、假流纹构造、层理构造、柱状节理构造
定位	深成、中深成	深成、浅成、超浅成	喷出地表溢流	火山爆发后的地表堆积

三、分类

火成岩的分类比较复杂，传统上多使用化学成分进行划分，然而这又是岩石手标本观察所局限的。传统的分类通常使用两级分类：一为依据 SiO_2 含量划分；二为依据产状划分。SiO_2 含量可以通过岩石中的矿物组成粗略地反映出来，而产状可以利用岩石的结构构造来获取。这两者的结合即构成火成岩的总体分类方案（表 3－13）。最重要的是，该分类方案具有很好的可操作性，因为岩石中的矿物组成和结构构造的信息是可以通过岩石标本和露头上的观察获取得到的。

表 3－13　火成岩的化学分类

系列		钙碱性(δ<3.3)					碱性(δ>3.3)
SiO_2含量划分的岩类		超基性岩	基性岩	中性岩		酸性岩	碱性岩
SiO_2 含量(质量%)		<45	45～53	53～66		>66	53～66
岩石中石英含量(体积%)		无	无或很少	<5		>20	无
长石种类及含量		一般无长石	以斜长石为主	以斜长石为主	以钾长石为主	钾长石含量大于斜长石	以钾长石为主，含似长石
产状	主要结构特征 / 岩石名称 / 暗色矿物种类及含量	橄榄石、辉石大多数大于90%，少数小于90%，甚至不含	主要为辉石，可有角闪石、黑云母、橄榄石等，含量一般为40%～90%，少数大于90%	以角闪石为主，黑云母、辉石次之，含量为15%～40%	以角闪石为主，黑云母、辉石次之，含量为15%～40%	以黑云母为主，角闪石次之，含量为10%～15%	主要为碱性辉石和碱性角闪石，含量为<40%
大、中型侵入体(深成、中深成)	中、粗粒结构或似斑状结构	橄榄岩、辉橄岩	辉长岩、辉石岩	闪长岩	正长岩	花岗岩	霞石正长岩
小型侵入体(深成、浅成)	细粒结构、斑状结构和隐晶质结构	苦橄玢岩、金伯利岩	辉绿岩、辉绿玢岩	闪长玢岩	正长斑岩	花岗斑岩	霞石正长斑岩
喷出的熔岩	无斑隐晶质结构 斑状结构 玻璃质结构	苦橄岩、科马提岩、碳酸岩	玄武岩	安山岩	粗面岩	流纹岩	响岩

注：* 火成岩的碱性是用其化学成分的$(K_2O+Na_2O)^2/(SiO_2-43)$计算值大于 3.3 确定的；反之，小于 3.3 则为钙碱性。

对于全晶质的火成岩，欧美国家的岩石学家常用镁铁矿物占岩石的含量（色率）进行分类（表 3－14）。对比表 3－13 和表 3－14 发现，两表无论是按 SiO_2 含量划分还是按镁铁（暗色）矿物含量划分，其岩石类型多数具有一一对应的关系，仅超基性岩类与超镁铁质岩类有不完全一致之处，如超镁铁质岩中的辉石岩据 SiO_2 含量却属基性岩，另有一部分超基性岩根本就不是超镁铁质岩，如碳酸岩、黄长岩等。

表 3-14 全晶质火成岩的暗色矿物含量分类

岩石类型	超镁铁质岩	镁铁质岩	中性岩	长英质岩
暗色矿物*种属	橄榄石、辉石 (角闪石)	辉石 (橄榄石、角闪石)	角闪石 (辉石、黑云母)	黑云母 (角闪石、辉石)
色率	>90	40～90	15～40	<15
长石	无	以斜长石为主	斜长石、钾长石	以钾长石为主
石英	无	<5%	5%～20%	>20%
主要岩石	橄榄岩、辉橄岩、 橄辉岩、辉石岩	辉长岩、橄长岩、 斜长岩	闪长岩、正长岩	正长花岗岩、二长花 岗岩、花岗闪长岩、 英云闪长岩
与 SiO_2 含量划分岩石类型的对应关系	大多数超基性岩、 少部分基性岩(辉石岩)	大部分基性岩 (仅斜长岩除外)	中性岩	酸性岩

注：* 暗色矿物一栏中括号内的矿物为含量相对较少的矿物。

第四节 超镁铁质—镁铁质岩类

一、超镁铁质岩

(一)一般特征

该类岩石在化学成分上富 MgO 和 FeO，SiO_2 含量低，贫 K_2O、Na_2O、Al_2O_3 和 CaO，其中 MgO>FeO。岩石的暗色矿物含量高，色率大于 90。主要矿物为 SiO_2 不饱和的橄榄石与 SiO_2 饱和的辉石，其次为角闪石，副矿物为尖晶石和铬铁矿，次生矿物为蛇纹石、透闪石等。超镁铁质岩分为以橄榄石为主的橄榄岩类和以辉石为主的辉石岩类，少有以角闪石为主的超镁铁质岩。根据其 SiO_2 含量，橄榄岩类属超基性岩类，辉石岩和角闪岩则为基性岩类。

前述超镁铁质岩有非岩浆成因和岩浆成因两种成因类型。非岩浆成因的超镁铁质火成岩有两种产状：一为玄武质熔岩中的包体；二为构造就位的岩片和断块。

(二)岩石定名

全晶质的超镁铁质—镁铁质岩的定名选用斜长石(Pl)-橄榄石(Ol)-辉石(Py)三角定量矿物命名(图 3-26)。此图中，辉石设计为三角命名图的一个独立的端员组分并没有细分出单斜和斜方两种辉石，这是因为在手标本的肉眼鉴定中上述的种辉石是不能分辨的。图中获得各岩石名称也仅是基本岩石名。进一步的详细定名则需在基本岩石名加上颜色、粒度和次要矿物的特征描述术语。

(三)岩石类型划分及其主要特征

1. 非岩浆成因的

1)包体

非岩浆成因的包体超镁铁质岩石出露十分有限，但它因是上地幔的直接样品(被熔岩从深部携带上来)而格外引人注目。该类岩石主要有纯橄岩、辉橄岩和橄辉岩,而以辉石为主要矿物的非岩浆成因辉石岩包体少见。该岩石十分新鲜,但在表生条件下极易从寄主的玄武岩中脱落并风化而呈松散状。岩石为黄绿色,中粗粒结构,块状构造,矿物组成主要为橄榄石,其次为辉石,副矿物为尖晶石。橄榄石为淡黄绿色,粒状,粒径粗大,大者可达 20mm 左右,一般粒径为 5mm 左右,无解理而见有油脂光泽,含量在 60%以上。辉石肉眼见有翠绿色和黑色两种,短柱状,粒径为 3~5mm,解理不发育,多见贝壳状断口,可能是源于地幔压力过大而使原来的解理性质被限制。副矿物为富铝的矿物相尖晶石,为半透明的黄褐色,粒径 1~2mm,晶粒常呈多面体形态。该岩石多为辉橄岩,但又由于常出现肉眼易辨认的两种辉石(单斜的翠绿色铬透辉石和斜方的黑色顽火辉石),故可进一步定名为二辉橄榄岩,又由于副矿物尖晶石十分特征,故需将其作为前缀修饰而定名为尖晶石二辉橄榄岩。若副矿物为斜长石、石榴石,则需分别定名为斜长二辉橄榄岩、石榴二辉橄榄岩。人们普遍认为,二辉橄榄岩是全球上地幔的标准成分,所以二辉橄榄岩又被称为原始地幔的样品。岩石学家的地质温压计计算确认,上地幔的各种二辉橄榄岩大致产于不同的深度层次,最下部是石榴二辉橄榄岩,中部是尖晶石二辉橄榄岩,上部为斜长二辉橄榄岩。斜长二辉橄榄岩被认为是大洋岩石圈上地幔的主要组成,大陆地区主要为尖晶石二辉橄榄岩。我国福建明溪、浙江龙游和河北张家口等地的玄武岩中均存在有石榴二辉橄榄岩的包体。

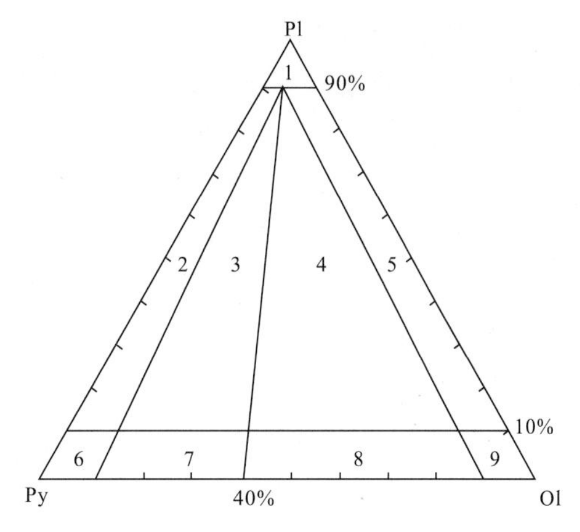

图 3-26 超镁铁质—镁铁质岩石的 Pl-Ol-Py 定量矿物命名

(据 Le Mitre,1984,修改)

1.斜长岩;2.辉长岩;3.斜长橄辉岩;4.斜长辉橄岩;5.橄长岩;6.辉石岩;7.橄辉岩;8.辉橄岩;9.纯橄岩;图中边线上的数值均为矿物的体积百分数,后续三角命名图类同

2)构造岩片(块)

呈构造岩片(块)产出的超镁铁质岩出露相对较广一些,尤其在板块俯冲带和切割到地幔的深大断裂中常有出现,它们或独立产出,或与其他火成岩一起构成蛇绿混杂岩,所以人们认为这种产状的超镁铁质岩是大洋岩石圈层的重要组成单位之一,即是标准的大洋上地幔样品。

呈构造岩块(片)产出的超镁铁质岩多为纯橄岩和辉橄岩。该岩石为淡黄绿色,细粒结构,块状、条带或碎裂构造,主要矿物为橄榄石,次要矿物为辉石。橄榄石为淡黄绿色,粒状,粒径 2mm 左右,玻璃光泽,含量大于 80%。该岩石中的浅黄色辉石与包体橄榄岩之中两种辉石的颜色有很大不同,所以在手标本上根据颜色较难与橄榄石区分,但此辉石依据完善的解理和相对粗大的颗粒等特征是可以识别的。据研究,这种色浅的辉石为富镁的斜方辉石,所以此辉橄岩可进一步定名为方辉橄榄岩。该岩石还含有少量的不透明矿物,多为铬铁矿或含铬的磁铁矿,两者可根据磁性强弱区分,世界上的铬铁矿矿产大多与这种产状的超镁铁质岩有关,且呈豆荚状集合体产出[见图 1-17(c)]。这种超镁铁质岩的最大特点是普遍遭受蛇纹石化,但蛇纹石化程度不一。弱蛇纹石化主要降低橄榄石的光泽强度和矿物的颗粒感,使其界线变得模糊;强蛇纹石化会导致形成隐晶质的蛇纹岩。除此以外,该岩石的蚀变矿物还有透闪石,在标本上它的分布不均一，为无色透明的针状或长柱状晶形，有时它们呈放射状、斑块状聚集。该岩石的另一个特点是变形构造发育，尤其是常具碎裂和流变构造，显示构造挤压作用对其的影响。除蛇纹石化外，该类岩石还易遭受碳酸盐化，变成以白云石为主的大理岩，这时该超镁铁质岩仅残留于大理岩内，但两者界线较模糊(信阳吴店)。

研究认为，这种产状的超镁铁质岩又称阿尔卑斯型橄榄岩，它是大洋地幔部分熔融后留下的残余，故它是大洋亏损地幔的样品，大洋中的洋底玄武岩则是大洋地幔部分熔融熔出的熔浆，因此，这种超镁铁质岩与大洋玄武岩有着密切的成生联系。

2. 岩浆成因的

岩浆成因的超镁铁质岩有包体和侵入体两种产出，岩浆的超镁铁质包体岩性也较简单，多为纯橄岩和辉石岩，但少有分布。具一定规模岩浆成因的超镁铁质岩往往以侵入杂岩体的岩石组成单元产出，其岩性多样，主要为纯橄岩和辉橄岩、橄辉岩和辉石岩。岩浆成因的包体中纯橄岩和辉石岩是玄武质岩浆从深部向上运移过程中(未到达地表)较早晶出的辉石和橄榄石分别聚合堆积所形成的，而该岩石内出现的斑杂构造有可能是这些堆积体裂解所致。此类岩石较新鲜，分别为黑色的辉石岩(又被称为Ⅱ型包体)和黄绿色的纯橄岩，岩石为不等粒结构或中粗粒等粒结构，包体整体呈不规则状，边缘界线凸凹不平滑，且与寄主玄武岩呈渐变过渡。

侵入体产状的超镁铁质岩少有独立存在，它总是与镁铁质岩和斜长岩共生而组成不同类型的侵入体。较大型的层状侵入体内岩性在垂向上呈有规律的韵律变化，每个韵律自下而上依次为纯橄岩—辉橄岩—橄辉岩—辉长岩—斜长岩，并构成多旋回层状。虽然岩体内部垂向分层明显，且岩石多为中粒结构，但其边缘却发育细粒—隐晶的冷凝边。这种层状侵入体无论在大洋还是在大陆大多与玄武质熔岩伴生，而且这些玄武质熔浆是在该岩浆储集体未固结时从其内溢出的，所以将这种层状侵入体特称为岩浆房。又这种岩浆房的平均化学成分与基性的辉长岩相当，故又将这种侵入体称为层状辉长岩体。大陆层状辉长岩体的底部不仅会出现含橄榄石的岩石，而且常发育 V－Ti 磁铁矿的有用矿物层，如我国四川攀枝花。有趣的是，大洋层状辉长岩体却不见这种有用矿物层。岩浆超镁铁质岩的第二种产状是构成板状侵入体的一部分。若这种岩体的纵向延伸大于横向厚度，其内的超镁铁质岩也是常与镁铁质岩共生，其岩性或呈简单的层状分布，从下到上依次为橄榄岩—辉橄岩—辉长岩—闪长岩，如甘肃金昌(图 3－27)；若岩体的纵向延伸小于其横向厚度，这种板状体的岩性或呈环状分布，从内核向外缘依次为橄榄岩—辉橄岩—辉石岩—辉长岩，如云南金平的白马寨(图 3－28)。值得注意的是，这些板状侵入体常伴生有 Cu－Ni 硫化物矿产。重要的是，岩浆成因的超镁铁质岩具有十分明显的结构构造特征，如堆晶结构、包含结构、矿物自形程度不一结构和层状构造、环状构造、条带构造等而区别于非岩浆成因的超镁铁质岩。再次，岩浆超镁铁质岩不能像非岩浆超镁铁质岩那样能独立产出。

大洋的韵律性层状侵入体位于大洋岩石圈的洋壳内，而且是大洋岩石圈的重要组成单位，故在俯冲带中常与蛇绿混杂岩伴生。大陆的韵律性层状侵入体常见于大陆裂谷，在我国攀西裂谷中就出露这种层状侵入体。板状侵入体产于褶皱(造山)的晚期伸展阶段或地幔柱的边缘带。现总结各种产状的非岩浆成因和岩浆成因超镁铁质岩的岩石学特征列于表 3－15。

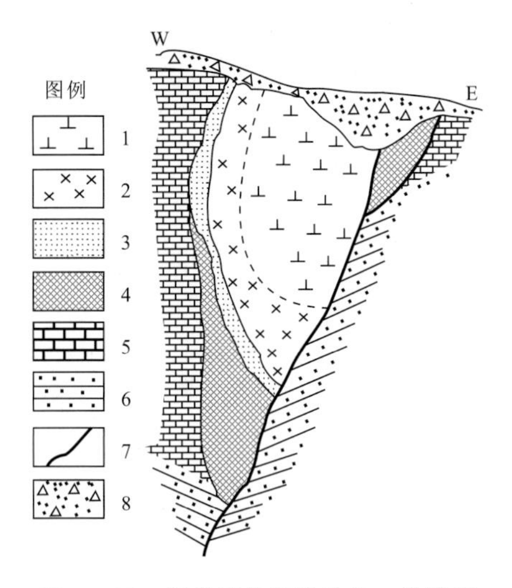

图 3-27 简单层状超镁铁质—镁铁质侵入体的岩性垂向分布
（甘肃金昌）
1. 闪长岩；2. 辉长岩；3. 橄辉岩；4. 含 Cu-Ni 硫化物橄榄岩；5. 石灰岩；6. 石英砂岩；7. 断层；8. 第四系覆盖物

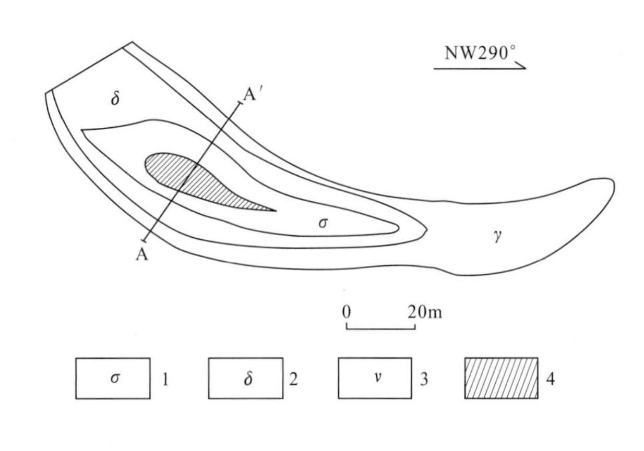

图 3-28 环状超镁铁质—镁铁质侵入体的岩性平面分布
（云南金平白马寨）
1. 橄榄岩；2. 辉石岩；3. 辉长岩；4. Cu-Ni 硫化物矿体；围岩为黑色板岩

二、镁铁质岩

镁铁质岩是地幔岩部分熔融形成的基性岩浆在深部聚集、上升侵位于地壳后经冷凝固结形成的，它常与岩浆成因的超镁铁质岩共生构成层状岩体或环状岩体，有时还与非岩浆成因的超镁铁质岩混杂堆积在一起。

镁铁质岩 SiO_2 含量为 45%～53%，属基性岩类，代表性的岩石为辉长岩，主要矿物组成为辉石和斜长石，一般的辉长岩色率为 90～40；淡色辉长岩的辉石含量较低，仅有 10%；而暗色辉长岩的暗色矿物含量较高，可达 90%。若岩石中暗色矿物含量低于 10%而斜长石含量超过 90%，则岩石定名为斜长岩；若岩石中斜长石含量小于 10%而暗色矿物含量大于 90%，则属超镁铁质岩了。

辉长岩的主要矿物为辉石和斜长石，次要矿物为橄榄石或角闪石，此外也可含有少量的黑云母、石英和钾长石。岩石为灰色、灰黑色，中粗粒结构，块状、条带状构造，有时岩体边缘还具球颗结构，其球颗为细粒斜长石和辉石矿物的聚集体。岩石中辉石为黑色或暗褐色，短柱状，断面多呈短矩形，它与磁铁矿的区别是偏于金刚光泽的玻璃光泽、十分完善的解理和无磁性，尤其是它的两组解理呈阶梯状而具 90°的交角。斜长石为较窄的板状晶形，颜色深浅不一，大多为灰白色，有的呈深灰色，在一些较大的斜长石解理面上有时可见细而密集的聚片双晶纹。斜长石解理面平滑反光，具完全解理，在有些断面上因不发育解理而显示参差不齐的断口，并具油脂光泽。辉长岩有时会出现浅色矿物和暗色矿物分别相对集中而显示不同的色带，构成条带构造。大型辉长岩体常具成层性而显示清楚的垂直分带，显现其底部为超镁铁质岩；中部为辉长岩；上部为淡色辉长岩或斜长岩直至闪长岩。这种垂直分带也可表现在岩石的矿物组成和结构的变化上，如从下到上橄榄石和辉石含量逐渐减少，斜长石含量逐渐增多，矿物的粒度也由粗逐渐变细。值得注意的是，这种岩性和矿物组成的纵向变化会多次重复出现而构成多个韵律。人们常把这种成层而又具韵律的侵入体称为层状辉长岩体。由于该侵入体常与玄武质熔岩密切伴生，而且它又是这种岩浆的储集场所，故又称该侵入体为岩浆房。

表 3-15 不同产状的非岩浆和岩浆成因超镁铁质岩特征一览表

成因	非岩浆成因		岩浆成因			
产状	包体	构造岩片(块)	包体	层状侵入体	板状侵入体	环状侵入体
岩石类型	辉橄岩(二辉橄榄岩)	纯橄岩、辉橄岩(方辉橄榄岩)	纯橄岩、辉石岩	辉石岩、橄辉岩、辉橄岩、纯橄岩	辉石岩、橄辉岩、辉橄岩、纯橄岩	辉石岩、橄辉岩、辉橄岩、纯橄岩
岩性分布	均一	均一	均一 暗色矿物相对聚集	自下而上的韵律性层状	自下而上的简单性层状	由内向外的环状分布
与辉长岩共生关系	不共生	不共生，可混杂堆积在一起	可以与辉长岩包体在一起出现	共生	共生	共生
矿物组成	黄绿色橄榄石、黑色斜方辉石、翠绿色单斜辉石	黄绿色橄榄石、黄色斜方辉石	黄绿色橄榄石、黑色辉石(斜方、单斜均有)	黄褐色橄榄石、黑色辉石(斜方、单斜均有)	黄褐色橄榄石、黑色辉石(多为单斜)	黄褐色橄榄石、黑色辉石(多为单斜)
矿物特点	橄榄石无解理、辉石不发育解理	橄榄石中等解理、辉石具完全解理	橄榄石无解理、辉石具完全解理	橄榄石无解理、辉石具完全解理	橄榄石无解理、辉石具完全解理	橄榄石无解理、辉石具完全解理
副矿物或金属矿物	尖晶石、石榴石	铬铁矿、含铬磁铁矿	—	V-Ti 磁铁矿	Cu-Ni 硫化物	Cu-Ni 硫化物
结构	镶嵌结构	镶嵌结构	结晶结构	包含结构、非等自形结构、堆积结构	包含结构、非等自形结构、堆积结构	包含结构、非等自形结构
构造	块状、变形	块状、变形	块状	层状、条带状、斑杂状	层状、条带状	块状
次生变化	无	蛇纹石化普遍、透闪石化局部	无	弱	弱	蛇纹石化普遍
成因机理	大陆原始地幔样品	大洋亏损地幔样品	聚合堆积作用	重力分异作用、对流分异作用	重力分异作用、液态不混溶作用	对流分异、液态不混溶
构造背景	产于大陆拉张伸展背景下的碱性玄武岩、金伯利岩之中	形成于大洋扩张，定位于碰撞俯冲带	产于大陆拉张伸展背景下的各种玄武岩之中	形成于大洋中脊和大陆裂谷	造山(褶皱)作用晚期的伸展	地幔柱边缘的伸展

辉长岩还见于板状侵入体内，在板状的简单层状侵入体顶部和环状侵入体外缘出露。此外，未发生任何分异且独立产出的辉长岩体也有发现，不过该岩体规模非常小。

在该类岩石中还有一种色率极低且几乎全部由斜长石组成的特殊岩石称之为斜长岩(见图 3-26 中 1 区)。该类岩或为镁铁质杂岩体内组合的岩石单元之一，或为地球上变质基底中的古老深成火成岩，或产于月岩内。

第五节　中性—长英质(花岗质)岩类

一、一般特征

此类岩石又称为花岗质岩类(granitoid rocks),它通常广义地指 SiO_2 含量大于53%的全晶质火成岩。花岗质岩类在大陆地壳分布量最多,地表出露也较广泛,且常呈大规模的岩基、岩株产出。该类岩石可以成为大型山链的主体,如我国的南岭花岗岩和秘鲁和加拿大临太平洋的海岸花岗岩;也可发育于造山运动但不一定形成造山系的非造山地区,如我国长江中下游的燕山期花岗岩;不仅如此,古老的花岗岩类还可构成古大陆的陆核,如我国黄陵崆岭群内的新太古代古村坪岩组中的灰色片麻岩被认为是扬子古大陆内最古老的花岗质陆核。

二、岩石定名

确定中性—长英质(花岗质)岩石的名称须使用Q(石英)-A(钾长石)-P(斜长石)三角形定量矿物命名(图3-29)。该定名方案只是确定岩石的基本名称,给岩石最终定名还需遵循以下原则:颜色+结构(粒度)+次要矿物名+基本岩石名。

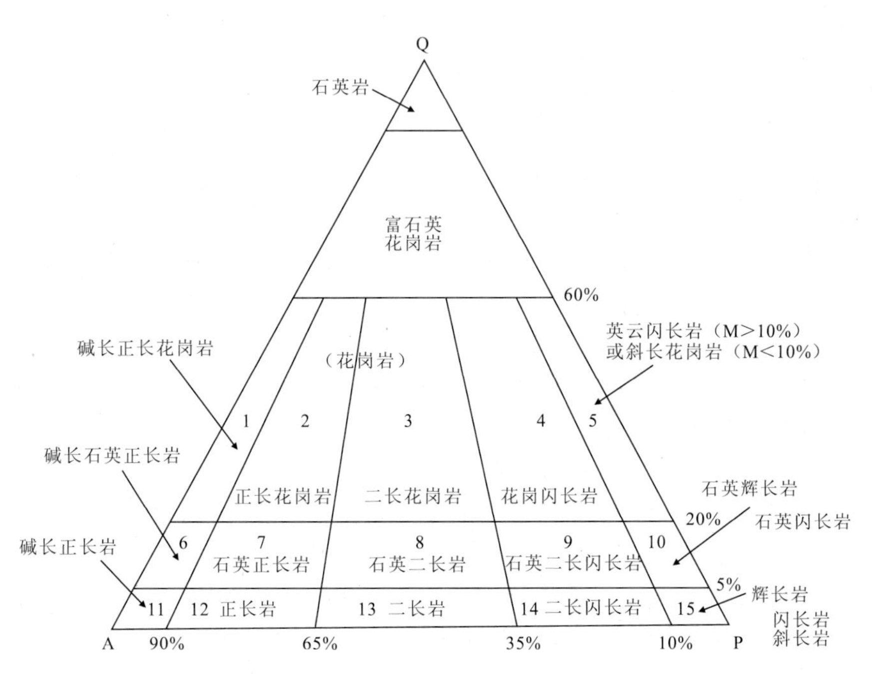

图3-29　中性—长英质(花岗质)岩石的Q-A-P定量矿物命名

(据Le Matre,1989)

Q.石英;P.斜长石;A.钾长石+条纹长石+钠长石;M.暗色矿物

三、主要的岩石类型及其特征

1. 花岗岩

这里的花岗岩是指 SiO_2 含量大于 66%的全部全晶质岩石。该岩石具高的 SiO_2 和 K_2O+Na_2O 含量(后者质量分数平均为 6%～8%),但 MgO、FeO 和 CaO 含量较低。在矿物组成上,浅色矿物含量达 85%以上,主要为石英、钾长石和斜长石,其中石英含量在 20%以上,钾长石和斜长石可以具任意比例,所以该岩石实际上是碱长正长花岗岩、正长花岗岩、二长花岗岩、花岗闪长岩和英云闪长岩(斜长花岗岩)5 种岩石的总称。20 世纪 70 年代前,许多学者曾将花岗闪长岩定义为花岗岩与闪长岩之间的过渡性岩石,这与现在统一遵循的命名方案是矛盾的。根据Q-A-P 命名图(图 3-29)可知,花岗闪长岩实为花岗岩类,具体来说,它是斜长石含量大于钾长石且石英含量大于 20%的一种花岗岩。据文献资料记载,某些花岗质的岩体过去也曾定名为花岗闪长岩,如周口店房山岩体。那么根据现在的命名方案应定名为石英二长闪长岩才是,而非属这里所说的花岗岩。

一般来说,花岗岩的暗色矿物为黑云母、角闪石,色率仅 15 以下。但也有一种称之为淡色花岗岩的特殊长英质岩石,其暗色矿物低于 5%,且在 Q-A-P 命名图上并无特定的位置。该岩石的特殊之处在于:①暗色矿物含量极低;②暗色矿物多为白云母或为二云母;③形成于陆内造山的地质构造背景。此外,在麻粒岩相的变质岩区常出露较古老的紫苏花岗岩,其暗色矿物为短柱状辉石。

花岗岩色浅,以肉红、粉红和灰白等颜色为主,颜色的多样性并非取决于暗色矿物,而主要受两种长石的含量比例影响。显然,钾长石含量高的岩石为浅肉红色或浅黄褐色;斜长石含量高的岩石则为灰白色。这里同样要注意,钾长石具肉红色和斜长石具灰白色的经验认识只有在这两种长石共生在一起时才有效和成立,因为当岩石中只有一种长石时,钾长石可以为灰白色,斜长石可以为黑色、灰绿色。

显然,钾长石最可靠的鉴定特征应是:阶梯状明显的解理;具卡氏双晶,表现为在反射光下常见单一的矩形颗粒呈现反光不同的明暗两半,中间似有一平直的直线相隔;具条纹结构,条纹在晶体中排列略有定向,也可呈不规则的水系状分布,条纹的颜色常比主体长石要浅。斜长石的鉴定特征是:具平整光滑的解理面,且阶梯状不明显;有时可见聚片双晶,即在斜长石平滑的解理面上观察到平行于长轴的细窄亮缝。

花岗岩中的石英为烟灰色,因具贝壳状断口而呈油脂光泽。花岗岩除具等粒中—粗粒结构外,还常发育似斑状结构,此时基质为显晶。似斑状结构的斑晶多为钾长石,其粒径粗大,可达数十毫米而构成巨斑;有时钾长石斑晶还具斜长石的环边,称之为更长环斑。仔细观察发现,有些巨斑钾长石并非独立的晶粒,而是由若干稍小粒径的钾长石聚合而成,显然这种巨斑实为聚斑。花岗岩多为块状构造,在岩体边缘有时发育斑杂构造。有些古老的花岗岩或花岗岩的边缘还具有片麻状构造,前者由区域变质作用形成;后者可能为岩浆流动所致。花岗岩因粒粗而极易风化,风化时常呈页状剥落,又称洋葱皮风化,这是含盐水渗入该岩石内,使其中的石盐晶出生长导致岩石层层破裂的缘故。花岗岩区若无后期构造叠加,其构成的地形趋于平缓或呈圆丘状。节理发育的花岗岩地区因发育球形风化而形成奇异的风动石(图 3-30),风动石无论是冰碛石成因还是花岗岩球形风化成因都应是纯天然产物,有人误把风动石上的小凹坑当作是人工雕凿的证据,这是不对的。需知,这些小凹坑是花岗岩中常含有的暗色包体相

图 3-32　黄陵花岗岩中岩浆混和的镁铁质包体(群)
拉长的棱状包体定向排列
(秭归银杏沱)

之间又常呈非侵入的接触关系(详见第六章)。

3. 矿物组成特征

浆混岩内的矿物组成常表现出不正常的共生,如岩石中同时出现橄榄石和石英,或辉石和石英,这在我国云南腾冲渐新世芒棒组玄武岩和甘肃肃南古生代玄武岩中常见,证实这些玄武质岩石曾经历过岩浆混合作用。

4. 结构特征

浆混岩的结构表现为矿物颗粒大小不均一,常出现大小悬殊的情况,分布无一定规则,无法用统一和传统的结构术语描述,根据前文矿物组成二元性的论述,我们可笼统用二元结构来表示。

图 3-33　浆混的微粒闪长岩包体(短黑线区)内外的钾长石(Or)和斜长石(Pl)巨晶
(北京房山周口店)

5. 构造特征

浆混岩的构造特征较明显,如斑杂状、角砾状、条痕状、条带状、树枝状、云杂状、阴影状、梭条状和网脉状等。这些构造类似于混合岩发育的构造,只不过浆混岩构造表现的是基性岩浆与不同状态的花岗质岩浆的相互关系,而混合岩是液态花岗质脉体与固态变质基体的关系。

三、浆混岩的命名和形成机理

浆混岩并无专属的定名方案。若为均一(块状)构造的浆混岩,只需按前述全晶质岩石的定名规范予以定名并加“浆混的”前缀,在描述时应详尽介绍其岩浆混合(和)作用的表现、依据、分布和产状。对于那些构造不均一的浆混岩,则需笼统命名为浆混岩即可,但需加上构造特征的前缀,如斑杂状浆混岩。对于岩浆混合(和)形成的包体除按规范定名外也可统称为浆混体。

Didier 等(1991)认为,炽热的镁铁质岩浆进入较冷的长英质岩浆体中发生的岩浆混合

(和)作用主要取决于长英质岩浆体的物理状态(热状态)。显然，长英质岩浆体随时间将会按完全液态(L_A)—少部分结晶的半固结状态(L_A+S)—大部分结晶的半固结状态($S+L_A$)—完全固态(S_A)的趋势变化，当炽热的镁铁质岩浆(L_B)进入上述不同状态的长英质岩浆体时就会发生岩浆混合(mixing)—岩浆混合与岩浆混和(mixing and mingling)—岩浆混和(mingling)—岩浆侵入(intrusion)(图 3-34)。从这个意义上说，火成岩中的岩浆侵入作用是两种岩浆相互作用的另一种极端形式。

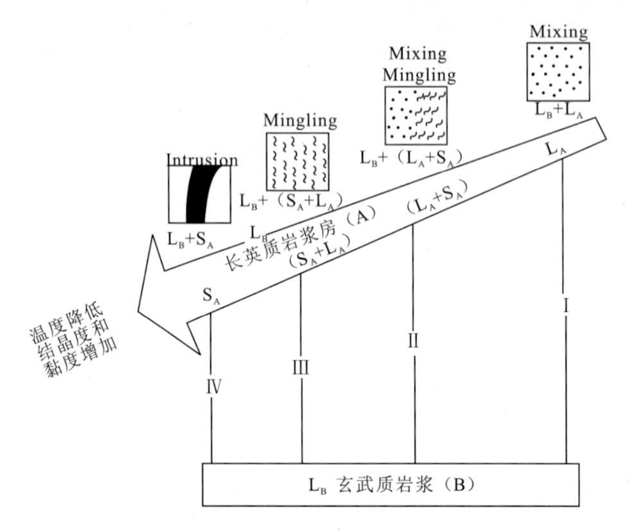

图 3-34 镁铁质岩浆(L_B)进入不同状态的长英质岩浆体(L_A)中发生的相关岩浆作用模型

(据 Didier and Barbarin，1991，本次略有修改)

Ⅰ. 岩浆混合作用；Ⅱ. 岩浆混合与岩浆混和作用；Ⅲ. 岩浆混和作用；Ⅳ. 岩浆侵入作用；

L. 熔体；S. 固体岩石；A. 长英质；B. 镁铁质

第九节 火山碎屑岩类

一、一般特征

火山碎屑岩是指经火山爆发作用形成的各种火山碎屑物经搬运、堆积后进而发生压结、胶结和熔结等成岩作用形成的岩石。应该说，火山碎屑岩是火成岩中研究进展最为明显和突出的一类岩石，这得益于流体力学基础理论的引入和应用。火山碎屑物并非原地堆积成岩，而是不同程度地经历过搬运。如离开地面的火山碎屑物因自重下落沉降，未离开地表的火山碎屑流靠自身的能量和热流而迁移，火山碎屑物还可以被水等介质再次搬运，就是隐爆的火山碎屑物也会有一定距离的移动。火山碎屑物可以在近火山口处堆积下来，也可以迁移达 100km 之远。火山碎屑压结和胶结成岩的方式类似于沉积岩的成岩，但其火山碎屑物的来源主体却是岩浆。火山碎屑物形成于 3 种状态：液态岩浆达到近地表因气体浓集而使其内压力剧增和外压力突降导致的碎屑化；先期已固化的火山碎屑岩因后一次火山爆发而再次碎屑化；围岩和深源物质因火山爆发炸碎的碎屑化。这里需指出的是，一般酸性岩浆喷发易碎屑化，这是因为它的黏度大、流动性差而常堵塞于火山口,从而导致内压力不断增大继而发生火山爆发作用。我国东南部中生代广布的火山碎屑岩在化学成分上多属于中酸性岩也说明了这个道理。

(一)火山碎屑的类型

1. 岩屑

顾名思义,岩屑为岩石碎屑,根据物态它又可划分为刚性、半塑性和塑性 3 种类型。

(1)刚性岩屑。这是火山爆发之前就已经存在的固态岩石被火山爆发作用炸碎形成的,这种岩屑多呈棱角状、不规则状,其外围具封闭的边缘,内部为矿物的集合体。这种岩屑多为隐晶质,如燧石(硅质岩)、霏细岩、泥质岩、板岩和千枚岩的岩屑。硅质岩的岩屑为灰色、灰黑色,硬度大于小刀,用小刀不能刻动;霏细岩岩屑为灰白色、白色,有时能看到细小的闪亮点,用小刀刻划有可能划出刻痕,这是因小刀刻在细小的矿物颗粒之间的缘故;泥质岩、板岩和千枚岩硬度较低,用小刀刻划能留下刻痕,与霏细岩岩屑的区别是其颜色较深,无细小的闪亮点。岩屑可具斑状结构,如安山岩岩屑,在其上有可能看见黑色的角闪石长柱状斑晶。有时岩屑可具细粒结构,而中、粗粒结构的岩屑是不存在的,因为火山爆发将会使其炸碎或因爆炸震动而使矿物颗粒从岩石中脱落。

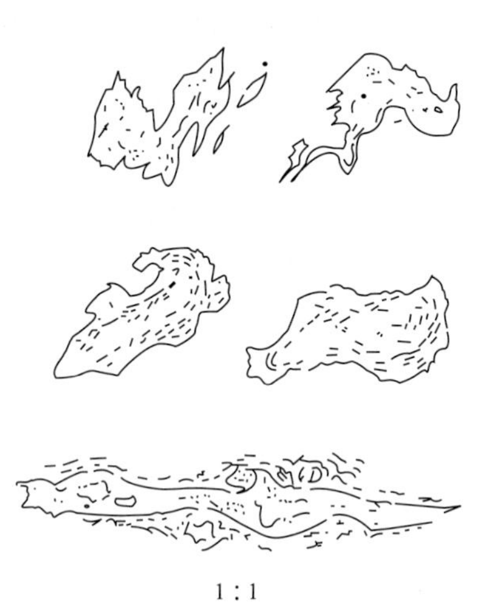

图 3-35 塑性岩屑(又称浆屑或火焰石)的形态

(2)塑性岩屑。又称火焰石,它是火山爆发时岩浆液滴从地下甩出并在空中炸碎、撕裂和扭曲形成的岩浆碎片,故也可称为浆屑。浆屑多呈火焰状、牛粪状和舌状,常见其被扭折、弯曲(图3-35)。浆屑不易辨认,在露头和标本上常具较暗的颜色和奇特的扁长形态。

(3)半塑性岩屑。这是岩浆团被喷发到空中因未完全冷凝而在坠落之前发生旋转和呈抛物线运动形成的弹状火山碎屑,这种火山碎屑常呈纺锤状、麻花状和炮弹状,故又称火山弹。典型火山弹飞行前方的弹头具细窄短小的前缘,弹中呈宽的流线状体形,弹尾为拧成麻花状的小柄(图 3-36)。火山弹的表面为光滑的玻壳,内部可能含有斑晶矿物。火山弹多为较基性的岩石成分而呈较暗的颜色。

2. 晶屑

这是火山爆发时被崩碎的矿物晶体碎片。晶屑大多来源于岩浆在地表以下较早结晶的矿物斑晶,部分来自周围岩石的矿物颗粒。常见的晶屑有石英、斜长石和钾长石,它们多呈棱角状和阶梯状。黑云母、角闪石等暗色矿物在火山碎屑岩中也常见,但仅表现为形态弯曲而未发生破碎,这是因为此类矿物具较强的韧性。从这个意义上说,黑云母等暗色矿物在火山碎屑岩中不能称之为晶屑,而是独立的变形矿物晶体(图 3-37)。石英晶屑为黑色和烟灰色,具油脂光泽,有时因热胀冷缩而形成假解理,但此解理缝不平直且呈锯齿状延伸(福建莆田);长石类晶屑多呈阶梯状边缘,能观察到闪光的解理平面。晶屑的矿物组成对于火山碎屑岩的岩浆化学性具有重要的指示意义(表 3-21)。

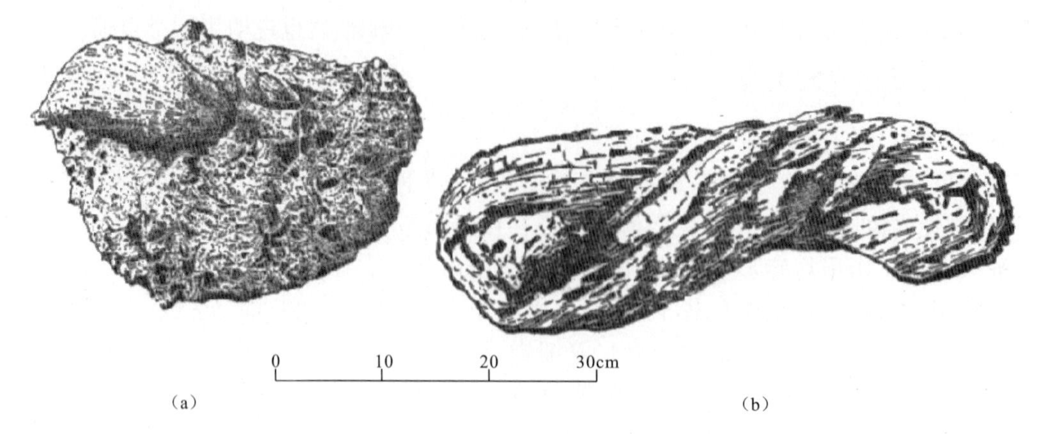

图 3-36 火山弹(半塑性岩屑)的形状

(a)山西大同,纺锤状;(b)黑龙江五大连池,麻花状

(据乐昌硕,1984)

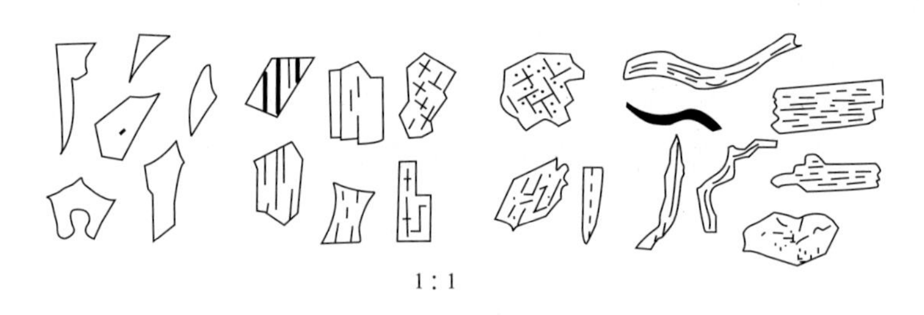

图 3-37 火山碎屑岩中的晶屑和变形黑云母

黑云母为黑色和具一组解理者

表 3-21 晶屑成分对火山碎屑岩来源的岩浆化学性指示

晶屑成分	火山碎屑岩的岩浆化学性
斜长石	安山质(中性)
石英+斜长石	英安质(中酸性)
钾长石	粗面质(中性)
钾长石+石英	流纹质(酸性)
钾长石+斜长石+石英	流纹英安质(中酸性)
钾长石+斜长石	粗安质(中性)

3. 玻屑

玻屑是火山玻璃的碎片,分为刚性和塑性两类。刚性玻屑在偏光显微镜下多呈凹面棱角状(俗称鸡骨状),但在手标本上很难辨认,有时呈色深的细小"Y"字形,若玻屑为无色时就更难识别了,这需通过估计火山碎屑岩中晶屑和岩屑的含量后,用 100%减去上述两碎屑物之和的间接办法获得其含量,这种处理办法等同于把相对易辨认的晶屑和岩屑以外的火山碎屑物都划归为玻屑了(也包括 0.1mm 以下的火山尘)。塑性玻屑常被压扁拉长,而且棱角因熔蚀

造活动强烈，剥蚀速度快，搬运距离较短，埋藏速度较快，气候因素的影响将退居其次。

2)结构成熟度

结构成熟度主要是根据沉积岩中碎屑的结构特征(圆度和分选性)和基质在碎屑岩中的含量来划分(表4－15)。

表4－15 结构成熟度的划分

结构成熟度划分	碎屑的结构特征		基质含量(%)	可能的沉积环境
	圆度	分选性		
不成熟	棱角状	差	5～15	泥石流、洪积、冰碛、河流上游
中等成熟	次圆状	中等	<5	洪积、湖泊、风成沙丘、河流中游
成熟	圆状	好	<5	海滩、湖滩、风成沙丘、河流下游

3. 碎屑颗粒的支撑

支撑是指构成岩石内部碎屑颗粒的基本骨架，是陆源沉积物在成岩作用的压结阶段承受压力而最终定格形成的。显然，它是碎屑颗粒和基质(而非化学物)间分布和相对含量的反映，据此可将支撑分为基质支撑和颗粒支撑两大类(图4－24和表4－16)。

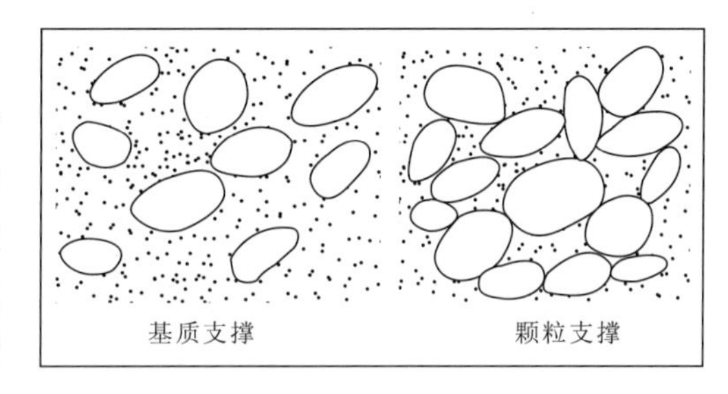

图4－24 支撑类型划分

表4－16 各支撑类型特征及指示意义

支撑类型	基质支撑	颗粒支撑
基质与碎屑颗粒的相对含量	基质>颗粒	基质<颗粒
基质与胶结物含量	基质>胶结物	基质<胶结物
碎屑颗粒分布	彼此互不接触	彼此接触
埋深状况	埋深较浅	埋深较深
压实作用	不明显	明显
水流条件	含基质的高密度流	高强度稳定水流

这里必须实事求是地指出，碎屑颗粒的支撑特点在手标本和露头上并非能观察得到，这是因为颗粒的支撑类型只是沉积岩成岩初始阶段(压实)的一种过渡性表现形式，它会在成岩过程后续的各种作用(如胶结作用)中被改造和取代。因此，后述的胶结作用特点才是我们认识的和观察碎屑的重要内容。

4. 胶结

胶结是指胶结物与碎屑颗粒在成岩作用胶结阶段形成的彼此关系。它可以反映碎屑颗粒和胶结物之间分布和相对含量的特点，当然，它也是一种沉积岩成岩方式的表现。我们将胶结物胶结碎屑颗粒的方式划分为基底式、孔隙式和接触式3种类型(图4－25)。

(1)基底式胶结。基质或胶结物的含量多，碎屑颗粒孤立地散布于胶结物或基质内且彼此不相接触或很少接触，其中的基质和碎屑物是同时沉积的。

(2)孔隙式胶结。碎屑颗粒相互接触，基质或胶结物充填于粒间孔隙之中且含量较少。

(3)接触式胶结。基质或胶结物含量极少，碎屑颗粒紧密接触，基质或胶结物仅存在于颗粒的彼此接触处，粒间孔隙内尚无基质或胶结物充填，故具该胶结类型的岩石孔隙度最大。

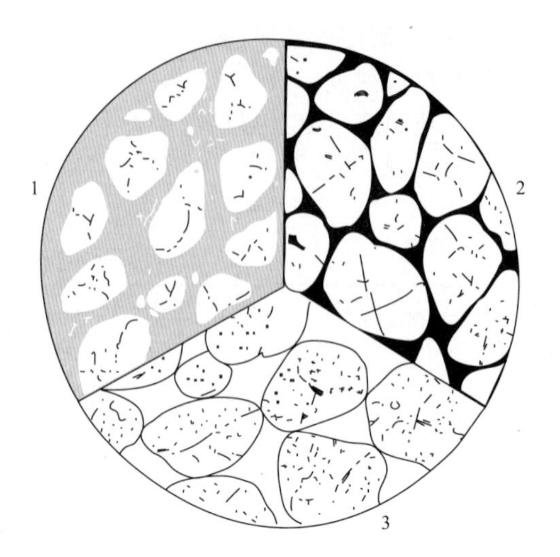

图 4-25　胶结类型划分
1. 基底式；2. 孔隙式；3. 接触式
碎屑之间的灰、黑充填物为胶结物；
碎屑之间的空白之处表示无胶结物

二、砾岩类

由直径大于 2mm 的陆源碎屑组成且其含量在 50%以上的沉积岩称为砾岩。砾岩中砾石的粒度变化范围很大，从 2mm 到几米都有，常见的是几厘米至几十厘米。由于砾石颗粒粗大，故其组成以岩屑为主，石英单矿物次之，少有长石单晶。砾岩中各种组成和结构的岩屑均可出现，这主要取决于母岩区的岩性和堆积速度。除岩屑外，在较细粒级的砾岩中可有长石、石英等单晶矿物碎屑。砾石之间的孔隙多为砂粒和基质充填，化学胶结物相对较少。砾岩中砾石的圆度差异可以很大，从棱角状至圆状均可出现，通常依据砾石的圆度可把砾岩分为砾岩(主要由次圆至圆状的砾石组成)和角砾岩(主要由棱角状砾石组成)。砾岩和角砾岩一般不发育层理，但厚度很大的砾岩层(如新疆库车的城墙砾岩)也见有斜层理和粒序层理。砾(角砾)岩有很多种分类，各种砾岩的特征和成因也极不相同。

(一)砾岩的分类

1. 按砾石的粒径大小划分

砾岩按砾石粒径大小划分为巨砾(角砾)岩、粗砾(角砾)岩、中砾(角砾)岩和细砾(角砾)岩，砾石粒径划分标准见表 4-13。

2. 按砾石岩性的复杂程度划分

1)单成分砾岩

单成分砾岩指的是基本上由同一种岩性的砾石(同种岩性砾石占总砾石的 75%以上)组成的砾岩。其砾石多为抗风化能力极强的岩石碎屑，如石英岩和燧石岩。砾石粒径一般不大，以数厘米至 10cm 范围者居多，分选好、磨圆程度高，且以圆状颗粒居多。该砾岩层厚度不大，但较稳定。胶结物成分较单一，主要为钙质或硅质，有时也有铁质，较少情况下有少量的基质。胶结类型多为孔隙式。

石英质的单成分砾岩多分布于地形较平缓的滨海地带。在那里，碎屑物质经历了长期的风化和远距离搬运，还遭受波浪不断的再冲刷和磨蚀，致使不稳定的砾石分解消失，因而形成这种成熟度高、分选良好和圆度也高的单成分砾岩。从地质剖面上来看，一个大的海进开始阶段形成的底砾岩常是这种单成分砾岩。如北京燕山地区石炭系底部与下伏奥陶系接触的平行不整合面之上就有这种石英质的单成分砾岩。该砾岩层厚度不大，分布也不十分稳定。山东蒙阴地区覆盖于寒武系和奥陶系石灰岩之上的第三系(古近系+新近系)砾岩也是一层很典型的石英质单成分砾岩，据报道，该砾岩层中还含有金刚石。在较少情况下，有时也可见有碳酸盐岩或火山岩等不稳定岩屑组成的单成分砾岩，这类砾岩一般是近母岩区快速剥蚀和堆积的产物。

2)复成分砾岩

由成分复杂、岩性不同和稳定性各有差异的砾石共同组合构成的砾岩称为复成分砾岩。复成分砾岩的分选性一般不好，颗粒大小比较悬殊，大者直径有时可达1m以上，通常以10～20cm者居多，砾石圆度的变化也很大。复成分砾岩岩层的厚度常较大，可达几十米甚至上千米。

复成分砾岩的填隙物通常较复杂，常含有石英、长石和云母等单晶矿物以及各种细小的砂及泥质基质，化学胶结物则多为钙质、泥质和硅质，有时也有铁质胶结物混杂。该砾岩胶结类型主要为孔隙式和基底式。复成分砾岩的砾石成分主要为安山岩、流纹岩、石英砂岩和石灰岩等，有时还见有以中一细粒花岗岩岩屑为主的复成分砾岩，如我国丽江城内的复成分巨砾岩。

复成分砾岩多分布于地槽区或某些断陷盆地的边缘，是山系迅速破坏、堆积的产物，故最常见的复成分砾岩是在山麓边缘发育的冲积扇砾岩。一些河流砾岩、湖滨砾岩以及冰川砾岩也可为复成分砾岩。复成分砾岩还常与长石砂岩、岩屑砂岩、泥质岩及火山碎屑岩等共生。

3. 按成因划分

1)滨海砾岩

在滨海地区由河流搬运来的砾石或海岸破坏形成的砾石遭受波浪和潮汐的反复冲刷和磨蚀，有可能还经历过沿岸海流的搬运，最终在滨海堆积形成的砾岩。滨海砾岩一般沿海岸线呈断续带状分布，多为颗粒不很粗大、分选良好、圆度高、成分单一的石英质砾岩，有时含海岸生物化石。滨海砾岩厚度不大，呈透镜状或较稳定的层状，可有交错层理，常与石英砂岩共生。

2)冲积扇砾岩

冲积扇砾岩分布于山间盆地或山前坳陷的边缘，由山区洪水在刚出山口处因流速突然减低而使碎屑物质快速堆积形成，其特征是分选不好，巨砾和泥质混杂，圆度差，砾石成分复杂。该砾岩层沿走向局部厚度可增大，可达几十米至几千米，在横向上岩性和厚度有较大变化，且常与成分比较复杂的长石砂岩、岩屑砂岩等共生。这种砾岩体多呈大的透镜状，但有时也可呈延伸很长的带状。

3)河流砾岩

河流砾岩多位于河床沉积的底部，特点介于滨海砾岩和冲积扇砾岩之间，分选一般较差，常有砂泥物质混杂，圆度中等。砾石扁平面向上游倾斜，倾角13°～30°，长轴大部分与水流方向平行。砾岩体多呈透镜状或楔状，底部常有冲刷痕迹，在纵向上常渐变为砂岩或突变为泥质岩及粉砂岩。

4)冰川角砾岩

冰川角砾岩的主要特点是分选很差，砾石磨圆差而呈角砾状。岩石中含有大小不等的砾石和大量的泥和砂，所以说，这种砾岩实际上是砾、砂、粉砂和泥的混合物，砾石含量常常未超过50%。砾石的棱角尖锐，表面多有不同方向的刻痕；排列杂乱，其扁平面的倾角变化较大，大者可达40°以上，小者近水平；成分复杂，其内常见有新鲜的单晶长石和岩屑。我国南方南华系南沱组就发育有这种冰川角砾岩。

5)喀斯特角砾岩

喀斯特角砾岩亦称岩溶角砾岩或溶洞角砾岩，是石灰岩地区溶洞顶壁垮塌堆积而成的。特点是角砾主要为石灰岩，有时也可以有少量地表水流或地下河带来的其他碎屑；胶结物为溶洞中沉淀的碳酸盐矿物，晶粒较粗大，常具栉壳结构；有时还含有石灰岩风化后形成的红土物质。此种角砾岩分布局限，多呈不规则的囊状体。

6)盐溶角砾岩

盐溶角砾岩是石膏或盐岩等蒸发岩层塑性变形和风化溶解，其中的碳酸盐岩或泥质岩中的夹层及围岩发生破碎崩塌形成的。它的主要特点是角砾棱角尖锐，无任何搬运和分选，成分常是白云岩、石灰岩或泥质岩(图4-26)；角砾大小几毫米至数微米不等；胶结物多为钙质和膏盐溶解后的残余物质。白云岩角砾中常有长条状或针状的石膏晶体或其他盐类矿物晶体的假象(多为方解石交代而成)。盐溶角砾岩的分布局限，但发育的层位较稳定，通常底板较平整而顶板不太规则。在剖面上往往不止出露一层，而是多层间断性出现，其间常被白云岩、石灰岩或其他岩石相隔，往深部延伸即过渡为原生的石膏、硬石膏或岩盐层，因而它也是寻找蒸发盐矿床的重要线索。我国河南济源县寒武系下部、山西临汾中奥陶统、四川及长江中下游三叠系的碳酸盐岩中广泛发育这种盐溶角砾岩，我国山东、江苏、江西、湖南、云南等地的中新生代红色含盐岩系中也可见。

图4-26　上三叠统嘉陵江组盐溶角砾岩

(二)砾岩的定名

砾岩定名需先划分单成分砾岩和复成分砾岩，然后分别进一步定名。

单成分砾岩：颜色+胶结物成分+砾石岩性+砾石粒径级别+砾岩，如灰白色硅质石英岩细砾岩、灰黄色泥质泥岩中砾岩。

复成分砾岩：颜色+胶结物成分+复成分+砾石粒径级别+砾岩，如灰色钙质复成分粗砾岩。

(三)砾岩的研究意义

砾岩和角砾岩的研究具有重要的地质意义。砾岩和角砾岩在沉积岩中虽然占的比例不大，但分布却很广，从前寒武纪直至以后的各个地质时代均有产出，所以应当重视。

砾岩形成的母岩区应具有高差较大的地形条件，多数砾岩形成于强烈的构造运动之后，产于造山带较广泛的地区。因此，砾岩在地层分析中意义甚大，有时可作为标志层，有时还能说明沉积间断或区域不整合的存在，这对认识区域地质发展的历史极为重要。

砾岩的成分、结构、构造以及砾岩体的形态等特征与其成因有密切的关系，它反映母岩的成分、剥蚀和沉积速度、搬运距离、水流方向、水动力条件，以及古气候、古地形的条件等。因此研究砾岩对确定岩石的成因类型和沉积环境都有重要的意义。

砾岩往往是重要的储水层和储油层，有的砾岩中还含有金、铀、金刚石等重要矿产，盐溶角砾岩则是寻找蒸发岩矿床的重要找矿标志，因此研究砾岩和角砾岩还具有重要的经济意义。

三、砂岩类

(一)一般特征

粒径为0.05～2mm的陆源碎屑含量在50%以上的沉积岩称为砂岩。砂岩是一种分布很广的岩石，约占沉积岩分布总量的1/3，仅次于泥质岩，居第二位。

砂岩的碎屑成分主要是石英、长石和岩屑3种。在大多数砂岩中石英都是最主要的碎屑，也是最稳定的组分；长石和岩屑在表生条件下较易被破坏，属于较不稳定的组分。由于砂岩碎屑的粒度较细，故其中所含的岩屑自身均为细晶结构或隐晶质结构，常见的岩屑有各种喷出岩、板岩、千枚岩、凝灰岩和硅质岩等。这些岩屑的颜色都较深，为黑色、深灰色、褐红色、灰绿色等，岩屑的断口不光滑，光泽较暗淡，具有封闭的轮廓和一定的外形。在野外鉴定时，可根据上述特征将它与石英、长石等晶粒区分开。砂岩中碎屑的成分和含量主要取决于母岩的成分和沉积物改造的历史。长石和岩屑能直接反映母岩的性质，长石可以来自花岗质岩石的母岩区，也可以是结晶基底岩石分解形成；沉积岩、喷出岩和浅变质岩的岩屑均产于地壳浅部，是母岩区切割剥蚀不深的标志；石英是最稳定的组分，来源广泛，它在岩石中的富集程度可以反映碎屑物质经受改造的程度。沉积物的搬运和沉积的过程也是非稳定组分不断被淘汰和稳定组分不断富集的过程，因此，岩石中石英的含量愈多则表示碎屑物质经受的改造愈充分，矿物的成熟度愈高。

砂岩中的胶结物常见的有钙质、硅质、铁质等，有时还有海绿石、石膏等。在分选性很差的砂岩中会含较多的泥质基质。

砂岩的粒度、分选性及圆度等结构特征差别很大，它们取决于搬运介质的性质、动能大小、搬运距离和堆积速度。砂岩是机械沉积作用的产物，砂粒在流水搬运的过程中又是最活跃的组分，故砂岩中各种层理构造和层面构造都很发育；各种类型的斜层理、交错层理以及平行层理、粒序层理等都极常见；波痕、冲刷痕迹、槽模、沟模和生物扰动构造等也很发育。这些特征均成为砂岩成因和沉积环境分析的重要标志。

(二)砂岩的分类定名

砂岩分类定名是比较详尽的，它主要根据结构(粒度大小)和碎屑物组成含量分别制定定名原则。

(1)按碎屑粒度大小可将砂岩分为巨粒砂岩、粗粒砂岩(粗砂岩)、中粒砂岩(中砂岩)、细粒砂岩(细砂岩)。它们的碎屑粒径划分标准见表4-13。

(2)按砂岩中基质含量分为净砂岩(填隙物总量中基质含量<15%)和杂砂岩(填隙物总量中基质含量>15%)。从某种意义上说，杂砂岩有可能是泥质胶结的砂岩，而净砂岩也即为常称的砂岩。

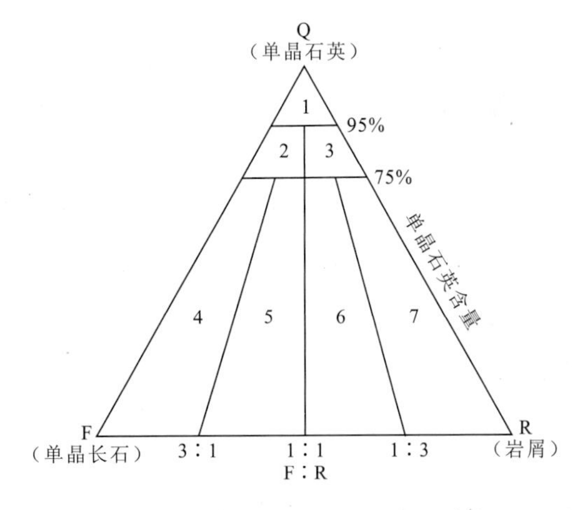

图4-27 砂岩的Q-F-R定量命名

1.石英砂岩；2.长石石英砂岩；3.岩屑石英砂岩；4.长石砂岩；5.岩屑长石砂岩；6.长石岩屑砂岩；7.岩屑砂岩

(据福克，1968)

(3)按各碎屑物含量划分。此方案是石英(Q)-长石(F)-岩屑(R)3个端元的定量组成划分(图4-27)，获得的岩石名称仅为砂岩的基本岩石名。这里需指出的是，在使用Q-F-R图定名时还应扣除砂岩标本中的胶结物和基质的含量，此后换算Q、F和R的百分含量(三者总量为100%)，然后再投影于此图。

砂岩的进一步定名原则是:颜色+胶结物+基本岩石名+结构(粒度大小)+砂岩。如硅质长石石英中砂岩,其基本岩石名在Q-F-命名图的2区,又如灰色泥质岩屑粗砂岩,其基本岩石名在Q-F-R图的7区。

(三)砂岩的主要类型

1. 石英砂岩

石英砂岩是碎屑物质几乎全部由石英(包括石英岩岩屑、硅质岩岩屑)组成且含量在95%以上的岩石,长石和其他岩屑总量小于5%(图4-27的1区)。岩石中的碎屑一般都是稳定性较高的硅质岩岩屑和(或)细粒石英单晶。胶结物多为硅质、钙质、铁质和海绿石质,较少情况含基质。硅质胶结物的存在有助于形成碎屑石英颗粒的再生加大边,这种石英砂岩又别称为沉积石英岩。它与变质石英岩在肉眼条件下较难区别,一般要根据其围岩是否变质而定,若围岩为变质岩,即为变质石英岩;若围岩为沉积岩,则可定为沉积石英岩。

石英砂岩多为中细粒结构,少数为粗粒。一般圆度高、分选好。岩石颜色较浅,常为灰白色,但受胶结物颜色的影响而变化很大。如为铁质胶结时呈褐红色;为海绿石胶结时则呈灰绿色。石英砂岩多呈厚度不大但分布广而稳定的岩层,它们的母岩区具地壳稳定、地形平坦、气候潮湿等特点。因为在这种地区母岩可以受到充分的化学风化和分解,再加之形成的碎屑物质经长时期和长距离的搬运并遭受充分的分选和磨蚀。它们多形成于滨海或浅海地带,故常具很好的交错层理。我国北方震旦系长城组的石英砂岩、寒武系下马岭组的海绿石质石英砂岩、南方泥盆系五通组的石英砂岩等都是厚度不大、分布极广、交错层理很发育的滨海相石英砂岩。

2. 长石砂岩

长石砂岩的碎屑组分主要是石英和长石,其中长石的含量必须大于25%,石英含量小于75%,岩屑含量小于长石(图4-27的4区)。此外,长石砂岩还常含有少量的黑云母或白云母。这里需特别指出的是,长石砂岩并非全部由长石碎屑组成而应含有一定量的石英,有时长石砂岩中的石英碎屑含量甚至大于长石。

长石砂岩多为红色或浅红色,有时为浅灰色,这主要取决于岩石中所含长石的颜色及胶结物的颜色。长石砂岩中的胶结物多为钙质、硅质和铁质,泥质基质也常见,且化学胶结物和泥质基质共存的情况多有出现。在地质时代较早期的长石砂岩中,长石碎屑还可有再生加大的现象,这时长石砂岩被胶结得相当紧密坚硬,再加之含有一定量的石英,其外貌很似花岗质岩石,但该岩石内的碎屑颗粒因具有显著的磨圆特征而尚能与花岗质岩石相区分。

长石砂岩一般颗粒较粗,为粗—中粒结构,圆度较差,分选不好或中等,按成因和产状可以分为基底长石砂岩和构造长石砂岩两种。

基底长石砂岩是花岗质岩石风化后的产物未经搬运而在原地堆积而成。这种长石砂岩厚度不大,分布也较局限,基底岩石为花岗岩或各种片麻岩。如唐山附近震旦系底部的长石砂岩就覆盖在前震旦系的片麻岩之上。

构造长石砂岩形成于造山运动后地形高差变化大且剥蚀和堆积速度加快的条件,如在巨量花岗质岩体出露区附近,该岩体母岩遭受强烈剥蚀和迅速堆积,很易形成这种长石砂岩。该岩石一般分布广,厚度大,常与花岗质砾岩及少量红色粉砂岩等共生,甘肃玉门二叠纪地层中就见有这种构造长石砂岩。

3. 岩屑砂岩

岩屑砂岩的成分特点是岩屑含量大于25%,有时可达60%以上,石英含量小于75%,长石含量小于岩屑(图4-27的7区)。岩屑的种类很多,主要取决于母岩的成分,常见的有各类喷出岩、凝灰岩、千枚岩、板岩、细晶岩、细粒石英岩、燧石岩和碧玉岩以及碳酸盐岩等。除岩屑、石英和长石外,有时还含较多的云母和绿泥石。

岩屑砂岩的填隙物大多数是泥质基质,其含量多时则构成基底式胶结。当岩石经受较强烈的成岩变化或浅变质作用后,其泥质基质常变为细小的绢云母和绿泥石。有时也有硅质和钙质胶结物,它们常与泥质基质混杂在一起。

岩屑砂岩碎屑的分选性和圆度都很差,斜层理及交错层理较少,但常出现粒序层理或块状层理。颜色多为深灰黑色、暗灰绿色,有时为浅绿色、浅红色。由于颜色较深,故这类砂岩外貌上很似火成的玄武岩、辉绿岩或其他较基性的板状侵入岩。因此,过去曾有人将这类砂岩称为基性砂岩。它们之间的区别在于岩屑砂岩成层状,有较明显的碎屑结构,含较多量的石英而缺乏较自形的长石和暗色矿物,有时还发育粒序层理。玄武岩、辉绿岩等则常见细小的长条状的斜长石微晶或较大的斜长石斑晶,一般无石英,常具斑状结构、杏仁构造、气孔构造,无层理。在产状上,基性的板状侵入岩具有切穿其他岩层的侵入特征,这也是岩屑砂岩不曾具有的。过去在一些教科书中把一些暗灰绿色至黑色的含基质较多的岩屑砂岩称之为“硬砂岩”,后因该术语界定范围较宽,各人使用的含义指示又不尽相同而易引起混乱,故现在已很少使用这一岩石名称了。

岩屑砂岩多形成于地壳剧烈运动期,由母岩迅速剥蚀和快速堆积而成。多数岩屑砂岩分布于地槽区,也有人认为它是深海浊流沉积的产物。还有很多岩屑砂岩分布于近母岩山区的内陆盆地中,如华北地区许多中、新生代的内陆沉积盆地内就有大量的岩屑砂岩。我国西北、西南地区的构造活动带内均有岩屑砂岩分布,但其中许多又被认为是浊流沉积成因。

4. 长石石英砂岩

长石石英砂岩是介于长石砂岩和石英砂岩之间的过渡类型,其碎屑中长石含量为5%~25%,石英含量小于95%,岩屑含量小于长石(图4-27的2区)。岩石多为浅红色至灰白色,中粒至粗粒,分选性及圆度中等,胶结物常为硅质及钙质,有时有泥质基质。这类砂岩常与石英砂岩或长石砂岩共生。

5. 岩屑石英砂岩

岩屑石英砂岩是岩屑砂岩和石英砂岩之间的过渡类型,其特点是岩屑含量为5%~25%,石英含量小于95%,长石含量小于岩屑(图4-27的3区)。岩石为灰色至深灰色,粗粒至细粒,圆度及分选性都较差,填隙物常为泥质基质及钙质,胶结类型多为孔隙式。岩屑石英砂岩分布很广,在很多煤系地层及中、新生代的陆相沉积中常见。

(四)砂岩研究的地质意义

砂岩分布很广,各地质时代及各种地质环境均可出现,其物质组成、结构和构造特征能很好地指示母岩性质、风化程度、剥蚀和堆积速度、搬运介质的性质、搬运的距离和方向、水动力强度等条件。因此对砂岩研究有助于恢复形成砂岩的古地理、古气候和古水流环境,尤其能对工作区地层划分提供帮助。

砂岩体常是良好的储水层和储油层,故在水文地质和石油地质上有重要的意义。砂岩的含水性和透水性主要决定于岩石的孔隙度、孔隙的大小及连通的情况。砂岩的孔隙度与岩石的分选性、颗粒的圆度、胶结物的成分及胶结类型等密切相关。一般来说,分选性好、颗粒圆度高的岩石孔隙度也较高,反之,则孔隙度低。胶结物成分、胶结的紧密程度和胶结类型对岩石的孔隙度也有很大的影响。钙质胶结物易被溶解,故其残留下的岩石孔隙易成为再生加大石英充填的空间。再者,胶结类型中基底式胶结的砂岩孔隙度最低,孔隙式胶结孔隙度次之,接触式胶结的孔隙度最高。

砂岩的工程地质性能也很重要,它的抗压强度一般较高,故它常可作为工程的基础岩石。砂岩的抗压强度也与岩石中的碎屑成分及胶结物特征有密切关系,含石英碎屑较多的砂岩抗压强度较大,含岩屑多的砂岩抗压强度低,硅质胶结的石英砂岩或沉积石英岩抗压强度最高。基质填隙及钙质胶结的砂岩抗压强度则稍差。

砂岩是重要的建筑材料和玻璃原料,其内有时还含金、铂、金刚石、锡石、黑钨矿、刚玉,以及铜、铀等矿产,因此研究砂岩还有重要的找矿意义。

四、粉砂岩类

粉砂岩是0.005~0.05mm的陆源碎屑占50%以上的沉积岩。粉砂岩的碎屑成分以石英为主,碎屑颗粒分选性好、磨圆度差(将散落的砂粒用放大镜观察)。常含数量不定且平行于层面定向排列的白云母,长石和岩屑均较少见,填隙物以泥质基质最常见,其次为钙质和铁质,硅质胶结物较少,有时会出现钙质、铁质胶结物与泥质基质混杂在一起的情况。

粉砂岩多呈薄层状,常具微细的水平层理和微波状层理,这种层理多是由颗粒粗细不一和氧化程度不同造成的。由于粉砂岩饱含水后易于流动,故其内包卷层理等变形构造也较常见。

粉砂岩因颗粒细小且含较大量的泥质,外貌上很像泥质岩。粉砂岩是在搬运距离较远、水动力条件较弱、沉积速度缓慢的条件下形成的,它多分布于河漫滩、三角洲、沼泽,以及湖、海较平静的浅水地区。平面上分布常介于砂岩与泥质岩区的过渡带;剖面上则常与砂岩或泥质岩呈互层状。

粉砂岩也多属含水岩层,但因颗粒细小且含泥质较多,其含水性及透水性都远不如砂岩,而且具一定的隔水性能。在工程力学性质上,它的抗压强度也不如砂岩,加之层理较薄又常与泥质岩共生其抗压强度明显降低。粉砂岩野外观察研究的内容与砂岩基本相同,但因其颗粒太细,粒度和碎屑成分较难确定,因此本教材对粉砂岩不再进一步划分了。粉砂岩可根据胶结物成分和颜色进行命名,如深灰色泥质粉砂岩或紫红色钙质粉砂岩等。

我国西北和华北广泛分布的黄土就是一种半固结的泥质粉砂岩。其中粉砂的含量一般大于50%,其次为泥质,局部地区的黄土中泥质含量也有超过40%的,直径小于0.25mm的砂级碎屑含量较少,常不到10%。粉砂岩的矿物成分以石英、长石为主,其次是白云母、碳酸盐及黏土矿物。据研究,我国西北及华北地区的黄土主要是风成的,部分才是水成的。

五、泥质岩类

(一)一般特征

泥质岩亦称黏土岩,它是由粒径小于0.005mm的陆源碎屑和黏土矿物组成的岩石。绝大多数的泥质岩是由母岩化学分解后产生的黏土矿物经机械沉积所形成,只有极少数泥质岩是凝灰岩在成岩过程中蚀变而成的。泥质岩是世界上分布最广的一类沉积岩,占沉积岩总量的60%左右。

因的，是在成岩作用阶段由含镁质的溶液交代文石或方解石而成。

文石是方解石的同质多象体，但属斜方晶系。文石在现代碳酸盐沉积物中分布很广，但在地表和非海洋的条件下稳定性很差，很易转变为方解石，故在年代古老的碳酸盐岩中几乎未见文石产出。

2）陆源矿物

碳酸盐岩中通常都含有或多或少的陆源碎屑物质，它们主要是石英、长石、云母和黏土矿物。除较粗粒的石英、长石碎屑外，在肉眼观察条件下一般很难确认它们的存在，这是因为其颗粒太细小且含量低。当这些碎屑物质在碳酸盐岩石中含量较高时，就形成陆源沉积岩和碳酸盐岩之间的过渡岩石类型了。

3）非碳酸盐的自生矿物

这是一类在盆内成岩阶段形成的新生矿物，常见的有氧化铁矿物、海绿石、黄铁矿、白铁矿、石英、玉髓、石膏、硬石膏、天青石、重晶石、磷灰石、萤石和石盐等，有时含有少量有机质。

2. 结构

1）粒屑结构

粒屑又称自生颗粒，粒屑结构是内源沉积物经波浪、潮汐和流水等机械作用的破坏、搬运和再沉积形成的，其特征与陆源碎屑岩的碎屑结构相当。粒屑结构同样也包含粒屑（自生颗粒）、胶结物和基质 3 个组成部分。

（1）粒屑（自生颗粒）类型。

内碎屑 是在水盆地内沉积不久的、未固结或弱固结的碳酸盐沉积物经冲刷破碎而成，一般经历短距离的搬运磨蚀，故常有一定的圆度和分选性；有的还经历过水面以上的暴露阶段，表现为内碎屑外缘常有红色铁染的氧化圈（图 4-28，左）。内碎屑的岩性常与相邻或下伏岩层的岩性有明显的关系，多是薄层的微泥晶灰岩。内碎屑按其粒径大小可分为：①砾屑＞2mm；②砂屑 2～0.05mm；③粉屑 0.05～0.005mm；④泥屑＜0.005mm。

内碎屑的砾屑常呈扁饼状、椭球状和弹状形体，其横断面有时极似竹叶，故常把这类内碎屑灰岩称为竹叶状灰岩（图 4－28），该岩石的内碎屑自身由隐晶质的泥屑组成而具有泥屑结构。

图 4－28　具砾屑结构的砾屑（竹叶状）灰岩

生物碎屑 亦称生物颗粒、化石碎片和生屑等。它们是盆地内分散的生物硬壳不同程度地被打碎而形成的,它并不同于由造礁生物形成的且为完整生物群体组成的生物骨架结构(见后面论述)。碳酸盐岩中常见的生物碎屑所属的生物门类有很多,主要有腕足类、双壳类、腹足类、头足类、珊瑚、苔藓虫、有孔虫、介形虫、叶肢介、三叶虫、海百合茎、海胆以及钙质藻类等,这些生物壳体一般都经过水流和波浪的磨损和搬运,故也常有一定的磨圆和分选,少数生物遗骨也可以在原地埋藏而未经破碎。

鲕粒(豆粒) 鲕粒和豆粒都是内部具规则的同心层状的圆球状或椭球状颗粒,颗粒的核心多为陆源碎屑、生屑或内碎屑。鲕粒直径小于2mm,大于2mm者则称为豆粒。鲕粒结构在碳酸盐岩、硅质岩、磷质岩、铁质岩、铝质岩和锰质岩中都很常见。

团粒 由微晶碳酸盐矿物组成的球状或椭球状小颗粒,无明显的内部构造,结构均匀。团粒大小一般为0.1~0.5mm。关于团粒的成因尚有争议,一般认为是微晶方解石经生物化学或化学作用凝聚而成。部分团粒也可能是食泥动物的粪粒。团粒与细小的内碎屑用肉眼不易区分,但通常把粒度较细、颗粒大小较均匀、形状浑圆的颗粒认作团粒,把形状不太圆的颗粒当做内碎屑。团粒与鲕粒的区别主要是团粒内部无同心层状构造。

凝聚体 凝聚体是死亡的蓝、绿藻彼此相互黏结集聚形成的。若为无定形的复合颗粒,称之为凝块石;若呈不规则环圈状黏结,则称之为核形石。

(2)基质。碳酸盐岩中的基质亦称灰泥基质或泥晶基质,它主要由微晶方解石组成,这里统称为泥(微)晶基质,其粒径小于0.03mm。泥(微)晶基质与陆源碎屑岩中的泥质基质相似,也是与自生颗粒一起沉积的,故岩石中泥(微)晶基质的存在表明沉积物分选不好,并处在水动力较弱的环境。泥(微)晶基质在手标本上表现为污浊致密,不显晶粒而呈隐晶结构。泥(微)晶方解石有很多种成因:化学成因、生物化学沉淀、生物壳体分解和机械磨蚀等。

(3)胶结物。又称亮晶胶结物,是碳酸盐颗粒之间的化学沉淀物,起着胶结颗粒的作用,为颗粒沉积后从颗粒之间的粒间溶液中沉淀晶出来的,粒径一般要大于0.03mm。在手标本上亮晶胶结物为浅灰色至灰白色,显晶质结构,晶粒比较干净,放大镜下可看到晶粒轮廓和闪闪发光的细小解理面,断口较粗糙。粒屑结构中的自生颗粒为亮晶方解石胶结时,说明岩石曾经历过水动力较强的高能环境,从而导致自生颗粒之间的泥(微)晶基质被动力较强的流体介质冲洗离去,由此留下的孔隙在成岩作用过程中被粒间溶液沉淀的亮晶方解石所充填。粒屑碳酸盐岩胶结物的胶结类型与陆源碎屑岩一样,也可以分为基底式胶结、孔隙式胶结和接触式胶结。

2)生物骨架结构

这是造礁生物形成的礁灰岩所特有的结构。常见的造礁生物有群体珊瑚、海绵、苔藓虫、有孔虫及藻类。在自然界有单一生物门类形成的礁灰岩,也有多种造礁生物造成的礁灰岩。

生物骨架结构的主要特点是由原地生长的造礁生物的壳体组成该礁灰岩的骨架,骨架内有许多大小不同、形状各异的孔隙和空洞(图4-29)。这些孔隙和空洞常被礁体内附生的生物遗体(如棘皮动物、有孔虫、双壳类等)、造礁生物的碎屑物质以及化学沉淀的物质所充填。化学沉淀的充填物质主要为柱状或纤维状方解石,它们往往垂直于骨架的表面或早期碎屑的表面呈放射状生长,其间常有许多孔隙未被充填满,这些余下的孔隙即成为地下水及石油和天然气储集的良好空间。

3)晶粒结构

晶粒结构主要为化学沉淀-重结晶和交代作用形成的结构,包括显晶和隐晶两大类。显晶

第五章

变质岩

第一节 变质作用

地球上已形成的岩石(火成岩、沉积岩和变质岩)因地质环境改变而处于新的物理-化学条件所发生的成分(化学的和矿物的)、结构和构造的一系列变化,这种变化的过程就是变质作用,变质作用形成的岩石称之为变质岩。

变质作用基本上是在岩石保持固态状态下进行的,但在高级区域变质和强动力变质作用下,原来的岩石也可能发生部分熔融而形成新的熔融物质。在高级区域变质作用下,变质岩中被熔融的熔体与未熔融固态残留物质相互混合,这种作用又称为混合岩化作用,所以混合岩化作用应该是区域变质作用的高级阶段。

变质岩可根据原来岩石(原岩)的成因类型进行划分:原岩为火成岩的变质岩是正变质岩;原岩为沉积岩的变质岩是副变质岩;原岩为变质岩的变质岩称为复变质岩。

变质岩记录了地球历史约 7/8 时间的发展和变化,它在地球演化过程中占据重要的地位。大陆的变质岩主要分布于两个区域:一为大陆前寒武纪的基底;二为造山带。我国华北克拉通的基底和秦巴大别造山带就广泛分布各种变质岩。

变质岩中赋存有许多金属和非金属矿产,其中的铁矿尤为丰富,如鞍山式铁矿和大冶式铁矿等。另一方面,变质岩曾经历了结构、构造的变化而具有新的岩石学特征,这可能改变岩石原有的强度和透水性,使岩石具有不同的水文和工程性能,需仔细加以研究。

一、变质作用的方式

变质作用的方式是指使岩石发生变质的途径或形式。变质作用的方式是复杂多样的,主要有重结晶作用、变质结晶作用、交代作用、变形作用和变质分异作用等。

1. 重结晶作用

矿物经过溶解且溶解的组分迁移,然后再沉淀结晶而不形成新矿物相的变质方式称为重结晶作用,岩石中矿物重结晶作用的主要表现是矿物晶粒由小变大。一般来说,原岩的矿物组成愈单一、化学成分愈简单、矿物的粒度愈细小,则愈易发生重结晶作用,如石灰岩转变形成大理岩,这其内的方解石就发生颗粒增大。

2. 变质结晶作用

变质结晶作用是指在变质作用的温度、压力范围内，原岩基本保持固态以及在总体化学成分不改变的条件下使旧矿物消失、新矿物形成的一种变质方式。这种方式是通过特定的化学反应来实现的，这种化学反应通常称为变质反应。变质反应的形式主要有矿物的同质多象转变和新矿物形成的反应。

同质多象转变如红柱石、蓝晶石、矽线石之间的相互转变(图 5－1)。由该图可知，红柱石会因温度升高而转变为矽线石，反应如下：

$$Al_2SiO_5 \rightleftharpoons Al_2SiO_5$$

红柱石　　　矽线石

此外，红柱石也会因压力增加而转变为蓝晶石。

新矿物形成的变质反应包括有流体相参加和无流体相参加两种不同类型，前者如白云母分解形成钾长石和红柱石(或矽线石)的反应(图 5－2)：

$$KAl_2[AlSi_3O_{10}](OH)_2 + SiO_2 \rightleftharpoons KAlSi_3O_8 + Al_2[SiO_4]O + H_2O$$

白云母　　　石英　　钾长石　　红柱石(或矽线石)　　水

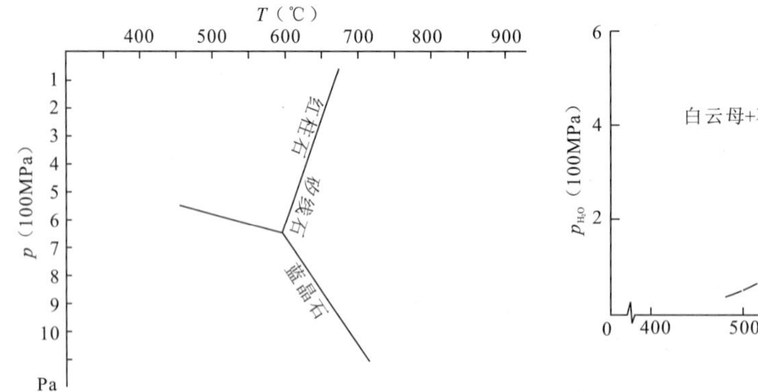

图 5－1　Al_2SiO_5同质多相转变的平衡曲线

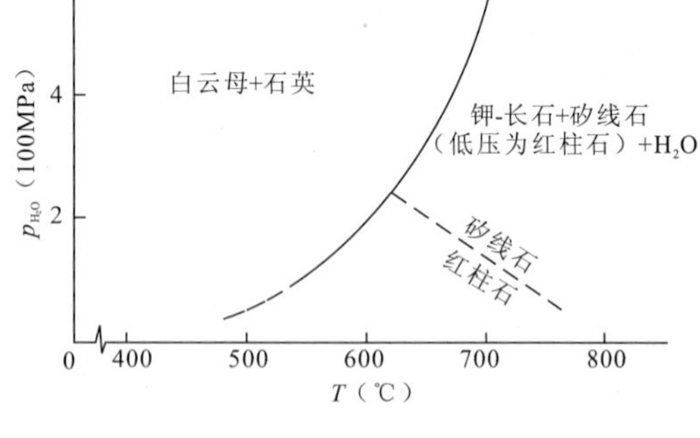

图 5－2　白云母分解成钾长石和 Al_2SiO_5矿物相的平衡曲线

无流体相参加的变质反应如压力增大时钠长石转变为硬玉和石英的反应(见后述反应式)。

3. 交代作用

交代作用在变质过程中广泛存在，它是因流体的运移使固态岩石中的活动性组分与外界环境产生复杂的物质交换，从而改变原来岩石总体化学成分的一种变质方式。如反应：

$$Na^+ + KAlSi_3O_8 \rightleftharpoons NaAlSi_3O_8 + K^+$$

(带入成分)　钾长石　　　钠长石　　(带出成分)

变质过程中的交代作用具有一定的深度和广度，而且伴随着物质的带入和带出。实验表明，在无水的干环境中交代作用很难进行，有流体相参与才能使交代作用表现明显。在岩石中有些矿物个体局部被其他矿物交代也属交代作用范畴，但它不同于变质作用中大范围改变原岩性质的交代作用而仅称为某矿物的交代现象。

4. 变质分异作用

在变质作用过程中原来均一的岩石变为矿物排列和聚集不均一的现象称为变质分异作用。如角闪质岩石中出现以角闪石为主的暗色条带和以长英质为主的浅色条带；磁铁石英岩内出现透辉石的结核等。变质分异现象的出现主要是原岩自身某些组分在间隙溶液中扩散而又不均匀聚集的结果。

5. 变形作用

变形作用是岩石在应力条件下产生的一种变质作用，它包括两种变形方式：在地壳深部，岩石或矿物所受的应力超过其弹性限度时产生的变形称之为塑性变形作用，该作用使岩石和矿物基本保持原来的连续性而无破碎现象；在地壳的浅部，当岩石和矿物所受应力超过一定的强度限度时，岩石和矿物便会发生破裂、碎开和碾细而中断连续性，这种变形作用称之为脆性变形作用。

二、变质作用的因素

变质作用的因素是指在变质过程中起作用的外部因素，包括温度、压力、化学活动性流体和变质时间。

（一）温度

温度是热力的标志，是变质作用得以进行下去的能量来源，所以也是变质作用最主要和最积极的因素。大多数变质作用是在温度升高时完成的，此时称为进变质作用；有时变质作用处于相对降低的温度条件，该变质作用则为退变质作用。引起温度升高的热能来源主要有以下几个方面。

(1)地热。地热总是随深度加大而增高的，所以通常以地热增温率来描述。不同构造背景区的地热增温率是不同的，其变化范围为 7～60℃/km。据此平均推算，向下每增加 30～50m 温度升高约 1℃。例如我国北京房山地区大致是每向下增加 50m 升温 1℃；大庆地区则是向下每增加 20m 就会升温 1℃。需注意的是，地热增温率是现在测量到的数据，它并不能代表地质时期的地热增温状态。

(2)岩浆热。岩浆体侵入和火山喷发也会携带大量的热，从而使围岩受到岩浆热的影响。

(3)构造摩擦热。构造摩擦热能仅产生于构造活动带，在有限的范围内甚至会导致岩石熔化。

(4)相转变释放热。地球内部相转变的形式有多种，仅地球内壳-幔边界辉长岩与榴辉岩间的相转变所释放的热能就达 1.6×10^{14}J。

(5)放射性蜕变热。岩石中所有的放射性元素都是十分微量的。有人计算，1g 花岗岩一年因其内放射性元素蜕变所释放的热能为 3×10^{-5}J，若以地壳内花岗岩厚度为 20km 计，则花岗岩释放的总能量为 10^{19}J，该能量要比百万吨级核爆炸能量大 250 000 倍。

由上述可知，地球内部相转变和放射性元素蜕变释放的热能应该是变质温度升高的主要因素。温度升高对变质作用的影响是多方面和明显的。

第一，有利于重结晶作用。在温度升高时，岩石内部质点活动能力增大，促使其在原有矿物晶格的基础上继续有序规则排列，变成更大的晶粒。这表现为同一矿物颗粒由小变大、由细变粗，例如沉积岩中的石灰岩在温度升高时会转变成大理岩。显然，变质的大理岩中的碳酸盐矿物的粒径要比石灰岩中的该矿物粒径大得多。

第二,促进矿物之间变质(化学)反应进行,也即有利于变质结晶作用。原矿物之间的这种变质反应导致形成新矿物,如沉积岩中的泥质岩在温度升高时会转变形成红柱石这种新的变质矿物并伴随脱水,反应式为:

$$Al_4[Si_4O_{10}](OH)_8 \rightleftharpoons 2Al_2[SiO_4]O + 2SiO_2 + 4H_2O$$

泥质岩中的高岭石　　变质岩中的红柱石　石英　　水

第三,有利于变质岩中低熔点的长英质物质熔融。由这种方式形成的熔体还会与变质岩中未熔融的以镁铁质矿物为主的残余固相岩石混合,所以温度升高有助于混合岩化作用发生和进行。

(二)压力

岩石发生变质作用不仅需要有一定的温度,还需要具备相应的压力条件。压力类型可根据作用的方式和性质划分为静压力、粒间流体压力和应力三大类。

1. 静压力(p_L)

静压力又称均向压力,主要由上覆岩石荷重引起。岩石承受的静压力随所处深度的增加而加大。若根据岩石的平均密度约 2.7g/cm³ 计算,每加深 1km,其静压力会增加 28MPa。静压力对变质作用的影响有以下几方面。

其一,使岩石的孔隙度降低,质地变得均匀坚硬,这虽不属变质作用范畴,但对岩石物性影响很大;其二,形成密度增大、分子体积减小的矿物,如红柱石(密度 3.1g/cm³)在压力加大时会转变为蓝晶石(密度 3.6g/cm³),又如钠长石在高压条件下会形成硬玉和石英,反应式和各种参数为:

$$NaAlSi_3O_8 \xrightarrow{p\text{增大}} NaAlSi_2O_6 + SiO_2$$

	钠长石	硬玉	石英
分子体积(分子量/密度)	100	61.7	22.7
密度(g/cm³)	2.61	3.24～3.43	2.65

其三,影响变质反应的温度。若变质反应是吸热化学反应,压力增大将会提高变质反应的温度。如上述钠长石分解的反应,当静压力为 500MPa 时,该变质反应在常温下就可进行;若压力增加到 1 400MPa 时,钠长石转变形成硬玉和石英则需要 400℃左右。

2. 粒间流体压力(p_f)

粒间流体压力指存在于岩石颗粒之间、岩石显微裂隙和其毛细孔中的流体,它的组成主要为H_2O、CO_2和O_2等,它们的存在会对周围的物质(矿物或岩石)以及顶、底和壁赋予一定的压力,这种压力就是粒间流体压力。不同状态下的流体压力具有不同的表征。

在地壳浅部,裂隙发育,岩石的密度大于流体,流体压力小于静压力,即 $p_f < p_L$;在地壳深部,裂隙不发育,上覆岩石的负荷压力全部传导给流体,故流体压力等于静压力,即$p_f = p_L$;在封闭的条件下,若有岩浆体上侵提供较高的热能,流体中分子的运动强度增大,这时在一定范围内会出现流体压力大于静压力的情况,即 $p_f > p_L$。

流体总压力等于流体中各组分的分压之和,即

$$p_{f\text{总}} = p_{H_2O} + p_{CO_2} + p_{O_2} + \cdots$$

流体压力对涉及有流体参与的变质反应的温度具有一定的影响(图 5-3),如反应:

同的外部物理条件(温度和压力)范围内,不同化学成分的原岩形成一系列不同的岩石,这些岩石的不同也同样是矿物种属及其组合的不同,但这种变化不是外部条件而是原岩自身化学成分不同造成的,为此称这种岩石系列为等物理系列。

表 5-1 各变质岩化学类型的化学成分及其矿物组成

原岩化学类型	原岩岩石类型	化学成分特征	变质出现的矿物	
			常见的	特征的
泥质	黏土岩、页岩	高铝贫钙,$Al_2O_3/(K_2O+Na_2O)$高,$K_2O>Na_2O$	长石、石英、云母、绿泥石	蓝晶石、红柱石、矽线石、石榴石、堇青石
长英质	砂岩、粉砂岩、中性长英质火成岩	基本同上,SiO_2 和 K_2O+Na_2O 高,FeO 和 MgO 低	基本同上长石和石英含量高,少量云母	基本无
钙质	各种碳酸盐岩	CaO、MgO 高,Al_2O_3、FeO 和 SiO_2 低	方解石、白云石、斜长石	硅灰石、透闪石、透辉石、石榴石
基性	基性火成岩和火山碎屑岩、硅质白云质泥灰岩	FeO 和 MgO 高,CaO 和 Al_2O_3 较高	斜长石、角闪石	绿帘石、绿泥石、阳起石、透辉石、紫苏辉石、石榴石
镁质	超镁铁质火成岩高镁的沉积岩	MgO、FeO 高,Al_2O_3、SiO_2 低	橄榄石、碳酸盐矿物	滑石、蛇纹石、透闪石、菱镁矿

(二)矿物组成

变质岩中常见的造岩矿物较之火成岩和沉积岩要复杂得多(表 5-2)。

表 5-2 三大类岩石中出现的造岩矿物特征

仅变质岩中出现的	仅火成岩中出现的	仅沉积岩中出现的	三大类岩石中均可出现的
阳起石、透闪石、硅灰石、蓝晶石、红柱石、矽线石、堇青石、十字石、石榴石(绿帘石、绿泥石、蛇纹石、滑石)*、石墨	白榴石、透长石、霞石、易变辉石、玄武闪石、金刚石	蛋白石、玉髓、黏土矿物、海绿石、有机质	石英、钾长石、斜长石、角闪石、辉石、白云母、黑云母、橄榄石、黄铁矿、碳酸盐矿物

注:* 变质岩中括号内的矿物在火成岩中可交代其原生矿物局部出现。

1. 变质岩中矿物类型划分

(1)稳定矿物。在变质条件下原岩经变质结晶和重结晶作用形成的矿物,它可以是原岩中已有且在变质作用中仍然存在的,也可以是原岩中不存在但之后经变质结晶新形成的。前者如大理岩中的方解石;后者如硅灰石大理岩中的硅灰石。

(2)不稳定矿物。又称残余矿物,指在一定的变质条件下,由于变质反应不彻底而保存下来的原岩矿物,如云英岩中残余的钾长石。

(3)特征变质矿物。仅稳定存在于很小的温度和压力范围内的矿物。它对外界变质条件的变化反应很灵敏,所以常常成为变质岩形成条件的指示矿物。如蓝晶石形成于泥质岩经较高压力条件下的变质作用，矽线石则形成于同一原岩较高温条件下的变质作用。此外还有十字石、红柱石、硅灰石、透闪石、阳起石和石榴石等。

(4)贯通矿物。指能在一个较大的温度和压力范围内存在的矿物，如石英、方解石等。

2. 变质岩矿物组成的特点

(1)出现特征变质矿物。该类矿物往往是沉积岩和火成岩中不会出现的矿物，可以说，岩石中发现的特征变质矿物是识别变质岩的重要标志。

(2)出现较多的一向和二向延长的矿物。变质岩中广泛发育纤维状、针状、长柱状的角闪石类矿物和鳞片状，及板状的云母类、绿泥石类矿物。这可能与变质作用的应力因素影响有关，矿物的生长取向与应力方向协调一致。

(3)多出现密度大、分子体积小的矿物。如石榴石。

制约变质岩矿物组成的因素有二：一为原岩化学成分。例如硅质石灰岩中只可能出现硅灰石而不能形成红柱石，因此原岩的化学成分是变质矿物产生的内在因素。二为变质条件。例如同样是硅质石灰岩，当变质的压力为常压而温度小于470℃时，只有石英和方解石的矿物组合，此时SiO_2与$CaCO_3$不能发生反应而仅分别形成石英和方解石；当压力不变而温度在470℃以上时，则会形成硅灰石和石英(SiO_2过剩)、硅灰石和方解石($CaCO_3$过剩)、只有硅灰石(SiO_2和$CaCO_3$的量比适度)3种不同的矿物组合。这3种不同矿物组合的出现又分别反映不同的原岩化学成分了。

二、结构

变质岩的结构比较复杂，除了变质结晶作用形成的结构外，还包括原岩中因变质不彻底而部分保留下来的原岩结构，除此以外，因岩石变形产生的结构和变质矿物被交代形成的结构也是变质岩结构的重要部分。据此变质岩结构可分为变余结构、变晶结构、变形结构和交代结构四大类，对变质岩结构的研究具有重要的意义：第一，有助于恢复原岩。如我国鄂西黄陵地区崆岭岩群小鱼村岩组的细粒斜长角闪片岩具有变余斑状结构，其变余斑晶为斜长石和辉石，由此说明该斜长角闪片岩的原岩可能为玄武质的熔岩。第二，可以作为变质岩的定名依据。如在接触热变质岩中，具组成分布均一、质地坚硬致密的岩石结构称为角岩结构，这种岩石的基本名称为角岩。第三，有助于判别变质作用的类型。如岩石为糜棱结构时，可以确定此岩石经历了动力变质作用。第四，为地质工程和寻找地下水提供基础性资料。如具碎裂结构的岩石无论是储水性质还是抗压强度都会有所降低。

(一)变余结构

由于变质作用进行得不彻底，原来岩石的矿物成分和结构特征被部分地保留下来而形成的结构称之为变余结构。变余结构常见于变质程度较浅的变质岩中，但在较深程度的变质岩中，当p、T分布不均匀时局部也可出现变余结构。变余结构是恢复原岩的重要证据，它的形成还与原岩性质有一定的关系，一般来说，原岩的粒度愈粗，矿物成分愈稳定，愈易形成变余结构。变余结构的命名可在保留的原岩结构之前加前缀“变余”二字。

1. 原岩为岩浆岩的变余结构

变余斑状结构是原岩为岩浆岩的变余结构。基性喷出岩经变质形成互相镶嵌的角闪石和斜长石，原岩中的某些斜长石或辉石斑晶虽有变形或碎裂，但大多被角闪石、绿帘石、绿泥石、绢云母、方解石等矿物集合体所代替，且仍保留斜长石或辉石的斑晶外形。又如石英斑岩、流纹岩等较酸性的喷出岩发生变质后，其基质中的矿物成分可能已完全变为石英、绢云母、明矾石、绿泥石等，但一些石英斑晶仍然能完整地保存下来。

2. 原岩为沉积岩的变余结构

原岩为砂、砾岩等的变质岩中，常保留砾石或砂粒的原始外形轮廓，但其间的胶结物已变为绢云母、绿泥石等矿物或有明显的重结晶，这种结构称之为变余砾状结构或变余砂状结构。在某些变质砾岩中，有时虽经历过高温重结晶及强烈的变形，以至砾石内部的物质成分都可能有所改变，但砾石的外形轮廓往往仍清晰可见(图 5－7)。

（二）变晶结构

这是岩石在固态条件下由重结晶、变质结晶以至交代作用形成的变质岩结构。变晶结构在外貌上虽然与岩浆岩的结晶结构相似，但它却有自己的许多特点：①变晶结构的各矿物颗粒几乎是同时结晶，包括变斑晶与变基质，甚至变斑晶比变基质还稍晚一些形成，这与岩浆岩中斑晶早于基质结晶显然不同；②变晶矿物中常含有较多的矿物包裹体，特别是变斑晶中更是如此；③变晶结构中矿物的自形程度高低并不表示结晶的先后顺序，而是代表矿物结晶能力的大小。根据变质岩中矿物自形程度的高低而排列的顺序称之为变晶系。在区域变质作用条件下，不同成分的原岩有不同的变晶系，但总的趋势大致相似，其顺序是：榍石、金红石、石榴石、电气石、十字石、蓝晶石、红柱石、绿帘石、辉石、角闪石、磁铁矿、石英、斜长石、正长石、方解石。

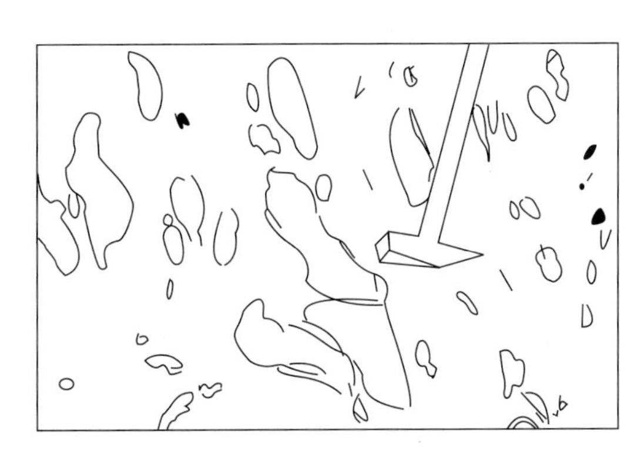

图 5－7　变余砾状结构
砾石为脉石英及燧石岩，胶结物(空白处)已变为绿泥石和绢云母
(河南卢氏)

变晶结构是变质岩中最常见的结构，可根据其晶粒大小、形状和相互关系作进一步划分。

1. 根据变晶矿物的相对大小划分

(1)等粒变晶结构。主要的变晶矿物颗粒大小近于相等而不必限定是否为同种矿物。

(2)不等粒变晶结构。岩石中主要变晶矿物的大小不相等且呈连续变化。

(3)斑状变晶结构。在细小粒径的矿物集合体中分布有较大的变晶矿物的结构称之为斑状变晶结构，其中较大粒径的矿物称为变斑晶；较小粒径的矿物颗粒称之为变基质，这种大、小也不限定是否为同种矿物。

2. 按变晶矿物晶粒的绝对大小划分

这是在岩石具等粒变晶结构前提下作出的进一步划分。

(1)粗粒变晶结构。主要矿物颗粒的平均直径大于 3mm。

(2)中粒变晶结构。主要矿物颗粒的平均直径为 1～3mm。

(3)细粒变晶结构。主要矿物颗粒的平均直径为 1～0.2mm。

以上均称为显晶质结构，若粒径小于 0.2mm，则为隐晶质结构。

变晶矿物的粒度一般随变质程度的增强而加大，但在相同的变质条件下，不同区段的变晶

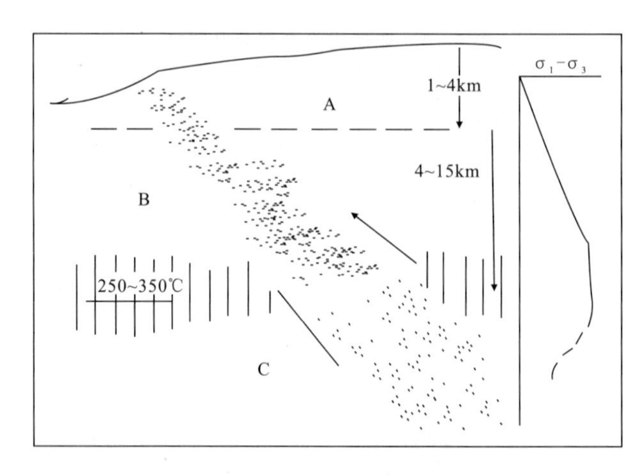

图 5-10 深断裂随深度的不同变形模式及其动力变质岩分布

A 区. 盖层，发育断层泥和构造角砾岩；B 区. 地壳浅部，发育无面理的碎裂岩和波化岩；C 区. 地球深部，发育糜棱岩和千糜岩。密集点区为脆性变形区；稀疏点区为韧性变形区；平行纵向线范围为 15km 左右的深度处，其地温约为 250—350℃，为脆-韧性变形的过渡区。右小图为差应力($\sigma_1-\sigma_3$)随深度的变化曲线

重要的意义。

二、分类和命名

动力变质岩的分类主要依据变形结构特征，因为它可以准确反映动力变质作用的性质，进而帮助推测其原岩特征和所处的应力状态。动力变质岩的命名原则如下。

1. 以变形的结构、构造特征确定基本岩石名称

如构造角砾岩、碎裂岩、糜棱岩、千糜岩、假熔岩等(表 5-4)。

表 5-4 动力变质岩的分类和命名

变形结构分类	变形特征		岩石名称
碎裂结构 (块状构造)	破碎角砾结构		构造角砾岩(破碎角砾岩)
	碎裂结构	碎基含量* ＜50%	碎裂××岩**
	碎斑结构	碎基含量 50%～90%	碎裂岩
	碎粒结构	碎基含量＞90%	碎粒岩
糜棱结构 (定向构造)	重结晶物质的含量(%)	＜10	糜棱岩和超糜棱岩(眼球状)***
		10～50	千枚糜棱岩或千糜岩(千枚状)
		50～90	糜棱千枚岩(千枚状)
		＞90	糜棱片岩或片岩(片状)
玻璃状的	由玻璃和隐晶物质构成		假熔岩或玻化岩

注：* 碎基含量指碎斑+碎基总量为 100%时碎基所占体积百分数；* * ××表示原岩名称；* * * 括号内表示岩石的构造。

2. 根据原岩和矿物组成进一步命名

动力变质岩如果能恢复原岩，则在基本名称之前冠以原岩名称，如灰岩构造角砾岩、花岗闪长岩构造角砾岩等。

碎裂岩根据碎基含量分为两类：一类为碎基含量小于 50%者，其原岩根据碎斑应是可辨的，命名时只需在原岩名称前加“碎裂”的前缀称之为碎裂××岩，如碎裂花岗闪长岩、碎裂闪

长岩。另一类碎基含量大于50%者，若其原岩难以恢复，仅称碎裂岩即可；如能恢复原岩，则将原岩名称作前缀，并在其后加上“碎裂岩”，如花岗闪长碎裂岩、辉长碎裂岩等。

糜棱岩如能根据碎斑矿物组成可恢复原岩，进一步命名则将原岩名称冠于前面，如黑云母花岗糜棱岩；如原岩不易恢复，则可根据碎斑矿物命名，如斜长石石英糜棱岩等。

千糜岩的命名主要根据矿物成分，如长石绿泥石绢云母千糜岩。

三、主要的岩石类型及其特征

1. 构造角砾岩(破碎角砾岩)

构造角砾岩是指断裂带中原岩受张应力破碎形成大小不同的棱角状岩石碎块并再聚集成岩的岩石。它的碎块在应力或重力的影响下曾发生过不同程度的位移，大多数碎块的粒度在2mm以上，并被更细小的碎基及部分外来溶解物质胶结。若棱角状岩石碎块并未胶结成岩则称之为构造角砾，构造角砾在断裂带中也常有分布。构造角砾岩可分为如下几种：

(1)构造角砾岩。破碎的碎块呈棱角状，角砾大小悬殊，排列杂乱无章，胶结物多为次生的铁质、硅质、碳酸盐等，主要是在张应力条件下形成，多见于正断层内。

(2)构造砾岩。破碎的碎块经过一定程度的圆化，多呈次棱角状、次圆状。砾石大小差异不大，砾石的长轴有时略具定向，胶结物主要为受力过程中碾得很细的碎基及粒状矿物，其他次生胶结物很少。显然，在形成过程中其砾石曾发生了扭动或受到剪切应力的作用，多见于具剪切性质的正断层内。

(3)压扁角砾岩。破碎的碎块被压扁、拉长，其大小比较相近，胶结物主要是原岩的碾碎物质，其砾石具明显的定向排列。

上述构造角砾岩通常见于断裂之中，尤其发育于正断层或具剪切性质的正断层内，其出露宽度取决于破碎的强度和性质，有时宽仅有厘米尺度；有时宽可达数十米，延伸不稳定，一般呈透镜状，断续延伸也可达数千米。

2.碎裂岩

碎裂岩是具碎裂结构、碎斑结构或碎粒结构的岩石的总称，它是在较强的应力作用下刚性岩石或矿物受到挤压破碎形成的。碎裂岩的原岩常破裂成大小不等的碎块(碎斑)，且分布在被粉碎的细粒基质(碎基)中，构成碎裂结构或碎斑结构。碎裂岩以碎裂程度较高而区别于构造角砾岩。

碎裂岩多见于粒度较大的刚性原岩之中，如在花岗岩和砂岩中。该岩石中的矿物晶粒除发育裂缝和破碎外，还常沿解理面、双晶结合面发生破裂和位错；片状矿物和柱状矿物弯曲扭折；石英呈不规则状，并被细粒的碎基围绕。这些现象在手标本上有时可以见到。碎裂岩中还可见少量新生矿物，如绢云母、绿帘石、方解石等；石英微粒有时能聚集、重结晶并合成较粗大的颗粒，但仍可见早先破碎的微粒间铁质浸染的痕迹。碎裂岩一般都能根据野外残存的岩石和矿物来推断原岩。若碎基含量达90%以上的碎裂岩则称之为碎粒岩，这种岩石的原岩很难恢复。若碎裂程度不高，碎基含量小于50%，则可依据其碎斑判断原岩。

由火成岩变成的碎裂岩较难辨认原岩，在野外可垂直于碎裂岩走向追溯并仔细观察来获知。需指出的是，火成岩岩体内的断裂带因无标志层而被遗漏，故其内发育的碎裂岩也常被忽视。

不少碎裂岩是由沉积岩转变形成的。在碳酸盐质岩石中，方解石极易发生韧性变形，因此一般片状大理岩中方解石的拉长弯曲变形比破碎现象多见；在由砂岩、凝灰岩等岩石转变的碎裂岩中可以看到原石英碎屑有不同程度的碎化，碎裂形成的较大石英碎斑周围多被细小的碎基所围绕。

碎裂岩在断裂内经常可见，如河南桐柏碎裂花岗岩、碎裂斜长角闪岩，北京密云碎裂片麻岩、房山碎裂花岗闪长岩，山东泰山碎裂花岗闪长岩等均产于各种性质的断层之中。

3. 糜棱岩

具糜棱结构和流状构造的岩石统称为糜棱岩，它是原岩在韧性状态下经过强烈应力挤压形成的，多分布于深大断裂带两侧和韧性剪切带内。糜棱岩具有以下特点：

(1)由极细的碎基和眼球状碎斑组成。碎基中有时夹有原岩中尚未完全破碎的残余矿物(眼球状碎斑)，碎斑眼球体的长轴平行于由碎基定向排列的似流动方向，眼球状碎斑一般小于0.5cm，碎基含量大于碎斑。

(2)岩性坚硬致密。岩石坚硬致密是因为动力变质岩易硅化，或是因形成糜棱岩的应力较大，以至破碎的细小碎基彼此能够最紧密接触。

(3)具流状构造和眼球状构造。这是通过岩石的组成和颜色等特征反映出来的，因为在挤压研磨过程中固态的碎斑和碎基物质会在垂直应力方向流动、变形并发生重结晶，形成的新生矿物在应力作用下也呈定向排列。

(4)常见的刚性矿物颗粒为石英和长石。虽然基性火成岩、超基性岩等也能遭受糜棱岩化，但这类糜棱岩化的岩石已成为无碎斑的千糜岩或糜棱片岩了。

(5)可以出现新生矿物。新生矿物主要为绿泥石、绢云母、白云母、绿帘石、滑石和蛇纹石等低温变质矿物。

糜棱岩原岩恢复比较困难，需结合野外的追溯和观察。在走向上糜棱岩带宽度一般不等，向两侧压碎程度迅速减弱，以至变为原岩。江西铅山县永平铜矿区糜棱岩分布较稳定，根据碎斑的特征并结合野外追溯，划分出花岗糜棱岩和片麻状糜棱岩等；山东桃科出露有花岗闪长玢岩质的糜棱岩；四川康定见有花岗糜棱岩；云南哀牢山红河断裂带内可见宽达1km的糜棱岩。

4. 千糜岩

这是在强烈挤压应力作用下形成的千枚状糜棱岩。它在矿物成分和结构构造上与千枚岩很相似，但成因与产状不同。千糜岩与坚硬致密的糜棱岩有明显不同，具以下特征：含有大量绢云母、绿泥石、钠长石、绿帘石等新生矿物，并有很多重结晶的石英、长石微粒，这说明它在动力变质作用过程中不仅是破碎了，而且发生了一系列的变质反应；面理发育，肉眼可见一组或几组，有时还可见有紧密的小揉皱；岩石中刚性矿物具压碎、碎裂化和糜棱化等特征，这些压碎的刚性矿物常聚集成透镜状而呈断续排列；常见与新生纹理或片理斜交的原岩面理残余。

千糜岩手标本具千枚状构造，沿新生的面理可见强烈的丝绢光泽。四川灌县混合花岗岩的断裂带中可见花岗千糜岩分布，并与碎裂岩、糜棱岩伴生；河南桐柏见有石英斑岩千糜岩；云南高黎贡山千糜岩带则宽达数十千米。

5. 假熔岩

这是一种不常见的黑色(有时为棕色)玻璃质—隐晶质岩石，多呈不连续条带或条纹夹于糜棱岩中。它是动力变质作用过程中，摩擦产生的高温使原来岩石局部熔化并迅速冷却凝固形成的岩石，主要见于剪切和挤压剪切的断裂带中。经 X 光研究和薄片观察证明，这种岩石多是隐晶质而未达到真正的玻璃质程度。

第四节　区域变质岩类

一、概述

区域变质岩是原岩经区域变质作用形成的岩石，它是所有变质岩中变质因素最多样、分布最广、变质作用过程持续时间最长的一类变质岩，如太古宙的大陆陆核或基底和显生宙的造山带均为区域变质岩。虽然区域变质作用涉及的区域极广，但较之其他变质作用而言，其内部的组成在变质作用前后基本保持不变，即使在区域变质作用中存在化学活动性流体因素，也发生过交代作用，但它们都是在有限的范围内起作用和完成的。相对于我们研究的整个区域大系统而言，并未与外界环境发生成分的重大交换，大系统内部的总成分也未发生改变，故变质岩石学家认为，区域变质作用总体上是在封闭体系条件下进行的。

二、分类和命名

区域变质岩的定名存在两种不同的方法：一为按定量矿物定名；另一为按构造定名。定量矿物定名是依据区域变质岩中矿物组成的含量来定名(图 5－11)，这里特别需要说明的是，变质岩中的大理岩和隐晶质的岩石不属此命名图的命名之列，用定量矿物定名方法获得的岩石名称也仅为基本岩石名，进一步的定名还需制订一些规则。这种方法定名存在的问题是：①在野外矿物含量估计较难准确和一致，从而导致岩石定名不一；②基本岩石名称与构造表征不一。如某岩石依据矿物定量命名图确定为“片麻岩”，但该岩石不一定具有片麻状构造。所以这种定名就会出现片麻岩不一定具有片麻状构造；而具片麻状构造的区域变质岩可能没有定名为片麻岩。另外需指出的是，所有的区域变质岩命名在其名称前还需加颜色的修饰。

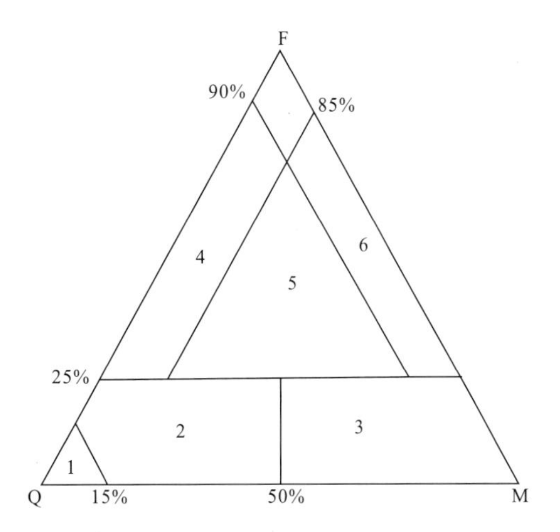

图 5－11　区域变质岩的 Q－F－M 定量矿物命名

(据王仁民，2009，本次简化)

Q. 石英；F. 长石；M. 暗色矿物。1. 变质石英岩(石英岩)；2. ××石英片岩；3. ××片岩(片状构造)或××岩(块状构造)；4. 变粒岩(未达到麻粒岩相)或麻粒岩(达到麻粒岩相)；5. ××⊗长片麻岩；6. 斜长角闪岩(斜长辉石岩)，其中××为暗色矿物名；⊗为长石种属，如“斜”或“钾”，若两种长石共存时用“二”；

区域变质岩按构造定名尤其适用于野外工作。如具板状、千枚状、片状和片麻状构造的岩石分别定名为板岩、千枚岩、片岩和片麻岩，非常方便和直观。这种构造定名也存在一些问题：第一，对于许多块状构造岩石的定名势必还要另增一些规则，较为繁琐；第二，对片麻状构造的界定会存在歧义，若岩石中黑云母在石英颗粒间断续定向排列而构成的片麻状构造如何定名

岩等碳酸盐岩经区域变质作用或接触热变质作用形成的。由于原岩化学成分和变质条件的不同，一种大理岩中含少量透闪石、透辉石、方柱石、斜长石和硅灰石等钙质硅酸盐矿物，而另一种大理岩则会含蛇纹石、橄榄石、滑石等镁质硅酸盐等变质矿物。岩石一般具粒状变晶结构和块状构造，有时还可具条带状构造，条带的颜色为红、绿相间，尺度也较大，十分美观，是上好的建材石料(图5-12)。若该大理石是红、绿色矿物颗粒均匀分布而呈块状构造，在外观上则与角闪(绿)正长(红)花岗岩极为相似。有时岩石中会出现碳酸盐矿物含量小于50%，而钙、镁质硅酸盐矿物含量大于50%的情况，这种变质岩就不能称之为大理岩，而应命名为钙硅粒岩(区域变质)或钙硅角岩(接触热变质)。后者进一步命名见本章第五节。

图5-12 红、绿相间的条带状大理岩

第五节 接触热变质岩类

一、概述

接触热变质作用形成的岩石为接触热变质岩。它是岩浆体上侵定位后携带热能烘烤周围岩石导致围岩结构、构造和矿物组成发生变化所形成的新岩石。接触热变质岩与原岩在化学成分上基本保持不变，故将这类变质作用也视为在封闭体系下完成的。

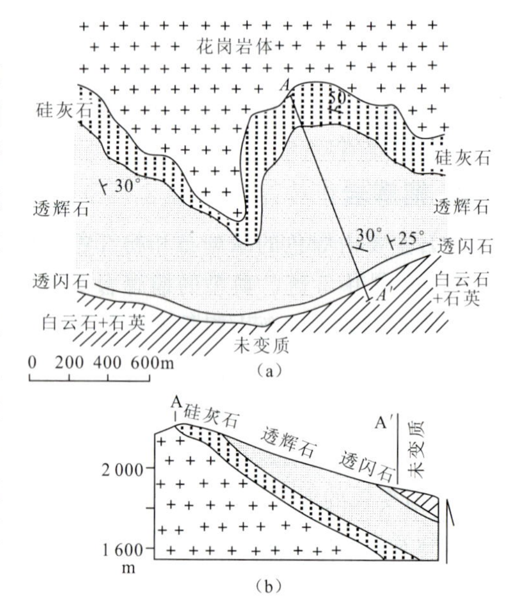

图5-13 花岗质岩体及其接触热变质晕变质矿物分带的平面(a)和剖面(b)图

围岩为硅质白云岩(石英+白云石)

(据游振东和王方正，1988)

接触热变质岩完全围绕侵入体分布，这种呈晕圈状环绕侵入体分布的不同接触热变质岩组合称为接触热变质晕，利用侵入体的边界与未发生接触热变质的围岩之间在平面上的距离可以确定接触热变质晕的宽度。接触热变质晕的宽度差异较大，板状岩墙的接触热变质晕仅数厘米，而中等岩株的接触热变质晕可能达数千米。接触热变质晕的宽度取决于以下因素：①岩浆体(冷凝后为侵入体)的规模大小。一般来说，小的侵入体接触热变质晕窄，大者宽，但是大规模的巨量花岗岩体却很少发育接触热变质晕或出露很窄。②侵入体与围岩接触面产状。接触面产状愈缓，其接触热变质晕愈宽(图5-13)；相反，接触面产状愈陡，其接触热变质晕愈窄。③侵入体的性质。一般来说，中酸性侵入体的接触热变质晕要宽一些，而偏基性的侵入体的接触热变质晕较窄。④围岩的性质。围岩颗粒细小、成分单一，其接触热变质晕宽，如沉积岩中的泥质岩和碳酸盐岩，而颗粒较粗大的火成岩围岩则很难形成接触热变质晕。利用接触热变质晕还可以推测隐伏岩体的大小和产状。

接触热变质作用的主导因素是温度，故近侵入体的接触热变质岩多为变晶结构和变成构造；远离侵入体的接触热变质晕的外带可能发育变余结构、构造。接触热变质岩多为块状构造，但有时也会出现板状、千枚状、片状和片麻状等定向构造，这可能是岩浆体上侵定位时对围岩施以侧向压力的结果，也有可能是原岩定向构造继承下来的。

二、分类和命名

接触热变质岩的分类命名基本上与区域变质岩相同（见图 5－11 和表 5－4）。但是，在接触热变质作用下一些钙质和泥质原岩会形成一种质地均一、结构紧密的块状构造岩石，为此特把这种岩石命名为钙硅角岩或角岩。这种岩石可为具隐晶变基质的斑状结构，也可为等粒细粒变晶结构。它们的进一步命名列于表 5－6。

表 5－6　部分接触热变质岩的特征变质矿物和命名

原岩		基本岩石名	出现的特征变质矿物	命名细则
泥质岩		角岩	红柱石、堇青石、矽线石、白云母、黑云母	特征变质矿物作前缀
钙质岩	碳酸盐物质＞其他物质	Cc＞50％，大理岩	透闪石、透辉石、硅灰石	特征变质矿物作前缀
	碳酸盐物质＜其他物质	Cc＜50％，钙硅角岩（钙硅粒岩）	绿帘石、透闪石、透辉石 斜长石、钙铝榴石	特征变质矿物作前缀

注：“＞或＜”表示含量大于或小于；括号内钙硅粒岩为区域变质岩石名，与钙硅角岩矿物组成相同；Cc 为方解石或白云石。

第六节　混合岩类

一、概述

混合岩形成于混合岩化作用，而混合岩化又是介于变质作用和岩浆作用之间的一种地质作用和造岩作用。混合岩化最大的特征是有流体相熔体产生，并且这种熔体又回返进入残留的变质岩之中，导致发生熔体与固体的混合而形成新的一类岩石，这就是混合岩。

混合岩化作用可分为区域性混合岩化和局部性混合岩化两种类型。区域性混合岩化是区域变质作用的继续，形成的混合岩分布于区域变质岩内。它是在高级区域变质的条件下地壳内部热流持续升高，使区域变质岩中低熔点的长英质组分因部分熔融而变为熔融的流体相，然后这种流体相又对未熔融的区域变质岩残留物进行渗透交代和机械贯入而形成混合岩。局部性混合岩化仅与岩浆侵入体有关，该侵入体上侵时，其内的流体相熔体沿区域变质岩围岩面理贯入和渗透而形成混合岩，该混合岩仅分布于侵入体与区域变质岩围岩的接触带。

区域性混合岩化形成的混合岩分布较广，如大别造山带、扬子古陆基底均有较大范围的出露。局部性混合岩化形成的混合岩分布较有限，往往发育于区域变质作用之后形成的侵入体周缘，我国宜昌黄陵花岗岩体周缘的中元古代小鱼村岩组的斜长角闪片岩的围岩中就见有这种条带状和眼球状混合岩，该岩石中的浅色组分(脉体)来自晋宁期的黄陵花岗岩，暗色组分则为中元古代区域变质的斜长角闪片岩。

二、物质组成和构造

区域性混合岩由两部分组成：一为脉体；二为基体。脉体是局部熔融过程中形成的熔体，它的主要组成为长石和石英，这是区域变质岩发生局部熔融时长石和石英这类低熔点的矿物较易转变为熔体的缘故；基体为区域变质岩部分熔融后留下的固态残留物，如片麻岩、片岩等。对于局部性混合岩来说，其脉体由侵入体自身提供，而基体则是其区域变质的围岩。

混合岩的构造十分特征，它依据基体和脉体界线划分为3类(表5－7)。

表5－7　混合岩的构造类型和样式

脉体和基体间的界线特征	界线清楚	界线模糊	无明显界线
构造类型	角砾状、眼球状、条带状、肠状、树枝状、巨斑状	阴影状、雾迷状、条痕状	片麻状、块状

混合岩化程度有高低之分，识别标志有三：①基体与脉体的界线清楚与否。界线清楚者混合岩化程度弱，界线不清楚者混合岩化程度强；②脉体与基体的量比。脉体含量愈大，混合岩化程度愈强，反之则弱；③构造样式。这一点与表5－7所述标志基本一致。

三、主要岩石类型及其特征

混合岩根据基体和脉体的量比和构造特征可划分为混合岩、混合片麻岩和混合花岗岩三大类，各类岩石的基本特征列于表5－8。

表5－8　混合岩的分类及特征

混合岩分类	混合岩	混合片麻岩	混合花岗岩
脉体与基体的量比(%)	15～50	＞50	≫50
基体与脉体界线	清楚	较不清楚	不清楚
构造	角砾状、眼球状、条带状、肠状、树枝状、巨斑状	片麻状、块状、条痕状、阴影状	块状、片麻状、条痕状、阴影状

1. 混合岩

这类岩石的特点是脉体含量较少(＜50%)，脉体和基体之间有较明显的界线而使黑白分明，其中的浅色部分为长石石英质脉体，暗色部分为区域变质原岩经部分熔融后保存的残余物，如斜长角闪岩、黑云母片麻岩等。该类混合岩根据脉体含量可分为混合岩化的岩石(脉体含量＜15%)和注入式混合岩(脉体含量15%～50%)。混合岩化岩石命名是在“混合岩化”之后加变质岩的名称，如混合岩化角闪斜长片麻岩。注入式混合岩中因常发育一些特征的构造，我们可以根据其构造特征进一步命名，常见有以下几种(图5－14)。

图 5-14　混合岩的各种构造
（据 www.nimrf.net.cn）

(1)角砾状混合岩。基体呈角砾状碎块分布于脉体中的混合岩，具特征的角砾状构造，角砾自身片理不发育或为块状，通常是以镁铁矿物为主要组成的岩石(如斜长角闪岩、角闪石岩、辉石岩等)。角砾状基体大小不等，脉体呈胶结物状，说明岩石碎裂时是坚硬的固体，未遭受塑性变形。相邻两角砾的边缘形状有明显的咬合性，说明形成此构造的应力并不十分强烈，但有时角砾受到拉长圆化或呈椭圆形，并按一定的方向排列。该岩石脉体和基体界线一般较清楚，但随着混合岩化程度的加强，角砾的轮廓渐趋模糊。

(2)眼球状混合岩。具典型的眼球状构造。基体是富含黑云母或角闪石等具有良好面理的岩石(如片麻岩)，脉体呈眼球状，这种眼球可以是单个碱性长石晶粒，或为长石石英的集合体。眼球状或透镜状的脉体大致平行于基体的片理分布，当“眼球”含量增加时，能够逐渐连续过渡为条带状构造。眼球状混合岩为中等混合岩化程度的产物。

(3)条带状混合岩。该岩石具条带状构造，它是一种脉体呈条带近平行状分布于基体片理中的混合岩。脉体的厚度比较均匀，而且延伸较远，基体为片岩或暗色片麻岩，脉体为花岗岩质的岩石。若条带的厚度不均匀，延伸断续且若隐若现，但仍平行基体的片理，这种混合岩则称为条痕状混合岩。条带状混合岩代表了比较低度混合岩化的产物，这类混合岩较为常见。

(4)肠状混合岩。花岗质或伟晶质脉体呈复杂的肠状揉皱分布于基体中。此类混合岩常在其他类型混合岩中偶然发育，揉皱大小变化范围从几米至几十厘米，少数仅几厘米。脉体厚度愈大则揉皱幅度也大，而且同一揉皱肠体的各个部分厚度大致相等，由揉皱导致的脉体长度压缩率为30%～50%，最高达5/6。

第六章

野外岩石学

第一节 火成岩

一、侵入岩

(一)侵入体的相和产状

相是物质科学领域常用的名词术语,岩石学研究引用相的概念已有百余年的历史了,它定义为能反映形成环境的岩石外貌特征。形成火成岩的环境条件是指火成岩形成的地质背景和物理条件,它们会影响岩浆定位后的热状态和冷凝结晶过程;火成岩的岩石外貌特征包括火成岩的矿物组成和结构、构造等要素。显然,火成岩形成的环境条件决定了火成岩的外貌特征,而从认知的规律出发,人们又常通过火成岩的外貌特征来推测火成岩形成的环境。据此,火成岩相研究的许多工作应在野外调查阶段进行。

侵入体的相是指同成分的单一岩浆体上升定位后,在冷凝过程中因其内各部位具有不同的冷却、结晶历史而表现的岩性差异。侵入体的相一般划分为边缘相、过渡相和中央相,有些小型板状侵入体可能只能划分为边缘相和中央相。无论三分还是两分,各相间是渐变过渡而无截然的边界。从某种意义上说,这种划分是人为的,且外界(围岩)化学因素对各相的影响(如同化混染作用)也应予以考虑。可以说,侵入体内的各相在物质成分上是基本相似的,它们的主要表现是结构构造上的较大差异(表 6-1)。

表 6-1 同一侵入体内按所处位置划分的相

相类型	侵入体所处的状态			侵入岩的外貌特征		
	与围岩距离	热状态	岩浆结晶速率	结构	构造	矿物特点
中央相	远	高热,过冷度(ΔT)值小;与围岩温差大,难以发生热传导	充分和缓慢结晶($\nu_{生} > \nu_{核}$)	粗粒结构 似斑状结构	块状构造, 不含围岩捕虏体	原生矿物
过渡相	中等	高热,ΔT 值中等,与围岩温差大,适度的热传导	较快速结晶($\nu_{生} = \nu_{核}$)	中粒结构	块状构造, 不含围岩捕虏体	原生矿物
边缘相	近	高热,ΔT 值大,与围岩温差大,快速热传导	快速结晶($\nu_{生} < \nu_{核}$)	细粒结构 隐晶质结构	流动构造, 斑杂构造, 含围岩捕虏体	原生矿物、 它生矿物

单一侵入体的中央相、过渡相和边缘相在地表并非完整出露，侵入体的剥蚀深度会影响各相带的平面分布特点(图 6-1)。

有些侵入体从边缘到中央也表现出岩性逐渐变化，但这种变化不是岩石结构构造的变化而是矿物成分的变化，造成这种岩性变化的原因是某种特定的岩浆分异作用(如对流)。如环状超镁铁—镁铁质侵入体从中央到边缘为橄榄岩—辉石(橄)岩—辉长岩，且亦为渐变关系，这时我们不能使用"相"的术语，而仅用中央、过渡和边缘的地理性名词为好。

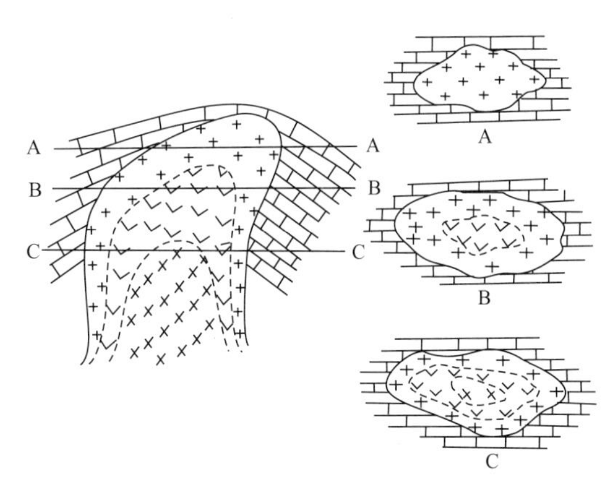

图 6-1 侵入体相带出露与其剥蚀深度(A、B 和 C 面)的关系
虚线表示各相的渐变界线

对于那些定位于不同深度的侵入体来说，笔者建议不使用传统的深度相的概念。在此，直接使用深成、中深成和浅成的术语而不将它们与"相"发生关联。这是因为不同深度侵入体岩石的外貌特征并不能确切反映其形成的深度条件。如板状侵入体就既有浅成也有深成(存在于古老的变质岩系和巨量花岗岩之中)，但它们均具细粒或斑状结构。显然，这两者的相似性并不取决于形成深度而在于具有相同的热状态(过冷度大)和相同的结晶特点(成核速度大于晶体生长速度)。为了补充深度产状划分带来的不足，这里提出将侵入体的产状划分为大型、中型和小型(见表 3-12)，大型侵入体肯定是深成的，至今也未见有形成于地壳浅部的大型侵入体的报道就是证明。小型侵入体就不一定全部是浅成的了，其中也有深成的，如金伯利岩。

(二)侵入体的形成深度

本教材的前述虽不主张按传统的深度对侵入体进行相的划分，但这并不是说侵入体不存在侵位深度。如前所述，侵入体根据形成深度划分为浅成、中深成和深成，其岩石具有不同的岩石学特征(表 6-2)。侵入体形成深度的研究对于探讨成矿作用具有重要的意义。

侵入深度不同的侵入体在构造和岩石特征上是很不同的，对于同成分的花岗质岩体来说表现得尤为明显。现将不同深度侵入体的特征总结如下。

1. 超壳(浅部)侵入体

超壳(浅部)侵入体围岩呈脆性，这种侵入体具以下特征：①侵入体常侵入与自己有关联的火山岩之中；②围岩伴生有弯曲褶皱；③岩体具晶洞状孔洞；④热液蚀变明显；⑤常呈角砾岩；⑥石英脉发育；⑦自身易脆性破裂而无塑性流动；⑧具块状构造而无叶理；⑨与围岩间为明显的不协调接触；⑩侵入体的规模较小，多为板状体。

2. 中深成侵入体

中深成侵入体形成于区域变质作用的最高水平面，该平面又称转化面(transition level)，一般深 7～15km。

该侵入体特点如下：①形成温度 300～600℃；②侵入体边缘往往具原生的叶理；③围岩区域变质和接触变质共存；④侵入体有塑性变形特点；⑤因围岩温度较高而往往使其侵入体无淬火边；⑥围岩若为片麻岩，则侵入体沿片麻理的面理贯入而表现局部混合岩化。

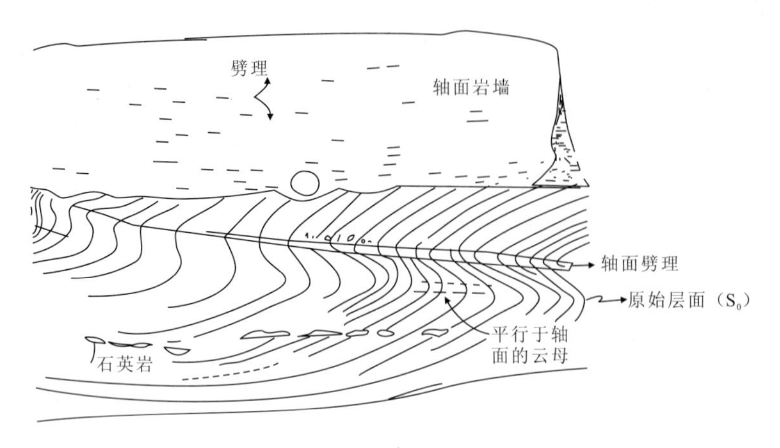

图 6-2　沿劈理面侵入的轴面岩墙
（据 Maley,1994）

（五）原生流动叶理

岩浆流动的印记一般见于全玻璃质岩石和流纹岩之中，由不同颜色的玻璃、晶粒和拉长的气孔相间定向排列而成的。在侵入体中同样发育有因岩浆流动留下的构造特征，它主要表现为矿物或包体定向排列，这些矿物为柱状的角闪石及板片状的黑云母。一些人错误地把侵入体内的原生流动叶理(primary flow foliation)与岩体韧性变形形成的面理混淆一团。须知，前者为侵入体尚未固结时因蠕动形成，后者则为岩体固结后发生变形所致。侵入体中的流动构造具以下表现：①黑云母和长石间的色差；②板状侵入体产状与其内晶体排列方向平行；③暗色的板条状晶体的流动层（析离体）与围岩中暗色和浅色矿物的聚集层排列方向一致；④侵入体内的浆混岩包体和其他包体的长轴平行于岩石的叶理。

侵入岩和喷出岩中的流动线理和叶理是常见的，它们都形成于岩浆完全固结之前。火成岩的流线和线理一般与叶理面重叠。侵入体的原生节理部分是岩石叶理内的显微裂缝排列有密集的小气泡并发生破裂形成的，这种裂隙面的产状也与岩石的线理和叶理一致。

（六）复式侵入体与侵入体相带

侵入体相带是一次上侵的岩体内各部分因与围岩距离不同而导致其过冷状态不同所形成的不同外貌的岩石呈环带状分布。它往往被人为地划分为边缘相、过渡相和中央相，相邻岩相之间的岩性（结构）是渐变的。复式侵入体是若干形成次序不同且有成生联系的较小岩体按一定的分布方式共生在一起构成的，显然复式岩体是岩浆多次上侵定位的综合产物，它也具有不同的岩石类型（矿物组成），而且可呈环带状分布。这样一来，对环状复式侵入体与具环状相带侵入体进行区分是很有必要的（表 6-3）。

过去的教科书中多次提到北京房山岩体曾被认为是相带划分的经典例子，其实它应为一近环状的复式岩体，依据是：该岩体岩性（矿物组成）差异大，具有辉长岩、闪长岩、石英闪长岩、石英二长闪长岩、花岗闪长岩和二长花岗岩等岩石类型；岩体中央和过渡带内浆混岩包体具较强程度变形，而边缘带内的浆混岩包体变形程度反而较低；浆混岩包体最大扁平面（AB 面）的产状是杂乱无章的；辉长岩分布和出露十分有限，部分是因为变形作用而被改造了（官坻和山顶庙);复式岩体内出现不同方向的流线且有明显的交切(见后图 6－5c),表明有不同岩浆的多次上侵。这里需指出的是,前人用于说明侵位机制的许多暗色包体并非捕虏体或析离体,而是镁铁质岩浆喷射进入尚未完全固结的花岗质岩浆体内发生岩浆混合(和)形成的浆混岩包体。

表 6－3 环状复式岩体与具环带相带岩体的区分

指标	环状复式岩体	具环状相带的单一岩体
岩浆上侵特点	多次上侵	一次性上侵
岩性变化	矿物组成差异大,结构差异不明显	矿物组成差异不大,但结构有明显变化
共生的岩石	往往有辉长岩	绝无辉长岩
浆混岩包体变形程度	从岩体中央到边缘包体的变形程度和排列无规律性	从中央相到边缘相包体变形程度增加,逐趋扁长
浆混岩包体的排列	杂乱	定向排列
原始流动构造	岩体内具不同产状的流线和流面,且存在相互的交切	岩体内具一个方向的流线和流面,或环绕岩体分布

(七)侵入体与围岩的接触关系

1. 侵入接触

后期岩浆侵入先期已固结的岩石之中,前者为侵入体,后者为围岩,侵入体与围岩的接触界面交切围岩面理。此时侵入体常具淬火的冷凝边,也即侵入体边缘的矿物颗粒相对细小,或呈玻璃—隐晶质。对于围岩来说,只有沉积岩和火山岩才有较明显的变化,除矿物颗粒因热烘烤变粗大以外,有时还使围岩发生接触变质(接触热、接触交代变质)作用而形成一些特征的变质矿物。侵入接触可以使侵入体中含有围岩的捕虏体,但侵入体中含有围岩捕虏体时却不一定能直观见到侵入接触关系(图 6－3)。

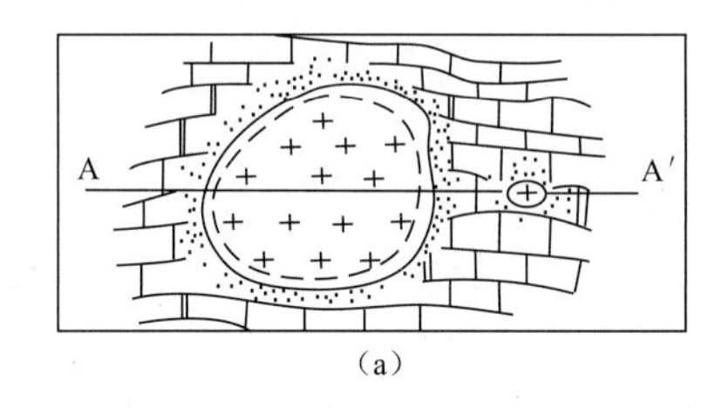

(a)

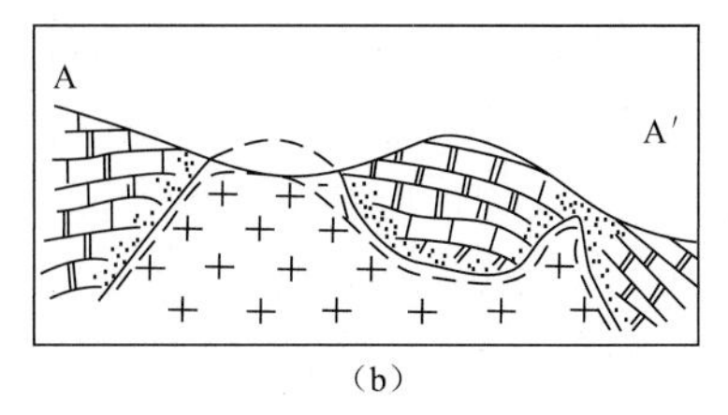

(b)

图 6－3 花岗岩体与围岩的侵入接触关系

(a)平面图;(b)剖面图;围岩周围的黑点为接触变质晕圈;虚线为岩体相带界线

2. 断层接触

断层接触即侵入体与围岩间为断层接触关系,两者间的接触界线截然而平直,在接触带上见有许多构造运动的标志,包括断层面两侧岩石的各种变形。断层接触只能用于判别侵入体和围岩之间构造定位的相对先后,而不能确定它们形成时间的早晚[图 6－4(a)]。

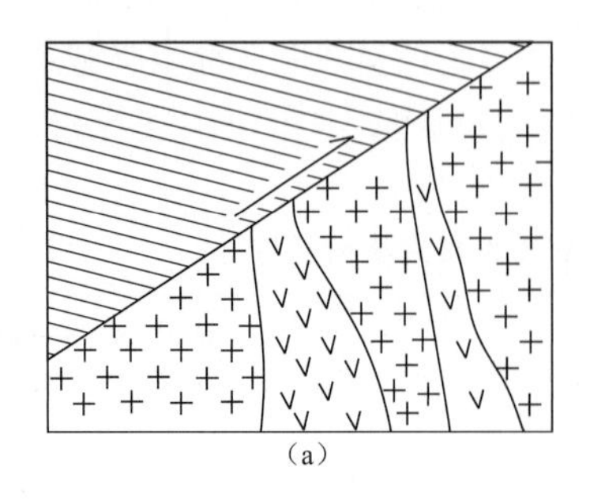
(a)

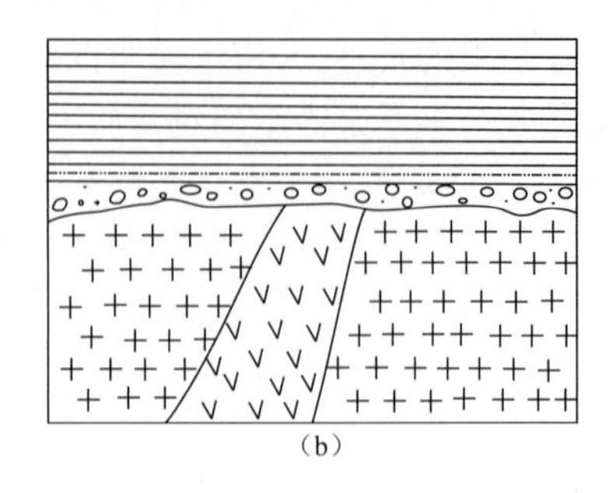
(b)

图 6-4　侵入体与围岩的断层接触(a)和沉积接触(b)关系

3. 沉积接触

沉积接触关系是指侵入体定位后曾暴露于地表而遭受风化剥蚀，而后又因地壳下降接受沉积的一种侵入体与沉积地层间的接触关系。

我国宜昌黄陵岩基与南华纪莲沱组盖层之间的接触关系即为沉积接触，它表现为花岗质侵入体被上覆沉积岩覆盖[图 6-4(b)]。这种接触关系的识别标志是：①下伏侵入体出现古风化壳，其内又因氧化而常遭受褐铁矿化，又因上覆岩层静压力微面理化发育，面理大致平行于接触面；②上覆岩石的底部多见底砾岩，其砾石磨圆度较好，砾石成分可以来自下伏侵入体，也可以来自其他物源。这种接触关系说明侵入体形成之后经历过构造抬升并剥蚀后才发生沉积作用。我国腾冲花岗岩与其上覆的渐新世芒棒组之间亦为此种接触关系。

4. 两侵入体间的非侵入接触

这种接触关系多见于两岩浆体就位时间间隔较短的状态，此时难以观察到较明显的先后侵入关系，有人称之为涌动接触，其表现有以下几种形式：

(1)突变对接。这是两种岩性的岩浆体呈直接接触，但又不见侵入的接触关系，仅表现为岩性的不同。由此说明两岩浆体就位尚有先后，但它们又均处于未完全固结的状态，两者间实为一种软接触关系[图 6-5(a)]。这种岩性的突变可以表现为：①矿物成分不同，如含角闪石的岩石变为不含角闪石的岩石；②结构不同，粗粒结构的岩石变为细粒结构的岩石；③色率不同，暗色矿物含量高的岩石变为暗色矿物含量低的岩石。

(2)渐变过渡。这是指两种不同岩性的侵入体之间有一岩性过渡带，该过渡带应该是两岩浆体先后就位而彼此接触时发生岩浆相互混合形成的，所以说，该过渡带实为岩浆混合带[图 6-5(b)]。该岩浆混合带的宽度除取决于两岩浆的化学性质差异外，还与两岩浆的物理性质(主要为黏度)差异有关。一般来说两岩浆的黏度小、彼此均为高温且温度差小，其岩浆混合带则宽[图 6-5(b)]。

(3)隐蔽截切。在剖面或平面上早期上侵岩浆体的流动构造(流线、流面)被晚期上侵岩浆体的流动构造截切，导致早期岩浆体的流动被晚期岩浆体所限制，这不仅说明两者上侵的时间间隔较短，而且可推测两岩浆上侵的方向不同。北京周口店房山岩体官坻北 127.2m 高地细粒石英闪长岩流线(走向 75°～255°)被中粒石英二长闪长岩流线(110°～290°)所截切。这也再次证实房山岩体是岩浆多次活动上侵形成的复式岩体[图 6-5(c)]。

(4)矿物定向排列。晚期上侵的岩浆体边缘带常显示矿物的定向排列，如黑云母面理、钾

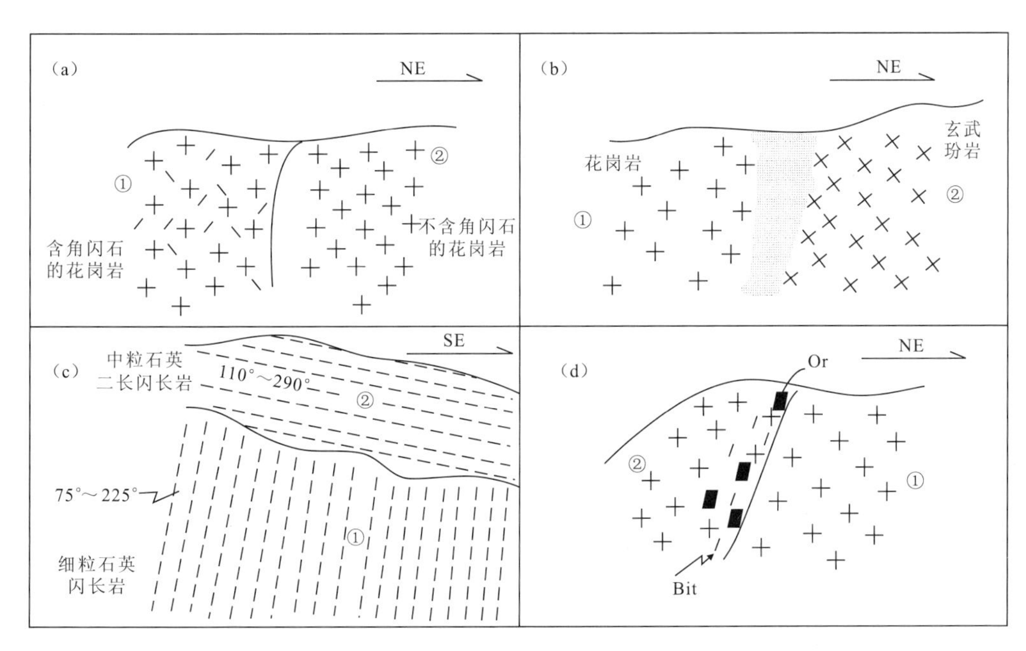

图 6－5　火成岩岩体之间的非侵入接触关系示意图(无比例尺)

(a)突变对接剖面图(安徽石台)；(b)渐变过渡剖面图(江西港边)；(c)隐蔽截切平面图(周口店官坻)；(d)矿物定向排列剖面图。图中①和②分别表示上侵时间早和晚；产状表示的线理走向据角闪石排列方向测量；Or 为钾长石；Bit 为黑云母

长石的长轴平行于接触面分布[图 6－5(d)]。

(5)镁铁质包体。这是热的镁铁质岩浆喷射进入相对较冷且尚未完全固结的长英质岩浆体中，导致两者发生机械混合，形成了镁铁质的包体(Didier and Barbarin，1991)。这些包体可能成群出现，有时因长英质岩浆体尚处于流动状态而使软化的镁铁质包体变扁拉长，众多镁铁质包体排列的长轴方向代表镁铁质岩浆喷射进入长英质岩浆体后该岩浆体继续流动蠕变的方向，包体自身的扁平面则为长英质岩浆流面的方向。

(6)捕虏体。单一岩性的岩体中含有异类侵入岩的捕虏体，说明被捕虏的包体火成岩代表了相对较早期上侵的岩体，且这种捕虏体岩石在其相邻区域有可能出露。

(7)反向脉。晚期镁铁质岩浆进入早期尚未完全固结且相对低温的长英质侵入体时，镁铁质岩浆因淬火而有可能先固后碎而形成断续延伸的假岩脉；后尚未完全固结的长英质围岩因镁铁质岩浆的供热而发生局部的再次熔化；这种再生的少量长英质熔融体会反过来又沿着破裂的镁铁质岩脉的裂纹贯入并切断了其连续性；最终我们会看视成早期形成的长英质岩石侵入晚期形成的镁铁质岩脉之中的反常现象(图 6－6)。

(八)侵入体生成顺序分析

在大的岩基或复式岩体内存在有若干个独立小岩体共生在一起，它们总会有一个形成先后次序的问题。有些先后次序有明显的表现，有些则不然，这需我们综合各种地质关系来判断。

1. 地质依据

(1)侵入关系。显然侵入体形成时间要晚

表 6-6 火山相的划分及其特征

火山相类型	形成环境		火山物质的特征		
	火山物质形成方式	喷发形式	岩相	分布	产状
喷溢相	岩浆从火山口流出	宁静溢流	熔岩、玄武岩、流纹岩	玄武岩分布范围广；流纹岩在近火山口分布	岩被、岩流、火山穹隆
空落堆积相	喷发的火山碎屑在重力作用下下落	强烈爆发	火山碎屑岩（集块岩、火山角砾岩、凝灰岩）	围绕喷发中心呈环状分布，火山碎屑内粗外细，分布范围较广	大型火山锥，岩石堆积厚度与地形无关[图 6-12(a)]
火山碎屑流相	火山碎屑与热的气体构成高浓度的密度流	强烈爆发	熔结凝灰岩和熔结程度不同的凝灰岩	主动侵位时大面积分布；被动侵位时充填于低洼沟谷呈流状	岩席，岩石多堆积于负地形低洼处[图 6-12(b)]
涌流相	含水体区火山爆发形成低浓度的密度流	强烈爆发	细粒火山碎屑岩(凝灰岩为主)块状层、交错层理、斜层理	分布范围有限，喷发中心多有水体存在	凝灰岩环、凝灰岩锥、低平火山，负地形区堆积厚度大，正地形处堆积厚度小[图 6-12(c)]
侵出相	黏度大的岩浆受内压力从火山口挤出	宁静挤出	火山碎屑熔岩、碎斑熔岩、流纹斑岩	仅见于火山口或火山口附近	岩针、岩柱、岩碑
火山颈相（火山通道相）	充填于火山通道的物质	未喷发	熔岩、火山碎屑岩、火山碎屑熔岩	仅见于火山口之下	岩管、岩颈

据邱家骧、陶奎元(1996)整理。

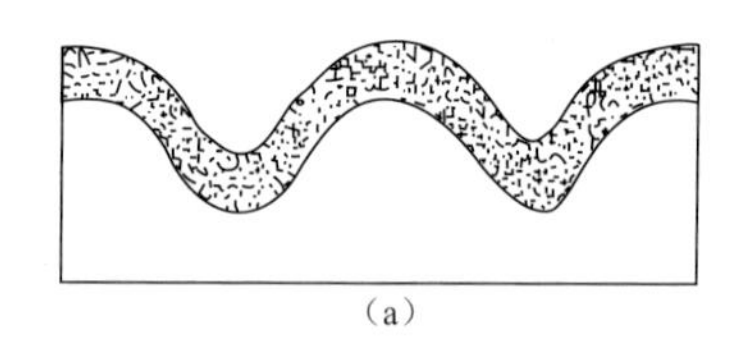
(a)

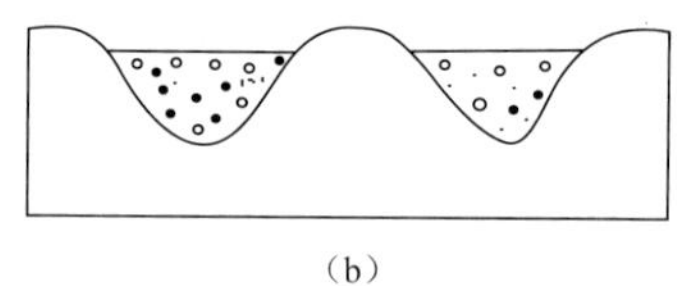
(b)

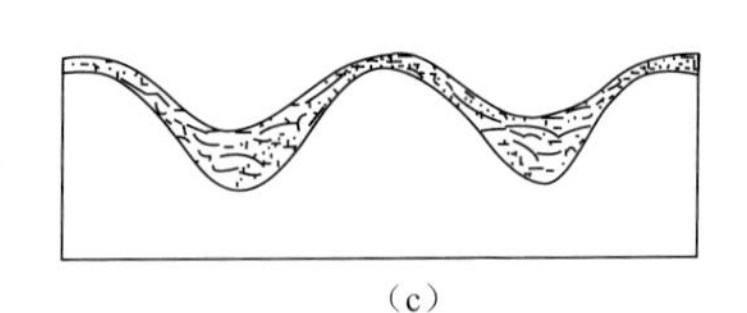
(c)

图 6-12 相同地貌条件下各火山碎屑岩相的堆积

(a)空落堆积相；(b)火山碎屑流相；(c)涌流相

(三)火山岩的分层

火山岩类似于沉积岩，多为层状，它是火山物质喷发后经搬运、堆积和固结形成的，同时它也记录了火山喷发活动的特点。对火山岩地层进行分层是火山岩区一项基础野外地质工作，有助于调查火山物质的性质和分布特征，并研究火山活动的规律性。火山活动虽是持续的，但其间也存在间歇，这一次次的火山喷发才构成火山作用的全过程，我们把这其中的一次性喷发形成的火山岩作为火山岩层划分的依据。这统一的分层原则可使同一剖面上的分层不至于发生因人而异的矛盾。这里要特别强调的是，火山岩地区火山岩层的横向分布是有限的，所以不仅不同火山机构堆积的火山岩层划分应不同，即使是同一火山机构内堆积的火山岩层的划分也会因地而异，尤其是大的火山穹隆地区更是如此，更不能将沉积地层的横向对比方法用于此研究。

火山岩分层除根据火山岩的岩性和结构外，还有以下几种方法。

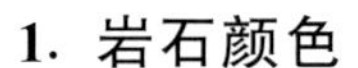

1. 岩石颜色

一般来说，一层岩石具一种均一的颜色。对于有喷发间隔的一次喷发的陆相火山岩来说，每层火山岩常具红顶和绿底的颜色差异(解释见第三章与玄武岩有关的论述)，故这种具红、绿两色的火山岩层只能划为一层。红顶绿底的分层适用于陆相层状火山岩，尤其是熔岩。对于海相火山岩或陆相火山岩中没有喷发间断的火山岩来说，红顶绿底分层的原则就不大适用了。

2. 熔岩气孔构造

理想的一次喷发玄武岩层常常进一步分为顶部气孔带、中间致密层和底部气孔带 3 个小层。顶部气孔带相对较厚，气孔小而密度大；底部气孔带较薄，气孔大而稀疏，且这 3 小层是渐变过渡的。若需研究玄武岩化学性质则应采集中间致密层玄武岩样品进行分析。在野外工作中有人习惯用构造命名岩石，这就会错误地将一次喷出的熔岩分为 3 层而误认为存在 3 次喷发。对于海相喷发的玄武质熔岩，顶、底气孔带很难分辨，这是因为熔岩层的下一层顶部气孔带与上一层的底部气孔带因无颜色变化而呈连续过渡状态。在这种情况下，用一层(实为上、下两层)气孔带加一层致密层的组合当作一次喷发的熔岩层也是可行的。

3. 结构变化

火山岩斑晶、晶屑大小不同或含量不同均可作为分层依据而单独分层。

4. 特征构造

对于含有火山泥球(增生火山砾)、石(球)泡、岩枕、火山弹等特殊构造的火山岩应独立分层；对于发育柱状节理的火山岩同样也应分层。

5. 流动单元

用流动单元分层是火山碎屑流堆积的火山岩的分层方法，因为一个流动单元代表一次喷出的火山碎屑层。在一个流动单元内其上部为未熔结的火山碎屑岩(块状)；中部为强熔结的火山碎屑岩(明显假流纹状)；下部为弱熔结的火山碎屑岩和空落的火山灰(不明显流纹状或块状)。火山碎屑流的堆积常呈一个前端薄而近火山口厚的舌状体。在舌状体的不同位置，分层结果也会因地而异。

6. 火山岩层表面构造

这一点尤其适用于熔岩，因为熔岩层定位后迅速冷却淬火，故其表面常呈玻璃皮壳状，或因密集气孔分布而呈炉渣状。有些熔岩流表面尚处于半固结状态而下部岩浆还在流动，这种情况易形成绳状和压力脊；若熔岩表面已全部固结，下面的岩浆仍在流动，这会将表面已固结的壳层冲碎撕开而呈片状角砾，并被翻滚迁移而最终被下部后续岩浆胶结。我国五大连池老黑山附近的翻花石即为此种成因。因此渣状熔岩或翻花石应独立分层。

7. 沉积夹层

沉积夹层应独立分层。它是火山喷出间隙接受正常沉积物沉积的一种标志，也是我们划分火山喷发旋回的依据。

8. 风化壳或不整合面

风化壳应独立分层；不整合面应作为分层的界面。它们是火山喷发出现大的间断或早期火山喷发终止、新的火山喷发开始的标志，其上、下应分别分层。

这也是高密度重力流块状层的特点。

图 6-30 为四川会理地区古近系冲积扇的一个泥石流剖面。它表现为紫红色砾岩和砂砾岩的沉积，岩石呈块状而不具层理，局部夹砂质泥岩薄层透镜体。其内的砾石有时具一定的排列方向，局部砂质增多为砾砂岩时，偶见不明显的单斜交错层理。该斜层理仅孤立出现，且延伸有限，其中的扁平砾石 AB 面顺斜层面排列，显示出砾石在高密度的重力流里漂浮搬运沉积的特点（如图 6-30 中黑三角标定的区域）。

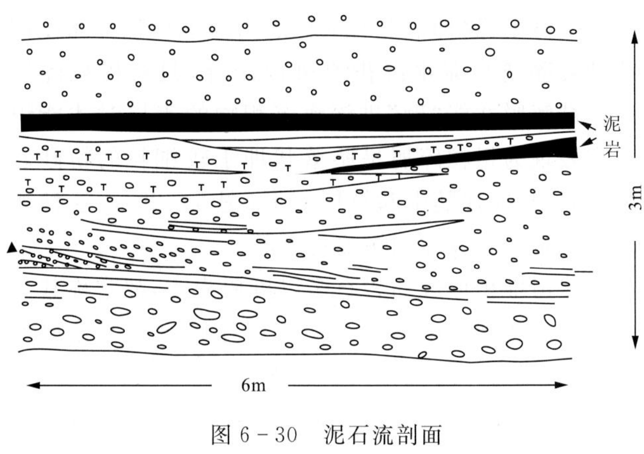

图 6-30 泥石流剖面

四川会理古近系

（据刘宝珺，1980）

四、各种砾岩的区别

砾岩类是一个很大的家族，这是因为它们不仅有一个碎屑粒径大于 2mm 的不封顶标准，而且它可以形成于各种地质作用和成因环境。这类岩石中除我们常见的沉积砾岩外，还有底砾岩、构造角砾岩和火山角砾岩等，它们的区别具有很重要的指示意义（表 6-8）。

表 6-8 各种(角)砾岩的区别和对比

砾岩类型	沉积砾岩	底砾岩	构造角砾岩	火山角砾岩
分布	沉积岩区	不整合面、侵蚀面之上	正断层两侧	火山机构附近
产状	稳定、延伸好	较稳定，断续延伸	延伸不好，透镜体	无延伸，非成层性
砾石岩性	单成分、复成分均可存在，它取决于母岩区岩性，磨圆和分选好	硅质岩、石英岩，磨圆和分选好	取决于围岩岩性，就地取材形成，磨圆和分选差	火山岩或火山岩区覆盖的岩石，棱角状，砾石中含晶质矿物
砾石岩性及变化	剖面中与上、下层岩性呈渐变关系，岩层之间的接触面平直	剖面上与上、下岩性呈突变关系，岩石与下伏岩层间的接触面呈凹凸不平、起伏状	剖面上与围岩岩性完全相同，且呈渐变关系	平面上与围岩岩性相同，但粒度大小不同
环境条件	造山带，山前堆积	地壳纵向抬升，大的海侵结束	脆性断裂，发育小规模正断层	猛烈的火山爆发

在地层工作中，尤其要重视底砾岩和正常沉积砾岩的识别（图 6-31）。

五、波痕的野外观察

各类波痕的观察和特征列于表 6-9。

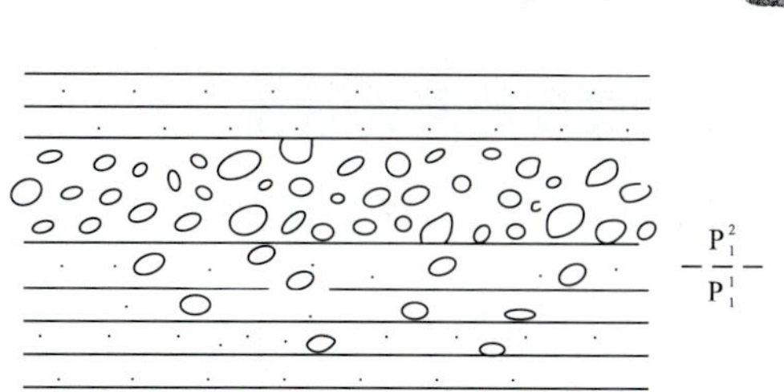

(a)　　(b)

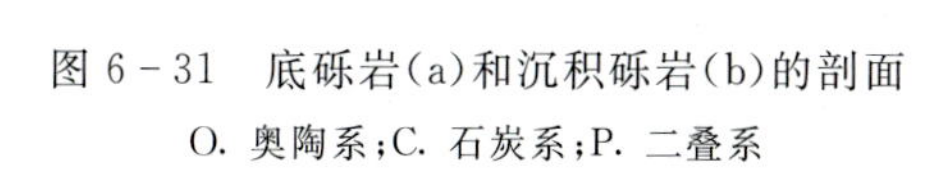

图 6-31　底砾岩(a)和沉积砾岩(b)的剖面

O. 奥陶系;C. 石炭系;P. 二叠系

表 6-9　不同成因的波痕特征

不同波痕及基本形态	浪成波痕	流水波痕	风成波痕
波长(*L*)	通常 2～10cm,少见 0.5cm 和 50cm,波长与流速成正比	变动范围很大,由 2～3cm 到 2～3m 或超过 3m	通常 1～10cm,较少达 25cm
波高(*H*)	数毫米到几厘米	变动范围很大,由 2～3mm 到 40～50cm	一般为几毫米,偶尔较大
指数(*L*/*H*)	5～10 范围内,击岸浪波痕 5～20	4～10(低),<15	>15,个别达 100(高)
形状	对称,波峰尖锐,有时圆滑。波谷为平缓圆形,比波峰宽,局部因冲刷变平。诸波峰排列呈较直的线,击岸浪波痕可不对称,陡坡朝向海岸	不对称,波峰陡坡朝向下游,诸波峰排列构成直线。在狭窄的波谷中,波痕线呈半月形,凹面朝上游,长度不等。水流不一致时,波痕形状和方向不定	不对称,迎风坡波形平缓,诸波峰排列呈弧形弯曲
内部结构	重碎屑分布于波谷中,有时呈薄层近乎覆盖波痕表面	在波谷中重碎屑和粗颗粒聚集,有时呈薄层覆盖于波痕陡坡面	波峰上的碎屑颗粒比波谷中粗或重
平面上相互关系	各波峰线近于平行,接近等距离	不一致,接近平行或无规律	接近平行
空间排列	通常平行海岸线	波峰一般垂直于水流方向,其陡坡面指向下游。河床底部不平时,特别是在河流中部,偏离了垂直主流方向	各样均有,取决于风向
形成环境	形成深度范围不同,大洋达 200m。通常为浅海和湖盆所特有,但一定强度的波痕只能在一定深度的沉积物表面形成	除河流外,湖泊、海洋(单向底流区域)亦可形成,如海流区。海洋中形成深度下限低于浪成波痕,甚至大洋深处海槽中发现许多波痕	荒漠,海、湖及河的沿岸,风成沙丘中
野外露头*			

注:* 照片均据 en. wikipedia. org。

六、层理的野外观察

层理构造的类型有很多，现将常见的层理构造及其特征和环境指示意义列于表6－10。

表6－10 沉积岩的层理分类及环境指示

层理类型	特征和形成环境	层理示意图	对应的沉积相类型
隐水平层理	肉眼不显，轻击后沿层理面平行裂开，形成于极稳定的水动力条件		浅海相、潟湖相、湖泊相
水平层理	由颜色、粒度或植物碎屑不同而表现出来，层面水平直线平行延伸，形成于稳定的水动力条件	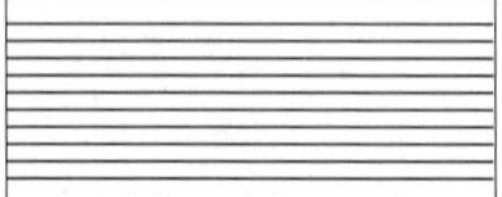	浅海相、潟湖相、湖泊相
断续水平层理	同水平层理，但层面延续间断，常与其他层理构造伴生，形成于较稳定的水动力条件		湖泊相和潟湖相的近岸部分
缓波状层理	层理呈连续波状起伏，但各纹层仍相互平行，波长较长、波高较小，有对称波和非对称波之分。形成于波浪震荡运动和单向水流运动，且为水介质较深环境	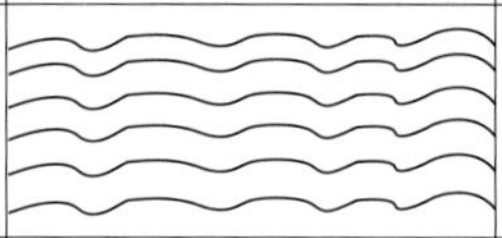	海湾、滨海、滨湖及潟湖的波浪带及河流
断续波状层理	层理呈不连续的波状起伏，仅见不对称波，形成于季节性单向水流且水介质较深环境	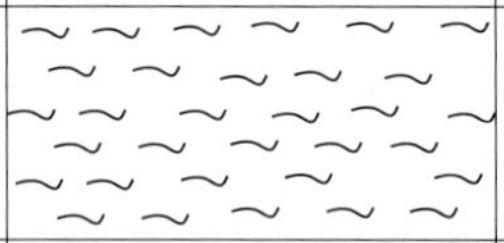	河流相、湖泊相、潟湖相、滨海相
斜波状层理	微斜层理和波状层理的复合层理，层理不连续发育，形成于季节性单向水流且水介质较浅环境	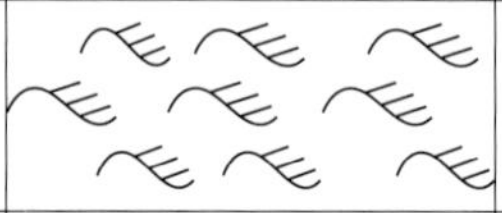	同上
小斜层理	斜层理规模较小，连续性较差，形成于介质动荡环境	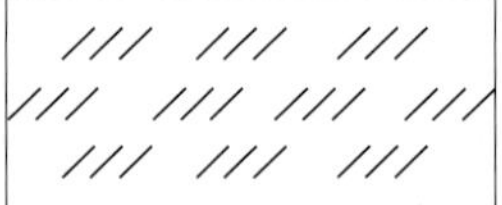	同上
单向斜层理（收敛型）	由颜色、粒度不同而显现出来收敛细层组成，水介质单向缓慢运动	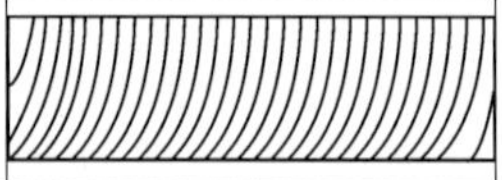	河流相（平原河流）
单向斜层理（直线平行型）	由颜色、粒度显现出来的平行细层组成。水介质单向运动，且流速较快	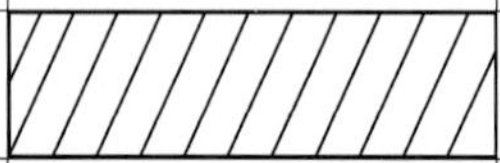	河流相（山区河流）
交错层理	单一斜层理由平行细层构成，两两斜层理之间彼此交错切割，反映介质运动方向改变，风成细层呈弧形	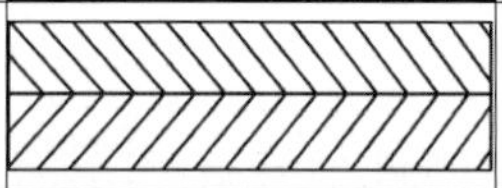	三角洲、风成
楔形层理	各层系界面平直，但彼此不平行且单个层系不等厚而呈楔状，反映水流介质流动方向改变且水动力条件强	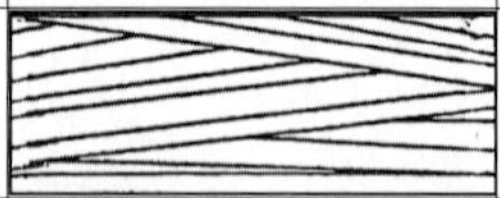	滨海相
脉状层理和透镜状层理	泥质（黑色）和砂质（小黑点）沉积物交替出现的一种复合层理。砂质沉积物居多时（上部），泥质沉积物呈起伏脉或飘带状夹在砂质沉积物之中；泥质沉积物居多时（下部），砂质沉积物呈透镜状夹在泥质沉积物之内。形成于砂和泥沉积物供应充分且介质流速不稳定环境		河流相、三角洲前缘、潮汐带、湖滨相

七、流体介质运动方向和沉积环境指示

沉积岩结构要素(如砾石、砂粒、生物碎屑等)的空间位置与搬运介质的运动方向具有一定的相关性,例如碎屑按一定方向排列;层理、印模等沉积构造就都具有方向性的指示。因此,研究沉积岩形成介质运动的方向性对于鉴别沉积环境及再建古地理环境具有重要的意义。

1. 砾石排列定向

沉积岩中砾石排列方向[砾石最大扁平面(AB 面)和最长轴(A 轴)的排列]的研究结果见图 6-32。从图中可以发现,海滨、湖滨沉积的砾岩中有 73%扁平砾石的 A 轴(最长轴)平行于海(湖)岸方向,最大扁平面(AB 面)以 8°～10°平缓的角度向着海(湖)的一方倾斜[图 6-32(b)]。河流中砾石定向大致有 4 种方式:①砾石 A 轴平行于水流分布,最大扁平面(AB 面)的倾斜方向与水流方向相反,形成叠瓦状构造,这是稳定河流沉积时砾石排列的特点[图 6-32(a)]。②在湍急的山间河流中,砾石也呈悬浮状搬运,从而导致砾石 A 轴平行于水流方向,砾石的最大扁平面倾斜方向仍与水流方向相反[图 6-32(a)]。但当水流底部地形出现垄岗时,砾石往往顺垄岗的陡坡滑下而顺流倾斜,这样在垄岗两侧的砾石排列方向就有可能相反了。③在山间河流进入平原或水盆地的冲积扇时,砾石的排列方向同时具有河流和水盆地的两个特点,也就是说,砾石可以有两组相反的倾斜方向(图 6-33)。④砾石 AB 面直立排列时则表明是密度很大的混浊水流的沉积,它在产状上常为不稳定的透镜体。因此,在露头上进行砾石排列方向测量之前,先须观察它们属于哪一种性质的排列方式之后再判断其古流向。

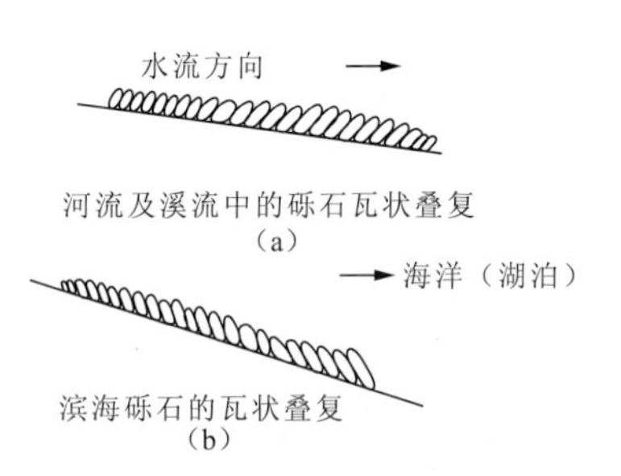

图 6-32　叠瓦状排列的砾石

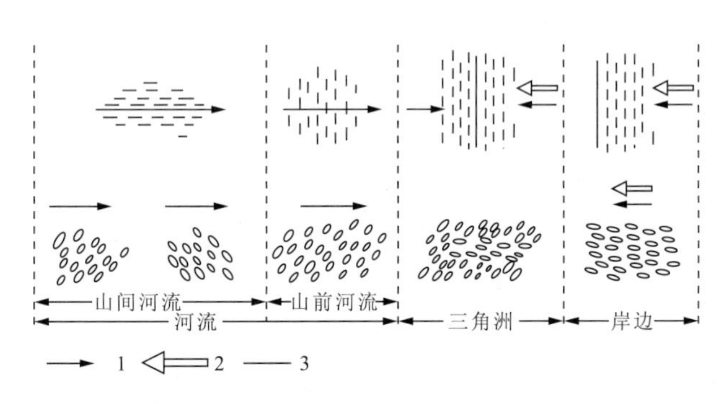

图 6-33　各种环境的砾石排列方向示意

1.河水流向;2.海流方向;3.海岸线

上半部分为剖面示意;下半部分为平面示意

(据刘宝珺,1980)

冰碛砾石的排列方向虽然很杂乱,但经过测量统计之后也能获得介质流动方向的结论。冰川流向还可结合漂砾上的冰川擦痕或冰川沉积物的分布、粒度、分选等的变化来推断。

2. 交错层理定向

交错层理的斜层倾向具有明显水介质流向的指向意义，这是因为交错层是在各种流动介质(流水、风、波浪)的作用下形成的。然而，由于交错层在空间上具三维差异性，因此在野外露头测量时至少需观察两个断面以确定其真正的倾向(图 6-34)。

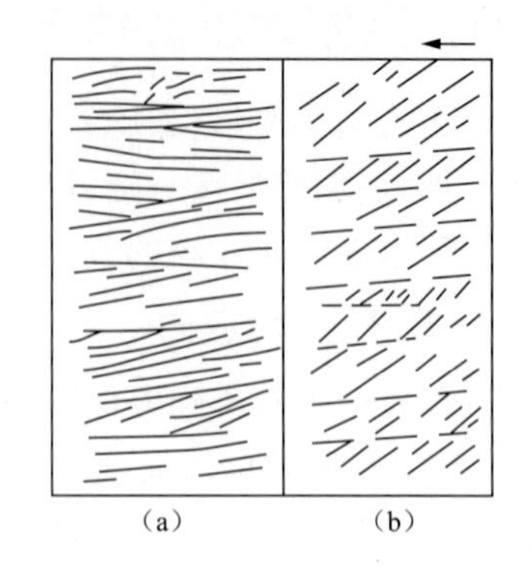

图 6-34 交错层理的正视(a)和侧视(b)表现纹层不同样式的排列
该图上端箭头方向为水流流向

交错层理的斜层倾向变化是指其倾向方位角的分布特点，它对于确定沉积环境有很大意义。平直河流沉积交错层的斜层倾斜方位角比较集中；海洋沉积交错层中斜层倾向方位角比较分散而呈双峰式；潮汐带沉积物交错层理的斜层倾斜方向甚至可出现三峰式或四峰式的。

不同环境沉积物中交错层理斜层倾向的变化范围不同：多数河流沉积物的交错层理斜层倾向的变化大都在 90°～120°范围；三角洲沉积和浅海沉积则是在 180°～220°之间。

3. 波痕定向

除测定砾石及斜层理外，波痕方位的测定也很重要。

浪成波痕一般是对称的(见表 6-9)，它对波浪运动方向的反映极为敏感，甚至微弱的水流，也容易使之变形，其结果会产生交叉的多角形波痕，因此见到此种现象能说明水盆地内有介质流动。在海盆击岸浪带中，浪成波痕一般是不对称的，朝向海岸一侧的坡度较之海内一侧要陡。浪成波痕在空间上的排列通常平行海岸(或湖岸)。流水波痕见于河流沉积物中，也见于海洋、湖泊的沉积物中，其共同特点是波峰的形态不对称。在单向流流动的较大区域内波痕常构成众多且大致平行的狭长垄岗，其波峰往往被削平。在一般情况下，不对称波痕的波峰脊线垂直水流方向，且向上游的一端平缓，向下游的一端较陡(见表 6-9 中的流水波痕)。

4. 槽模定向

槽模是凸起的呈锥状或拉长状的象形印模，其特征是凹凸程度不一致和两端宽度不同，且较窄的一端稍有凸起。它的长轴平行水流方向，其较窄的尖端指向上游。槽模是强烈底流的标志，对它进行系统测量可以确定水流方向。槽模是一种分布最广的印模，它与水流方向有密切的关系，故在研究古流向工作中应用最广。槽模常出现于浊流的复理石相中，也见于其他环境的沉积物中，甚至在石灰岩中也有发育。滇中白垩系大陆红层、川西中三叠统小堂子组砂岩中也可见有此种变形构造(见图 4-11)。

5. 砾石群定向

砾石群定向是指若干粗大且分选差的沉积碎屑的排列样式，它们是砾石搬运时因河床突起而像被障碍物阻挡一样停积下来形成的，结果是一些跟随砾石或漂砾后面的较粗碎屑以尾迹的形式被堆积而中止继续前进(图 6-35)。

砾石群排布是提供流水方向的极好证据，它的长轴平行(或近于平行)于水流方向(剖面上)，漂砾总是靠近水流的下游(图 6-35)，尾迹总是靠近水流的上游。由于与“砾石群”构造非常稳定，所以野外仅需观察几个这样的构造现象便可确定水流介质的搬运方向。

这种构造可用于解释不明成因砾岩的沉积环境。实际上，“砾石群”也只能在单向搬运方

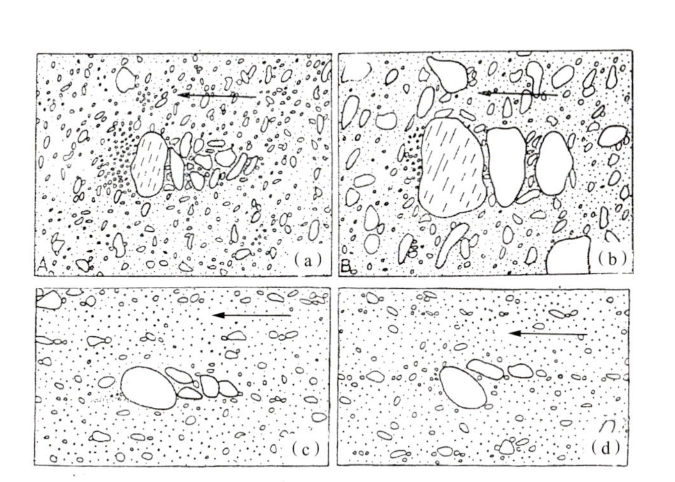

图 6-35　砾石群排列和尾迹的平面[(a)、(b)]和剖面[(c)、(d)]示意图
(a)和(c)为砾石粒径分为大、中、小连续不等粒；
(b)和(d)为砾石粒径分为大、小不同的两群；图中箭头指向为介质流动方向
(据刘宝珺，1980)

式下才能形成。像在以波浪往复运动为特点的海滩或湖泊环境中这种构造不太发育。同样地，块状堆积体的整体搬运沉积也是不能形成砾石群排列的。

6. 古生物定向

具一定方向延长的古生物介壳，如头足类(直角石、箭石)、纺锤虫和植物茎干的定向排列可用于确定古水流向。某些头足类的排列常常是长轴平行于海岸，但有时其尖端的指向不一定完全一致，这反映了滨海地带水介质往返运动的特点。在单向水流中，头足类的尖端方向则是比较一致的(图6-36)。

图 6-36　长形锥状生物壳(角石)的定向与水流关系
角石的尖端指向为水流上游；生物壳长轴平行于海岸线
(湖北宜昌，奥陶系)

这些矿物的共同特征是具有较深的颜色，其中除橄榄石为黄绿色外，其他 3 种矿物均为黑色或墨绿色（表 2）。

表 2　暗色矿物的鉴定

矿物种类	橄榄石(Ol)	辉石(Py)	普通角闪石(Hb)	黑云母(Bit)
颜色	黄绿色、黄色	黑色	黑色	黑色，风化呈金黄色
结晶习性	粒状	短柱状	长柱状	薄片状、板状
断面形态	矩形、等边形	正方形、六边形	菱形、扁六边形	假六边形
解理	不完全	完全（两组直交），呈明显阶梯状	完全（两组斜交）平滑，阶梯状不明显	极完全（一组）
用小刀刻划	粉末为颗粒状	粉末为颗粒状	粉末为颗粒状	粉末为鳞片状

从表 2 可以看出，橄榄石根据黄绿的颜色、粒状结晶习性和无解理等特征便可区别于另外 3 种矿物；黑云母根据用小刀刻划获得鳞片状粉末且易沾手的特点很容易与普通角闪石（以下简称角闪石）和辉石相区分，因为后两者用小刀刻划会落下颗粒状的粉末。剩下的角闪石和辉石则需综合结晶习性、断面形态和解理特征加以区别（表 3）。故暗色矿物的鉴定次序应是橄榄石—黑云母—辉石和角闪石。

表 3　角闪石和辉石的区别

鉴定特征	普通角闪石(Hb)	辉石(Py)
结晶习性	长柱状	短柱状
断面形态	长柱状、短柱状、粒状（菱形）	短柱状、粒状（正方）
解理	光滑平整、阶梯状不明显、两组解理夹角为 124°和 56°	具阶梯状、常显示立方块体的一部分、两组解理夹角近 90°
光泽	表面丝绢光泽	闪亮的玻璃光泽
风化面	灰绿色	黑色或黄褐色

2. 角闪石和辉石的区别

区别角闪石和辉石对于初学者来说是一件较为困难的事情，其实主要抓住结晶习性和解理的细微差异来辨认即可。对于辉石的短柱状晶形，岩石标本上永远不会出现长柱状断面；而对于角闪石来说，标本上有可能出现长柱状、短柱状甚至点状的断面。故岩石手标本上只要出现长柱状矿物，哪怕是少数也应定为角闪石。另一方面，辉石的 90°阶梯状解理会导致辉石常具立方体的解理块，而角闪石则不能形成这种立方块体，因为角闪石解理夹角为互补的一大一小两个，而且解理的阶梯状特征也不太明显。

3. 浅色矿物的鉴定

所谓浅色矿物又称硅铝矿物，这类矿物不含 Mg、Fe 组分，主要成分为 Si、Al 和 Ca，另含有 K 和 Na。该类矿物的共同特征为灰色、白色和灰白色，有时为较浅的肉红色，透明度较好，均为玻璃光泽，但它们也有许多差异（表 4）。该表 4 中将碳酸盐矿物列于其中，是因为初学者很容易将其与浅色硅酸盐矿物中的长石和石英相互混淆，实际上，用小刀刻划硬度便很易区分这两者，碳酸盐矿物的硬度明显小于小刀。长石和石英硬度则大于或等于小刀。两者主要使用解理、光泽和颜色等方法来区分。石英不具解理，为贝壳状断口，具油脂光泽。但有时需小心，斜长石也可具油脂光泽，这是斜长石的非解理方向断口所致。那么浅色矿物中除石英外就剩下具完全解理的两种长石的鉴定了。

表 4　浅色矿物的鉴定特征

鉴定特征	斜长石(Pl)	钾长石(Or)	石英(Q)	方解石或白云石(Cc或Dol)
颜色	白色、灰白色 有时因蚀变呈淡绿色	肉红色、黄褐色 风化呈灰白色	烟灰色、白色	白色、青灰色和其他各种色
硬度	≥小刀	≥小刀	＞小刀	＜小刀
光泽	玻璃光泽	玻璃光泽	油脂光泽	玻璃光泽
加稀盐酸	不起泡	不起泡	不起泡	方解石起泡，白云石不起泡
结晶习性	板状(c轴延伸)	条状(a轴延伸)	粒状	粒状
解理	完全(二组) 解理面平滑	完全(二组)解理呈阶梯状	无解理 断口贝壳状	完全(多组)
双晶	聚片双晶	卡氏双晶	肉眼不见	聚片双晶
连生	环带	文象	—	—
次生变化	绢云母化	高岭石化	—	钙华

4. 钾长石和斜长石的区别

区分钾长石和斜长石也要综合各种特征综合考虑(表5)。

表 5　钾长石和斜长石的区别

鉴定特征	钾长石	斜长石
颜色	肉红色、灰黄色	灰白色、淡绿色
结晶习性	平行于X轴的长条状	平行于Z轴的厚板状
断面	矩形、正方形	矩形
双晶	卡氏双晶	聚片双晶
解理	完全、阶梯状明显，有时 呈现立方体的一部分	完全、阶梯状不明显、 解理面光滑平整
风化和蚀变	高岭石化、颜色变浅	绢云母化，具闪亮的小片； 微晶高岭石化和绿帘石化，可呈淡绿色

在这里特别需要指出的是，表5中列出了利用两种长石在手标本上具不同的颜色作为鉴定它们的依据之一，这是在两种长石共同出现和存在于同一岩石的前提下才是有效和可靠的方法。若岩石中仅含有一种长石时则需慎用这一特征，因为钾长石独立存在于岩石中时可以呈现白色；而岩石中无钾长石仅有斜长石时其颜色可以是黑色等例外。

(二)常见副矿物的鉴定

副矿物主要指存在于结晶岩中含量虽少，但总有存在，且为自形程度均较高的一类矿物。

斜长石斑晶的规则直线边界与同样为白色的具曲线边界的杏仁体区分开来。基质斜长石为白色,针状、毛发状,排列杂乱无序,基质玻璃为灰—灰黑色,其断口呈贝壳状。另外少含量斑晶辉石为短柱状,铁灰—灰黑色,外形规则,与玻璃基质极易相混而往往遗漏此斑晶矿物的存在。

根据该岩石具气孔、杏仁构造和基质中有玻璃质特征推测该岩石为喷出岩;又根据斑晶矿物出现伊丁石和斜长石确认该喷出岩为陆相的基性喷出岩——玄武岩;再根据颜色要素和暗色矿物斑晶需参加定名的原则(见表 3-17)最后定名为:灰黑色伊丁玄武岩。

3)斑状结构的板状侵入岩

标本号:065　产地:河北秦皇岛

岩石为灰肉红色,块状构造,斑状结构,基质为隐晶质。斑晶矿物占岩石总量的 15%左右,其中斑晶矿物为钾长石(10%)、石英(5%)。另含极少量的黑云母斑晶。

斑晶钾长石为肉红色,两组解理,其交角近 90°,故常见立方体块的一角,解理阶梯明显,可见卡氏双晶,粒径 8～10mm;石英为烟灰色,粒状,硬度大于小刀,油脂光泽,无解理,贝壳状断口,粒径 5～8mm;黑云母黑色,用小刀刻划会留下鳞片状粉末,一组极完全解理,片度为 3mm 左右,相对于钾长石和石英斑晶来说,其颗粒要小得多。

根据岩石为具隐晶基质的斑状结构证明岩石为板状侵入体岩石;再根据其斑晶为石英和钾长石推断,岩石为正长花岗岩;再结合颜色要素和斑岩命名规则(见表 3-19)最后定名本岩石全名为:灰肉红色黑云母正长花岗斑岩。

4)火山碎屑岩

手标本号:031　产地:河北宣化

岩石为灰绿和淡粉红混成的杂色,块状构造,凝灰结构,岩石除含极细的火山灰尘外还见具不规则外形的矿物和岩石颗粒,其为火山碎屑中的晶屑(15%)和岩屑(5%),粒径 1～1.5mm,将其岩石剩余的 80%含量均归为玻屑。

晶屑为棱角状,边缘多为锯齿状,其矿物为石英、透长石和黑云母。石英为黑色,油脂光泽,无解理,硬度大于小刀;透长石为无色,阶梯状解理,解理面反光性较好,硬度略大于小刀;黑云母为黑色,硬度小于小刀,刻划见其鳞片状粉末,具一组极完全解理,黑云母晶屑形状不同于钾长石和石英等刚性矿物而呈扭曲状,可能是因其被抛射至空中旋转所致。岩屑为不规则状,但有封闭的轮廓,多数岩屑难以确定其岩性,仅见黑色且硬度大于小刀的硅质岩岩屑和灰色且硬度小于小刀的泥质岩(或为板岩、千枚岩)岩屑。岩石基本色调为灰红色,但见许多灰绿或黄白色斑块。斑块与其基本色调间呈渐变而无截然界线。斑块无定形,分布也无规律,斑块大小约 15mm×10mm。在其斑块上有时还见有少许丝状物,若滴稀盐酸甚至能起气泡,推测此为火山尘灰的蒙脱石化和碳酸盐化所致。

根据岩石为凝灰结构应确定此岩石为凝灰岩;又根据玻屑 80%、晶屑 15%和岩屑 5%投影于凝灰岩的"三屑"定量命名图(见图 3-42)其成分点落于图中 4 区,获基本岩石名为晶屑玻屑凝灰岩;后根据晶屑成分主要为石英和透(钾)长石确定该火山碎屑岩的岩浆化学属性为流纹质(见表 3-21);最后考虑岩石的颜色和蒙脱石化等要素最终定名为:灰红色蒙脱石化的流纹质晶屑玻屑凝灰岩。

2. 沉积岩的描述

1)陆源碎屑岩(砂岩)

标本号:212　产地:河北唐山

岩石为灰绿色，风化面为灰黄色，层理构造，中粒砂状结构，碎屑物主要为石英(78%)，其次为长石(1%)和岩屑(1%)，所剩20%为海绿石和硅质胶结物。

岩石可见较清晰的水平层理，其细层因灰绿和灰色的颜色差异而可以分辨，细层厚度为3～10mm，细层的绿色为含海绿石胶结物较高的缘故，色浅的细层为含海绿石胶结物较少而含硅质胶结物高的缘故。

碎屑粒径为0.3～0.5mm，多为圆状颗粒，磨圆程度较高，粒度均一，表明其碎屑分选较好，无论岩石的成分成熟度和结构成熟度均为好，表明碎屑搬运距离较远，其沉积环境较稳定。

碎屑物中石英为烟灰色、白色，油脂光泽，无解理，硬度大于小刀；长石为斜长石，白色，具完全解理，标本上可见平整的反光面，阶梯状解理不明显；岩屑为灰色和黑色，灰色者硬度小于小刀，可能为泥质岩或板岩、千枚岩，黑色者硬度大于小刀，可能为燧石岩岩屑。

胶结物为鲜绿色海绿石，其颜色十分特征。在海绿石含量较少的碎屑物之间可能还有硅质胶结物，该胶结物为灰白色，硬度大于小刀，与石英碎屑之间的界线较为模糊。

根据该岩石的结构确定为砂岩，再根据碎屑物绝大多数为石英(经估算的Q值为97%)并投影于砂岩Q-F-R定量矿物命名图(见图4-27)，其投影点落于该图1区，获得其基本岩石名称为石英砂岩；最后根据岩石定名的颜色、结构和胶结物等要素定岩石全名为：灰绿色硅质海绿石质中粒石英砂岩。

2)内源沉积岩

标本号：305　产地：山东张夏

岩石为灰紫—灰色，块状构造，中层状，鲕粒结构，岩石的主要组成为自生颗粒鲕(60%)和胶结物(40%)。

鲕粒为紫红色，直径0.5～1mm。鲕粒的断面可见其内核为一单晶方解石；其外缘为同心圆状包圈。

鲕粒之间为亮晶胶结物，呈基底式胶结。亮晶方解石胶结的存在表明，这种自生颗粒堆积后又经历了动荡水体的冲刷，使其鲕状自生颗粒之间原有的泥晶基质被冲洗掉而留下较多的空隙，这才导致碳酸盐溶液在其间沉淀结晶。

该岩石无论是自生颗粒还是胶结物滴稀盐酸都会剧烈起泡，其基本岩石名称应为灰岩，又根据自生颗粒类型命名内源沉积岩的定名原则(见表4-19和表4-20)应定名为鲕粒灰岩，再结合岩石命名的颜色和胶结物要素最后定名为：灰紫色亮晶鲕粒灰岩。

3. 变质岩的描述

1)区域变质岩

标本号：496　产地：山西繁峙

岩石为灰白色，片状构造，片状矿物连续定向排列，斑状变晶结构，变基质为细粒粒状鳞片变晶结构，变斑晶矿物为十字石(15%)、石榴石(5%)，变基质矿物为白云母(50%)、石英(25%)和黑云母(5%)。

十字石为黄褐色，菱形或柱状断面形态，粒径较大，达6mm×10mm，硬度大于小刀，无解理，断口具油脂光泽，其晶体上尚能见到细小的石英包裹体；石榴石为棕黄色，圆粒状，粒径1～2mm，硬度大于小刀，无解理，断口油脂光泽。白云母无色透明，聚集在一起呈白色，硬度小于小刀，刻划标本可见鳞片状粉末，一组极完全解理，片度为0.5mm；石英为烟灰色，小刀刻划标本常留下颗粒状粉末，油脂光泽，无解理，粒径0.5mm；黑云母为黑色，常聚集在一起呈较大的片状聚集分布，用小刀刻划能留下黑色、极细小的鳞片状粉末，说明该矿物具极完全解理。

根据岩石中有特征变质矿物十字石和石榴石以及片状构造，可以推测该岩石为区域变质岩。根据前述变质岩定名规则将十字石、石榴石、白云母和黑云母都归结为暗色矿物(M)，其总含量为75%，石英(Q)为25%，长石(F)为0，再将这些百分含量投影于区域变质岩的Q-F-M定量矿物命名图(见图5-11)，其成分点落于该图的3区，获其基本岩石名称为××片岩，最后依据××片岩的命名规则和考虑岩石的颜色要素确定岩石全名为：灰色十字石石榴石二云母片岩。

(注意：岩石中虽含有石英，而且含量较高，但石英不参加定名。)

标本号：415　产地：河北建屏

岩石为灰绿色，片麻状构造，中粒鳞片柱状变晶结构，主要矿物为斜长石(40%)、石英(30%)、角闪石(25%)、黑云母(5%)，片状、柱状暗色矿物呈断续定向排列。

斜长石为灰白色，多见矩形断面，解理发育，解理面光滑平整、反光性较好，但阶梯状解理不明显。粒径2mm×3mm；石英为烟灰色，粒状，无解理，贝壳状断口，油脂光泽，硬度大于小刀，粒径为2mm左右；角闪石为黑—墨绿色，长柱状，解理发育，解理面平整，阶梯状不明显，长度为2～3mm；黑云母，黑色，鳞片状，一组极完全解理，硬度小于小刀。

根据岩石具片麻状构造说明该岩石为区域变质岩，又根据上述矿物含量获知，长石(F)为40%，石英(Q)为30%，暗色矿物(M)总量为30%，将这些数据投影于区域变质岩的Q-F-M定量矿物命名图(见图5-4)获其基本岩石名称为片麻岩。依据片麻岩的命名规则和考虑命名的颜色和结构要素最后确定岩石全名为：灰绿色中粒黑云角闪斜长片麻岩。

(注意：片麻岩中石英不参加定名；岩石中暗色矿物排序按少前多后原则。)

2)动力变质岩

标本号：523　产地：周口店

岩石为灰绿色，碎裂结构，块状构造。

岩石由碎斑(60%)、碎基(30%)和重结晶矿物(10%)三大部分组成。

碎斑为不规则棱角状，边缘呈锯齿状，其内常见裂纹，裂纹中多充填墨绿色隐晶质物质。根据碎斑的矿物特征推测原岩的矿物组成为钾长石和石英。碎斑钾长石常见砖红色，较之正常结晶钾长石的灰肉红色更为特征和醒目，有时还见其阶梯状解理，玻璃光泽；碎斑石英为混浊的乳白色，无解理，油脂光泽。

碎基细小微粒状，常附存在碎斑边缘分布，有些细小碎基明显为邻近碎斑脱落形成而呈分而不离状，故与锯齿状碎斑具有一定的可拼性而能恢复成规则的原始晶体形状。

重结晶矿物主要为绿泥石、绿帘石和绢云母，且绿泥石含量要大于绿帘石。绿泥石为墨绿色，鳞片状，一组完全解理，因颗粒细小而很难观察到较平整的解理面，且常呈土状而无光泽。绿帘石为黄绿色，粒状，颗粒细小，分布相对集中，因具解理而见星点状闪光。根据重结晶矿物聚集分布推测，绿帘石和绿泥石为原岩中暗色矿物角闪石或黑云母转变形成。

根据岩石的碎裂结构和块状构造推测该岩石为碎裂岩，该岩石刚性矿物碎斑为钾长石和石英，推测其原岩为花岗岩。最后根据岩石命名的颜色要素确定岩石全名为：灰绿色碎裂花岗岩。

(注意：原岩中暗色矿物因全部被改造转变，故未参加定名)

3)交代变质岩

标本号:420 产地:江西于都

岩石为灰白色,块状构造,中粒鳞片粒状变晶结构,主要矿物为白云母(40%)和石英(60%),另见少量黄铁矿。白云母为无色,聚集呈白色,有时呈淡绿色,鳞片状,极完全解理,用小刀刻划会留下鳞片状粉末,片度为0.5～1mm;石英,烟灰色,粒状,硬度大于小刀,无解理,贝壳状断口,油脂光泽,粒径为2～3mm;黄铁矿,金黄色,呈立方体晶形,硬度大于小刀,粒径为0.5mm。

根据岩石的矿物组合为白云母和石英且具块状构造推断,该岩石为中酸性侵入体经气-液变质形成的云英岩类。再考虑岩石命名的结构和颜色要素最后确定岩石全名为:灰白色细粒云英岩。

参考文献

成都地质学院岩石教研室,1980.岩石学简明教程[M].北京:地质出版社.

从伯林,1978.岩浆活动与火成岩组合[M].北京:地质出版社.

邓晋福,1989.岩浆的密度、结构及流体动力学:八十年代火成岩研究进展[J].地质科技情报,18(3):11-17.

房立民,1991.变质岩区1∶50 000区域地质填图方法指南[M].武汉:中国地质大学出版社.

何起祥,1978.沉积岩和沉积矿产[M].北京:地质出版社.

李昌年,2002.岩浆混合作用及其研究综述[J].地质科技情报,21(4):49-54.

李昌年,廖群安,2006.赣东北前寒武纪港边杂岩体岩浆混合(和)作用及其地质意义[J].岩石矿物学杂志,25(5):357-376

刘宝珺,1980.沉积岩石学[M].北京:地质出版社.

路凤香,桑隆康,2002.岩石学[M].北京:地质出版社.

南京大学地质系岩矿教研室,1978.结晶学与矿物学[M].北京:地质出版社.

邱家骧,1985.岩浆岩岩石学[M].北京:地质出版社.

邱家骧,陶奎元,赵俊磊,等,1996.火山岩[M].北京:地质出版社.

王仁民,2009.常见区域变质岩按定量矿物分类命名的建议[M]//古岩求索录.北京:地震出版社.

游振东,王方正,1988.变质岩岩石学教程[M].武汉:中国地质大学出版社.

余素玉,何镜宇,1989.沉积岩岩石学[M].武汉:中国地质大学出版社.

乐昌硕,1984.岩石学[M].北京:地质出版社.

赵珊茸,2011.结晶学及矿物学[M].2版.北京:高等教育出版社.

约翰·法恩登,1998.学生地球百科[M].施蓓莉等译.南京:江苏科学技术出版社.

DIDIER J,BARBARIN,1991. Enclaves and granite petrology[M]. Amsterdan:Developments in Petrology.

GIBB F G F, HENDERSON C M B, 1992. Convection and crystal setting in sills[J]. Contrib. Miner, Petrol, 109(4):538-545.

EDITOR R B H,1980. Physics magma processes[M]. New Jersey: Princeton University.

LEMAITRE R W,1989. A classification of igneous rocks and glossary of terms[M]. Oxford,U. K. :Blackwell Scientific Publi.

MALEY T S, 1994. Field geology illustrated[M]. Boise,Idaho:Mineral Land Plublic.

PITCHER, W S,1997. The migling and mixing of granite with basalt: a third term in multiple hypothesis, in the nature and origin of grantie[M]. New York:Chapman and Hall.